教育部高等学校电工电子基础课程教学指导分委员会推荐教材
"双一流"建设高校立项教材
国家一流学科教材
新工科电子设计一流精品教材

全国大学生电子设计竞赛培训教程第4分册

高频电子线路与通信系统设计（第2版）

◎ 李清江　　程　榜　　主　编

◎ 程江华　　齐洪毅　　副主编

◎ 刘　通　　陈　朔　　何佩林　　谢喜洋　　唐先明　　编

◎ 高吉祥　　主　审

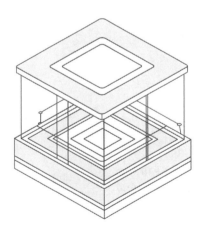

U0281155

電子工業出版社.

Publishing House of Electronics Industry

北京·BEIJING

内 容 简 介

本书是全国大学生电子设计竞赛培训教程第 4 分册，是针对全国大学生电子设计竞赛的特点和需求编写的。全书共4 章，内容包括高频放大器设计、无线电发射机设计、无线电接收机设计、通信系统设计。全书精选历届全国大学生电子设计竞赛中高频电子线路与通信系统设计的试题 19 道，题中包含精彩的题目分析、系统方案论证、理论分析与计算、硬件设计、软件设计、测试方案和测试方法、测试与结果分析等。

本书内容丰富实用、叙述简洁、概念清晰、工程性强，既可作为高等学校电子信息类各专业的学生参加全国及省市级电子设计竞赛的培训教程，也可作为各类电子制作、毕业设计的参考书，以及电子工程各类技术人员的参考资料。

图书在版编目（CIP）数据

全国大学生电子设计竞赛培训教程. 第 4 分册，高频电子线路与通信系统设计 / 李清江，程榜主编. — 2 版.
北京 : 电子工业出版社，2024. 9. — ISBN 978-7-121
-48871-9

Ⅰ. TN702

中国国家版本馆 CIP 数据核字第 202461KR69 号

责任编辑：王羽佳　　　特约编辑：张燕虹
印　　刷：河北鑫兆源印刷有限公司
装　　订：河北鑫兆源印刷有限公司
出版发行：电子工业出版社
　　　　　北京市海淀区万寿路 173 信箱　　邮编　100036
开　　本：787×1 092　1/16　印张：16.5　字数：422 千字
版　　次：2019 年 4 月第 1 版
　　　　　2024 年 9 月第 2 版
印　　次：2024 年 9 月第 1 次印刷
定　　价：69.00 元

前 言

全国大学生电子设计竞赛是由教育部高等教育司、工业和信息化部人事教育司共同主办的面向全国高等学校本科、专科学生的一项群众性科技活动，目的在于推动普通高等学校在教学中培养大学生的创新意识、协作精神和理论联系实际的能力，加强学生工程实践能力的训练和培养；鼓励广大学生踊跃参加课外科技活动，把主要精力放到学习和能力培养上来，促进高等学校形成良好的学习风气；同时，也为优秀人才脱颖而出创造条件。

全国大学生电子设计竞赛自 1994 年至今已成功举办了 15 届，深受全国大学生的欢迎和喜爱，参赛学校、参赛队和参赛学生的数量逐年增加。对参赛学生而言，电子设计竞赛和赛前系列培训使他们获得了电子综合设计能力、巩固了所学知识，并培养了他们用所学理论指导实践、团结一致、协同作战的综合素质；通过参加竞赛，参赛学生可以发现学习过程中的不足，找到努力的方向，为毕业后从事专业技术工作打下更好的基础，为将来就业做好准备。对指导老师而言，电子设计竞赛是新、奇、特设计思路的充分展示，更是各高等学校之间电子技术教学、科研水平的检验，通过参加竞赛，可以找到教学中的不足之处。对各高等学校而言，全国大学生电子设计竞赛现已成为学校评估不可缺少的项目之一，这种全国大赛是提高学校整体教学水平、改进教学的一种好方法。

全国大学生电子设计竞赛仅在单数年份举办，但近几年来，许多地区、省市在双数年份单独举办地区性或省内电子设计竞赛，还有许多学校甚至每年举办多次各种电子竞赛，其目的在于通过这类电子大赛让更多的学生受益。

全国大学生电子设计竞赛组委会为组织好这项赛事，于 2005 年编写了《全国大学生电子设计竞赛获奖作品选编（2005）》。为弘扬党的二十大精神、落实好立德树人根本任务，引导青年学子努力解决电子信息领域"卡脖子"难题，我们在组委会的支持下，从 2007 年至今，编写了"全国大学生电子设计竞赛培训教程"（共22 册），深受参赛学生、指导老师的欢迎和喜爱。

这一系列教程出版发行后，据不完全统计，被数百所高校采用，作为全国大学生电子设计竞赛及各类电子设计竞赛培训的主要教程或参考教程。读者纷纷来信来电表示这套教程写得很成功、很实用，同时提出了许多宝贵意见。基于这种情况，从 2022 年开始，我们对此系列教程进行修订。新修订的 5 本系列教程包括《基本技能与综合测评训练》《模拟电子线路与电源设计》《数字系统与自动控制系统设计》《高频电子线路与通信系统设计》《电子仪器仪表与测量系统设计》。

《高频电子线路与通信系统设计》是新修订系列教程的第 4 分册，全书共 4 章。第 1 章主要介绍高频放大器设计基础、宽带放大器设计、宽带直流放大器、LC 谐振放大器、射频宽带放大器及增益可控射频放大器。第 2 章主要介绍电压控制 LC 振荡器设计、正弦信号发生器设计。第 3 章主要介绍调幅广播收音机设计、调频收音机设计、调幅信号处理实验电路。第 4 章主要介绍单工无线呼叫系统设计、无线识别装置、无线环境监测模拟装置、红外通信装置、短距视频信号无线通信网络、可见光室内定位装置、基于互联网的信号传输系统、双路语音同传的无线收发系统及数字-模拟信号混合传输收发机。

　　本书搜集整理了历届全国大学生电子设计竞赛中关于高频电子线路与通信系统设计方面的试题，所列举的试题中包含题目分析、系统方案论证、理论分析与计算、软件设计、硬件设计、测试方案和测试方法、测试与结果分析等，内容丰富多彩。需要说明的是，所选赛题中部分量名称及符号等未按国标统一，保留原状。

　　本书由李清江、程榜担任主编，程江华、齐洪毅担任副主编，高吉祥担任主审，参与编写工作的还有刘通、陈朔、何佩林、谢喜洋、唐先明。国防科技大学教授唐朝京、西安电子科技大学教授傅丰林、北京理工大学教授罗伟雄、武汉大学教授赵茂泰、东南大学教授王志功审阅过本书既往版次并提出宝贵意见，在此表示万分感谢。

　　由于时间仓促，本书内容难免存在疏漏和不足，欢迎广大读者和同行批评指正，在此表示衷心感谢。

编　者

目　录

第 1 章　高频放大器设计 ···001

1.1　高频放大器设计基础 ···001

1.1.1　概述 ···001

1.1.2　射频宽带放大器 ··001

1.1.3　集成射频宽带放大器介绍 ··001

1.2　宽带放大器设计 ··005

[2003 年全国大学生电子设计竞赛（B 题）]

1.2.1　题目分析 ···006

1.2.2　方案论证及比较 ··007

1.2.3　系统硬件设计 ···010

1.2.4　系统软件设计及流程图 ···013

1.2.5　系统调试和测试结果 ···014

1.3　宽带直流放大器 ··016

[2009 年全国大学生电子设计竞赛（C 题）]

1.3.1　设计任务与要求 ··016

1.3.2　题目分析 ···020

1.3.3　荣获全国特等奖的宽带直流放大器 ···024

1.3.4　采用扩压、扩流技术的宽带直流放大器 ···030

1.4　LC 谐振放大器（接收机中放电路） ···035

[2011 年全国大学生电子设计竞赛（D 题）]

1.4.1　题目分析 ···037

1.4.2　系统方案论证 ···040

1.4.3　理论分析与计算 ··041

1.4.4　电路设计 ···043

1.4.5　测试与结果分析 ··045

1.5　射频宽带放大器 ··047

[2013 年全国大学生电子设计竞赛（D 题）]

1.5.1　题目分析 ···049

1.5.2 系统方案 049

1.5.3 理论分析与计算 051

1.5.4 电路与程序设计 051

1.5.5 测试方案与测试结果 054

1.6 增益可控射频放大器 055

［2015年全国大学生电子设计竞赛（D题）］

1.6.1 题目分析 056

1.6.2 增益可控射频放大器设计报告 D01 057

1.6.3 增益可控射频放大器设计报告 D05 062

第2章 无线电发射机设计 069

2.1 电压控制LC振荡器设计 069

［2003年全国大学生电子设计竞赛（A题）］

2.1.1 题目分析 070

2.1.2 方案论证 070

2.1.3 系统设计 078

2.2 正弦信号发生器设计 088

［2005年全国大学生电子设计竞赛（A题）］

2.2.1 题目分析 090

2.2.2 方案论证 090

2.2.3 主要部件原理及参数计算 093

2.2.4 系统设计 098

2.2.5 结论 103

第3章 无线电接收机设计 105

3.1 调幅广播收音机设计 105

［1997年全国大学生电子设计竞赛（D题）］

3.1.1 题目分析 106

3.1.2 方案论证 108

3.1.3 系统设计 110

3.1.4 系统调试 115

3.1.5 系统性能指标测试与结果分析 116

3.2 调频收音机设计 118

［2001年全国大学生电子设计竞赛（F题）］

3.2.1 题目分析 119

3.2.2 方案论证与比较 120

3.2.3 系统设计 121

　　　3.2.4　软件设计 ……………………………………………………………………… 125

　　　3.2.5　测试方法与测试数据 …………………………………………………………… 126

　3.3　调幅信号处理实验电路 ……………………………………………………………… 127

　　　[2017 年全国大学生电子设计竞赛（F 题）]

　　　3.3.1　题目分析 ……………………………………………………………………… 128

　　　3.3.2　系统方案论证和选择 …………………………………………………………… 131

　　　3.3.3　理论分析与计算 ………………………………………………………………… 132

　　　3.3.4　电路设计 ………………………………………………………………………… 133

　　　3.3.5　程序设计 ………………………………………………………………………… 136

　　　3.3.6　测试结果 ………………………………………………………………………… 136

第 4 章　通信系统设计 ………………………………………………………………………… 138

　4.1　单工无线呼叫系统设计 ……………………………………………………………… 138

　　　[2005 年全国大学生电子设计竞赛（D 题）]

　　　4.1.1　题目分析 ……………………………………………………………………… 140

　　　4.1.2　方案论证 ………………………………………………………………………… 141

　　　4.1.3　硬件设计 ………………………………………………………………………… 145

　　　4.1.4　软件设计 ………………………………………………………………………… 153

　　　4.1.5　系统调试 ………………………………………………………………………… 154

　　　4.1.6　指标测试和测试结果 …………………………………………………………… 155

　　　4.1.7　结论 ……………………………………………………………………………… 159

　4.2　无线识别装置 …………………………………………………………………………… 160

　　　[2007 年全国大学生电子设计竞赛（B 题）]

　　　4.2.1　题目分析 ……………………………………………………………………… 162

　　　4.2.2　系统方案论证 …………………………………………………………………… 168

　　　4.2.3　电路与程序设计 ………………………………………………………………… 172

　　　4.2.4　测试方案和测试结果 …………………………………………………………… 177

　4.3　无线环境监测模拟装置 ……………………………………………………………… 178

　　　[2009 年全国大学生电子设计竞赛（D 题）]

　　　4.3.1　题目分析 ……………………………………………………………………… 182

　　　4.3.2　采用 OOK 调制方式的无线环境监测模拟装置 ……………………………… 184

　　　4.3.3　低频载波的无线环境监测模拟装置 …………………………………………… 190

　4.4　红外通信装置 …………………………………………………………………………… 195

　　　[2013 年全国大学生电子设计竞赛（F 题）]

　　　4.4.1　题目分析 ……………………………………………………………………… 197

　　　4.4.2　系统方案 ………………………………………………………………………… 197

4.4.3 理论分析与计算 ··· 200

4.4.4 电路与程序设计 ··· 201

4.4.5 测试方案与测试结果 ··· 204

4.5 短距视频信号无线通信网络 ··· 206

[2015年全国大学生电子设计竞赛（G题）]

4.5.1 题目分析 ··· 208

4.5.2 方案论证 ··· 209

4.5.3 理论分析与计算 ··· 210

4.5.4 电路与程序设计 ··· 211

4.5.5 测试方案与测试结果 ··· 214

4.6 可见光室内定位装置 ··· 215

[2017年全国大学生电子设计竞赛（I题）]

4.6.1 题目分析 ··· 216

4.6.2 可见光室内定位装置设计实例 ····································· 221

4.7 基于互联网的信号传输系统 ··· 225

[2019年全国大学生电子设计竞赛（E题）]

4.7.1 题目分析 ··· 226

4.7.2 方案论证 ··· 227

4.7.3 理论分析与计算 ··· 228

4.7.4 电路与程序设计 ··· 229

4.7.5 测试方案与测试结果 ··· 232

4.8 双路语音同传的无线收发系统 ······································· 233

[2019年全国大学生电子设计竞赛（G题）]

4.8.1 题目分析 ··· 235

4.8.2 系统框图 ··· 240

4.8.3 硬件设计 ··· 241

4.9 数字-模拟信号混合传输收发机 ····································· 244

[2021年全国大学生电子设计竞赛（E题）]

4.9.1 题目分析 ··· 246

4.9.2 实例 ··· 247

参考文献 ··· 255

第 1 章

高频放大器设计

1.1 高频放大器设计基础

1.1.1 概述

随着通信技术的快速发展，通信频率越来越高，因此对放大器的频带要求也越来越高。高频放大器的作用是放大高频已调波信号的功率，以满足发送功率的要求，然后通过天线将其辐射到空间，保证在一定区域内的接收机能够接收到满意的信号电平，且不干扰相邻信道的通信。射频宽带放大器广泛地应用于因特网和 CATV 网，以补偿射频信号在网络传输过程中造成的能量损失。

高频放大器是一类十分重要的通信产品，其设计主要分为三部分：前级放大、中间级放大和末级放大。前级放大采用低噪声放大，高频信号对噪声的要求很高，很容易受到噪声的干扰而使信号失真。中间级放大的主要作用是放大信号，放大器的大部分增益是在该部分实现的。末级放大主要放大信号功率，一般采用功率放大芯片来驱动负载。

1.1.2 射频宽带放大器

射频宽带放大器在普通放大器的基础上增加了两个条件：一是能够放大射频段的信号；二是放大信号的带宽大大加宽，带宽的数量级一般为兆赫兹，目前的射频宽带放大器的带宽已达吉赫兹。

射频宽带放大器的主要特点是能在一个很宽的频带内达到稳定的增益值，这也是性能评价的主要指标。射频宽带放大器由多级放大器级联而成，带宽很宽，上限截止频率 f_H 高达吉赫兹量级，甚至高达数百吉赫兹。因此，对放大器级联的阻抗匹配要求很严格，阻抗不匹配将会导致信号反射，进而导致带内增益不均衡，同时阻抗匹配问题也是制作射频宽带放大器的一个难点。射频宽带放大器的研究已有很多，研究重点为低噪声、带宽、频率和增益等指标，这几个指标也是在制作射频宽带放大器时应予以考虑的。

1.1.3 集成射频宽带放大器介绍

1. THS3201

THS3201 是超宽带低噪声电流反馈型放大器，其供电电压为 $\pm(3.3\sim7.5)$V，单位增益带宽为 1.8GHz，输入电压噪声为 $1.65\text{nV}/\sqrt{\text{Hz}}$，压摆率高达 10500V/μs，适合于射频宽带放大器前级小信号低噪声固定增益放大电路的设计。基于 THS3201 的宽带同相放大器电路图如图 1.1.1 所示。

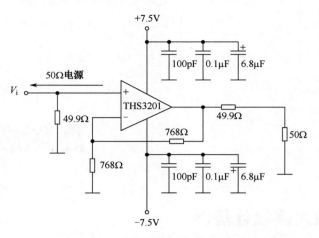

图 1.1.1　基于 THS3201 的宽带同相放大器电路图

2．OPA695

OPA695 是一款低功耗超宽带电流反馈型运算放大器。当增益 $G = +2$ 时，其带宽 BW 为 1400MHz；当增益 $G = +8$ 时，其带宽 BW 为 450MHz；输出电压范围为−4.2～+4.2V；压摆率为 4300V/μs。基于 OPA695 的宽带同相放大器电路图如图 1.1.2 所示。

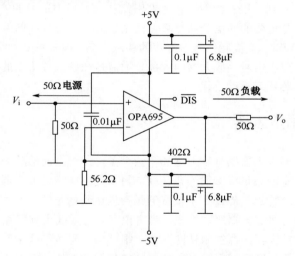

图 1.1.2　基于 OPA695 的宽带同相放大器电路图

3．OPA847

OPA847 是宽带低噪声电压反馈放大器，其增益带宽积为 3.9GHz，低输入噪声电压为 $0.85\text{nV}/\sqrt{\text{Hz}}$，压摆率为 950V/μs，高直流精度为 100μV，低供电电流为 18.1mA。极低的输入电压和电流噪声结合 3.9GHz 的增益带宽积，使得 OPA847 成为宽带应用的理想放大器。基于 OPA847 的同相 20 倍增益的放大器电路图如图 1.1.3 所示。

4．AD8367

AD8367 是一款高性能可变增益放大器，设计用于在最高 500MHz 的中频频率下工作。在外部施加 0～1V 的模拟增益控制电压，可调整 45dB 增益控制范围，以提供 20mV/dB 输出，实现精确的线性增益调整。3dB 带宽为 500MHz，增益调节范围为−2.5～+42.5dB，单端输入阻抗为 200Ω。基于 AD8367

的增益可变放大器电路图如图 1.1.4 所示。

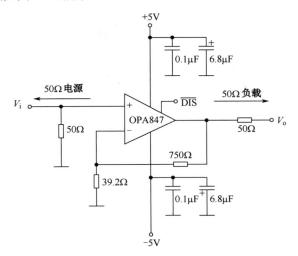

图 1.1.3　基于 OPA847 的同相 20 倍增益的放大器电路图

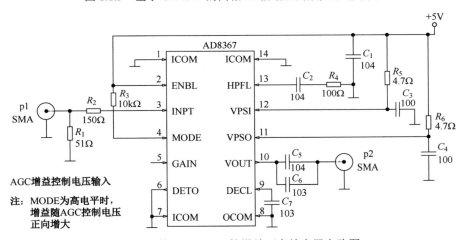

图 1.1.4　基于 AD8367 的增益可变放大器电路图

5．VCA824

VCA824 是一款超宽带、增益调节范围大于 40dB 的线性可变增益放大器。小信号带宽为 710MHz（$G = 2$），大信号带宽为 320MHz（$G = 10$）。高增益调节精度为 (20 ± 0.3)dB。将控制电压范围设置为 $-1 \sim +1$V，可在范围 $-20 \sim +20$dB 内调节增益。单端输入电阻与输出电阻均为 50Ω。基于 VCA824 的增益可变放大器电路图如图 1.1.5 所示。

6．THS3091

THS3091 是一款高性能、低失真、电流反馈型运算放大器，其供电电压为 $\pm(5 \sim 15)$V，带宽为 210MHz（$R_L = 100$Ω，$G = +2$），压摆率为 2500V/μs，输出电流可达 250mA，非常适合用于射频宽带放大器末级功放的设计。基于 THS3091 的功率放大器电路图如图 1.1.6 所示。

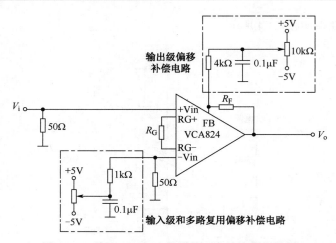

图 1.1.5　基于 VCA824 的增益可变放大器电路图

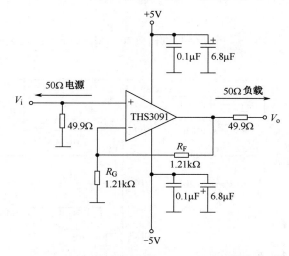

图 1.1.6　基于 THS3091 的功率放大器电路图

7．THS3001

THS3001 是一款带宽为 420MHz（$G = 1dB$，$-3dB$）的高速电流负反馈运算放大器，其压摆率极高，最大闭环增益为 5 时可表现出最好的性能。在±15V 供电、反馈电阻 $R_F = 6800\Omega$ 时，具有 110MHz 的带宽，增益起伏为 0.1dB。大信号应用时具有 40ns 的建立时间，差分增益误差小于 0.01%，差分相位误差小于 0.02%，非线性失真小于 96dB。THS3001 的电源电压为±(4.5～15)V。基于 THS3001 的功率放大器电路图如图 1.1.7 所示。

8．BUF634

BUF634 是一款输出电流的 250mA 的高速缓冲器，其供电电源的电压范围为±(2.25～18)V。BUF634 的应用范围广，可用于运算放大器的反馈回路，以提高输出电流，消除热反馈。例如，低功率应用时，BUF634 的静态电流为 1.5mA，输出电流为 250mA，压摆率为 2000V/μs，带宽为 30MHz。通过连接 V-和 BW 引脚之间的电阻，带宽在范围 30～180MHz 内可调。输出电路由内部限流和热关断提供保护。基于 BUF634 的缓冲器电路图如图 1.1.8 所示。

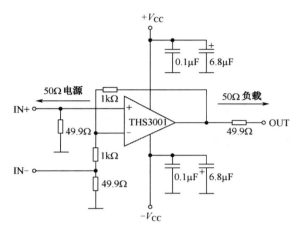

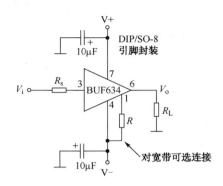

图 1.1.7　基于 THS3001 的功率放大器电路图　　　图 1.1.8　基于 BUF634 的缓冲器电路图

1.2　宽带放大器设计

[2003 年全国大学生电子设计竞赛（B 题）]

1. 任务

设计并制作一个宽带放大器。

2. 要求

1）基本要求

（1）输入阻抗大于或等于 1kΩ；单端输入，单端输出；放大器负载电阻为 600Ω。

（2）3dB 通频带为 10kHz～6MHz，在频带 20kHz～5MHz 内增益起伏小于或等于 1dB。

（3）最大增益大于或等于 40dB，增益调节范围为 10～40dB（增益值 6 级可调，步进为 6dB，增益预置值与实测值误差的绝对值小于或等于 2dB），需要显示预置增益值。

（4）最大输出电压有效值大于或等于 3V，数字显示输出正弦电压有效值。

（5）自制放大器所需的稳压电源。

2）发挥部分

（1）最大输出电压有效值大于或等于 6V。

（2）最大增益大于或等于 58dB（3dB 带宽为 10kHz～6MHz，在频带 20kHz～5MHz 内的增益起伏小于或等于 1dB），增益调节范围为 10～58dB（增益值 9 级可调，步进为 6dB，增益预置值与实测值误差的绝对值小于或等于 2dB），需要显示预置增益值。

（3）增加 AGC（Automatic Gain Control，自动增益控制）功能，AGC 的范围大于或等于 70dB，在 AGC 稳定范围内，输出电压有效值应稳定在范围 $4.5V \leqslant V_o \leqslant 5.5V$ 内（详见下文"说明"中的介绍）。

（4）输出电压峰峰值 $V_{pp} \leqslant 0.5V$。

（5）进一步扩展频带，提高增益，提高输出电压幅度，扩大 AGC 范围，减小增益调节步进。

（6）其他。

3．评分标准

论文 50 分，完成基本要求制作部分 50 分，完成发挥部分 50 分。

4．说明

（1）基本要求部分第（3）项和发挥部分第（2）项的增益步进级数对照表如表 1.2.1 所示。

表 1.2.1　增益步进级数对照表

增益步进级数	1	2	3	4	5	6	7	8	9
预置增益值/dB	10	16	22	28	34	40	46	52	58

（2）发挥部分第（4）项的测试条件：输入交流短路，增益为 58dB。

（3）宽带放大器幅频特性测试框图如图 1.2.1 所示。

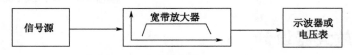

图 1.2.1　宽带放大器幅频特性测试框图

（4）AGC 电路常用在接收机的中频或视频放大器中，作用是在输入信号较强时自动减小放大器的增益，而在输入信号较弱时自动增大放大器的增益，以便保证在 AGC 作用范围内输出电压的均匀性，因此 AGC 电路实质上是一个负反馈电路。

在发挥部分的第（3）项中，AGC 功能放大器的折线化传输特性示意图如图 1.2.2 所示。本题定义

$$\text{AGC 范围} = [20\lg(V_{s2}/V_{s1}) - 20\lg(V_{OH}/V_{OL})] \text{（dB）}$$

要求输出电压有效值稳定在范围 $4.5V \leqslant V_o \leqslant 5.5V$ 内，即 $V_{OL} \geqslant 4.5V$，$V_{OH} \leqslant 5.5V$。

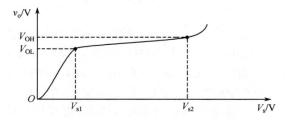

图 1.2.2　AGC 功能放大器的折线化传输特性示意图

1.2.1　题目分析

分析与归类原题的基本要求和发挥部分后，可将本系统要完成的功能和技术指标归纳如下。

（1）输入阻抗大于或等于 1kΩ，单端输入，输入电压为 0.2mV～2V。

（2）输出阻抗为 600Ω，单端输出，输出电压有效值 V_o 并显示：

$$V_{omax} \geqslant 3V \text{（基本要求）}$$
$$V_{omax} \geqslant 6V \text{（发挥部分）}$$
$$V_{omax} = 9V \text{（进一步发挥）}$$

（3）-3dB 通频带为 10kHz～6MHz，在 20kHz～5MHz 频率范围内的增益起伏小于或等于 1dB（基本要求）；进一步展宽通频带（发挥部分）。

（4）增益、增益控制范围、步进及误差：

最大增益大于或等于 40dB，增益调节范围为 10～40dB，步进为 6dB，误差小于或等于 2dB，需

要显示预置值（基本要求）。

最大增益大于或等于 58dB，增益调节范围为 10～58dB，步进为 6dB，误差小于或等于 2dB，需要显示预置值（发挥部分）。

进一步提高增益，进一步扩大增益调节范围，减小步进（发挥部分）。

（5）AGC 范围大于或等于 70dB（输出电压有效值稳定在范围 $4.5V \leqslant V_o \leqslant 5.5V$ 内）（发挥部分）。

（6）输出电压峰峰值 $V_{pp} \leqslant 0.5V$。

（7）自制放大器所需的稳压电源。

（8）其他。

1.2.2　方案论证及比较

1．总体框图及指标分配

本系统的原理框图如图 1.2.3 所示。本系统由前置放大器、中间放大器、末级功率放大器、控制器、真有效值测量单元、键盘、显示器及自制稳压电源等组成，其中前置放大器、中间放大器、末级功率放大器构成信号通道。其主要技术指标分配如表 1.2.2 所示。

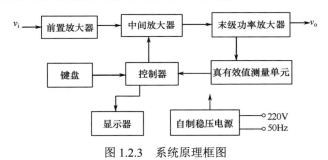

图 1.2.3　系统原理框图

表 1.2.2　主要技术指标分配

级别	数值	
	电压增益 G_u/dB	频带宽度 BW/MHz
前置级	0	≥100
中间级	−20～+60	60
末级	20	20
系统总指标	0～80	≥10

本设计有三个重点和难点：一是增益控制部分；二是自动增益控制（AGC）部分；三是功率输出部分（末级功率放大器）的设计。增益控制和自动增益控制是两个概念，它们有联系但又有区别。请仔细阅读题目要求及说明。

2．增益控制部分

1）方案一：采用数字电位器取代反馈电阻的方法

如图 1.2.3 所示，中间放大器和末级功率放大器均采用电压负反馈电路，通过改变反馈电阻来改变放大器的增益，例如采用 1024 个滑动端位置的数字电位器 X9110 或 X9111。该方案采用两级控制比较麻烦。

2）方案二：采用 D/A 芯片的方法

为便于实现最大 60dB 增益的调节，可以采用 D/A 芯片 AD7520 的电阻网络改变反馈电压，进而控制电路增益。考虑到 AD7520 是一款廉价的 10 位 D/A 芯片，输出 $V_{out} = D_n V_{ref}/2^{10}$，其中 D_n 为 10 位数字量输入的二进制值，可满足 $2^{10} = 1024$ 挡增益调节，因此满足题目的精度要求。AD7520 由 CMOS 电流开关和梯形电阻网络构成，具有结构简单、精确度高、体积小、控制方便、外围布线简单等特点，因此可以采用 AD7520 来实现信号的程控衰减。然而，由于 AD7520 对输入参考电压 V_{ref} 有一定的幅度要求，因此具体实现起来比较复杂，而且转换时的非线性误差大，带宽只有几千赫兹，不满足频带要求。

3）方案三：采用可调增益放大器 AD603 的方法

为满足题目对放大电路增益可控的要求，直接采用可调增益放大器，如 AD603。AD603 的内部由 $R\text{-}2R$ 梯形电阻网络和固定增益放大器构成，加在梯形电阻网络输入端的信号经过衰减后，由固定增益放大器输出，衰减量由加在增益控制接口的参考电压决定，而该参考电压可通过单片机进行运算并控制 D/A 芯片的输出控制电压得到，进而实现较为精确的数字控制。此外，AD603 能提供从直流到 30MHz 以上的工作带宽，单级实际工作时可提供超过 20dB 的增益，两级级联后可得到 40dB 以上的增益，通过后级放大器放大输出，在高频时也可提供超过 60dB 的增益。这种方法的优点是电路集成度高，条理较清晰，控制方便，易于数字化处理。

方案比较：因方案一调整麻烦，方案二的带宽不能满足题目要求，方案三能满足题目要求，所以选择方案三。

3．自动增益控制部分

自动增益控制部分采用可调增益放大器 AD603。AD603 的内部结构框图如图 1.2.4 所示。它由增益控制、精确衰减器和固定增益放大器三部分组成。

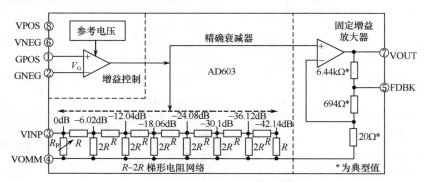

图 1.2.4　AD603 的内部结构框图

当引脚 5 与引脚 7 短路时，固定增益放大器的电压放大倍数为

$$A_u = 1 + 694/20 = 35.7$$

电压增益为 $G_u = 20 \lg A_u \approx 31\text{dB}$。

整个 AD603 的增益为 $40V_G + 10$，当 V_G 在 $-0.5 \sim +0.5\text{V}$ 内变化时，增益控制范围为 $-10 \sim +30\text{dB}$。

根据题目发挥部分的要求，最大增益应不小于 58dB，显然一级 AD603 不满足要求，必须选用两个 AD603 串联构成增益控制放大器。第二级电压增益为

$$G_u = 80V_G + 20 \quad (\text{dB}) \tag{1.2.1}$$

当 V_G 在 $-0.5 \sim +0.5\text{V}$ 范围内变化时，G_u 的变化范围为 $-20 \sim +60\text{dB}$，完全满足题目关于增益的要求。

下面重点讨论如何利用 AD603 实现自动增益控制（AGC）。

1）方案一

由图 1.2.3 可知，系统信号主通道由三部分构成。

设前置放大器的放大倍数为 $A_{u1} = 1$，末级放大器的放大倍数 $A_{u3} = 10$，中间放大器的放大倍数 A_{u2}

$=10^{(1+4V_G)}$，系统总电压放大倍数为

$$A_u = A_{u1}A_{u2}A_{u3} = 10A_{u2} = 10 \times 10^{(1+4V_G)} = 10^{(2+4V_G)} \qquad (1.2.2)$$

于是有

$$V_o = A_uV_i = V_i \times 10^{(2+4V_G)} \qquad (1.2.3)$$

由式（1.2.3）可知，输出电压 V_o 与输入电压 V_i 成正比，与 V_G 有一一对应的指数关系。

一般而言，V_i 是未知的，而 V_o 可以通过真有效值电路测量得到，测得 V_o 时 V_G 也是预置的（已知的），于是可以利用式（1.2.3）算得 V_i 的即时值，即

$$V_i = \frac{V_o}{10^{(2+4V_G)}} \qquad (1.2.4)$$

根据题目要求，AGC 要求输出电压稳定在 $V_o' = (5 \pm 0.5)\text{V}$。

令 $V_o = 5\text{V}$，由于 V_i 已算出，于是根据式（1.2.4）可算出对应的控制电压值 V_G。将式（1.2.4）转换成

$$V_G = \frac{1}{4}\left(\lg\frac{V_o'}{V_i} - 2\right) = \frac{1}{4}\left(\lg\frac{5}{V_i} - 2\right) \qquad (1.2.5)$$

此时，由单片机控制输入一个新的控制电压 V_G 给 AD603，便在输出端得到一个稳定的电压值 5V。

控制过程如下：设定一个数字量 D→D/A 转换为 V_G→测量输出电压真有效值 V_o→计算即时的 V_i 值→计算值 $V_o = 5\text{V}$ 时对应的 V_G' 值→向控制器输入 V_G' 的值得到 $V_o = 5\text{V}$。

输入电压 V_i 改变时，V_o 也会改变。V_o 超过 $(5 \pm 0.5)\text{V}$ 时，立即按照上述过程对 V_G 进行修正，使 V_o 稳定在约 5V。

2）方案二

由方案一可知，V_i 的值是由控制器计算得到的。

如果能实时测出 V_i 的值，那么可以立即算出即时的控制电压值 V_G。在算出的 V_G 控制下，输出 V_o 为恒定值 5V。然而，AD603 测量小信号时会带来较大的误差。解决办法是先将输入的小信号放大（×1、×10、×100），使其达到 AD603 能接受的范围。

方案比较：因为输出电压有效值要求测量，而输入电压有效值不要求测量，采用方案二时会增加一些硬件工作量，因此选择方案一。

4. 功率输出部分（末级功率放大器）

根据题目要求，放大器的通频带为 10kHz～6MHz，单纯地采用音频或射频放大的方法来完成功率输出时，要做到 6V 有效值输出的难度较大，而采用高电压输出的运算放大器又不太现实，因为市场上很难买到宽带功率运算放大器。因此，这时采用分立元器件就具有明显优势。

5. 测量有效值部分

1）方案一

利用高速 ADC 对电压进行采样，将一个周期内的数据输入单片机并计算其均方根值，即可得到电压有效值，即

$$V = \sqrt{\frac{1}{N}\sum_{i=1}^{n}V_i^2} \qquad (1.2.6)$$

此方案具有抗干扰能力强、设计灵活、精度高等优点，但调试困难，高频时采样困难且计算量大，增加了软件的难度。

2）方案二

对信号进行精密整流并积分，得到正弦电压的平均值，再进行 ADC 采样，利用平均值和有效值

之间的简单换算关系，算出并显示有效值。只用简单的整流滤波电路和单片机就能完成交流信号有效值的测量，但此方法对非正弦波的测量会导致较大的误差。

3）方案三

采用集成有效值/直流变换芯片，直接输出被测信号的真有效值。这样做可以实现对任意波形的有效值测量。

综上所述，我们采用方案三，变换芯片选用 AD637。AD637 是有效值/直流变换芯片，它可测量的信号有效值高达 7V，精度优于 0.5%，并且外围元器件少、频带宽。对一个有效值为 1V 的信号的电平以 dB 形式指示，该方案的硬件及软件均较为简单，精度也很高，但不适用于高于 8MHz 的信号。

此方案硬件易于实现，可保证在 8MHz 以下测得的有效值的精度，在题目要求的通频带 10kHz～6MHz 内精度较高。8MHz 以上输出信号可采用高频峰值检波的方法来测量。

1.2.3 系统硬件设计

经过上述方案论证并结合题目的任务与要求，不难构思系统总体框图，如图 1.2.5 所示。在该图中，将输入缓冲 60MHz 宽带放大器放在一个屏蔽盒内，将功率放大器放在另一个屏蔽盒内。中间采用同轴电缆相连，目的在于抗干扰。

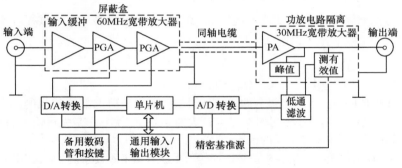

图 1.2.5　系统总体框图

1. 输入缓冲和增益控制部分

输入缓冲和增益控制电路如图 1.2.6 所示。由于 AD637 的输入电阻仅为 100Ω，若要满足输入电阻大于 1kΩ 的要求，则必须加入输入缓冲部分；另外，前级电路对整个电路的噪声影响非常大，必须尽量减小噪声。因此，采用高速低噪声电压反馈型运算放大器 OPA642 实现前级隔离，同时在输入端加上二极管过电压保护。

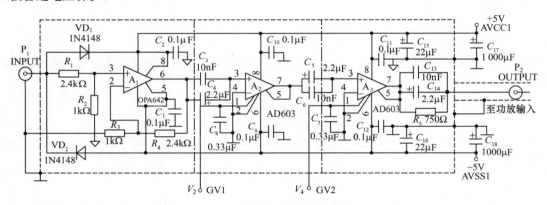

图 1.2.6　输入缓冲和增益控制电路

输入部分先用电阻分压衰减，再由 OPA642 放大。OPA642 的电压峰峰值不超过其极限值（2V），输入阻抗大于 2.4kΩ。OPA642 的增益带宽积为 400MHz，放大倍数为 3.4，100MHz 以上的信号被衰减。输入/输出口 P_1、P_2 由同轴电缆连接，以防止自激。级间耦合采用电解电容并联高频瓷片电容的方法，兼顾高频和低频信号。

增益控制部分装在屏蔽盒中，盒内采用多点接地和就近接地的方法以避免自激，部分电容、电阻采用贴片封装，使得输入级连线尽可能短。该部分采用 AD603 典型接法中通频带最宽的一种，通频带为 90MHz，增益为 -10～+30dB，输入控制电压 V_G 的范围为 -0.5～+0.5V。AD603 接成 90MHz 带宽的典型电路如图 1.2.7 所示。

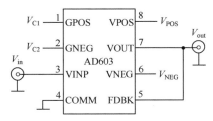

图 1.2.7　AD603 接成 90MHz 带宽的典型电路

增益和控制电压的关系为 G_G（dB）$= 40V_G + 10$，一级的增益控制范围仅为 40dB，使用两级串联时增益为 -20～+60dB，满足题目要求。

由于两级放大电路的幅频响应相同，所以当两级 AD603 串联后带宽会有所下降，串联前的各级带宽约为 90MHz，串联后的总 3dB 带宽为 60MHz。

2．功率放大部分

功率放大部分的原理图如图 1.2.8 所示。参考音频放大器中的驱动级电路，考虑到负载电阻为 600Ω，输出有效值大于 6V，而 AD603 输出的最大有效值约为 2V，因此选用两级三极管进行直接耦合和发射结直流负反馈来构建末级功率放大器。第一级进行电压放大，整个功率放大电路的电压增益在第一级；第二级进行电压合成和电流放大，将第一级输出的双端信号变成单端信号，同时提高通频带负载能力，如果需要更大的驱动能力，则在后级中增加三极管跟随器。实际上，加上跟随器后，通频带急剧下降，原因是跟随器的结电容被等效放大，当输入信号频率很高时，输出级直流电流很大而输出信号很小。使用两级放大足以满足题目的要求。选用 NSC 公司的 2N3904 和 2N3906 三极管（特征频率 $f_T = 250～300MHz$）可达到 25MHz 的宽带。整个电路设有频率补偿，可对 DC 到 20MHz 的信号进行线性放大，在 20MHz 以下，增益非常平稳。为稳定直流特性，将反馈回路用电容串联接地，加大直流负反馈，但会使低频响应变差，实际上这样做只是把通频带的下限截止频率 f_L 从 DC 提高到了 1kHz，但电路的稳定性提高了许多。

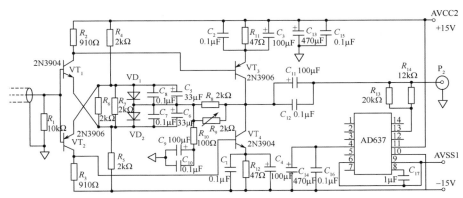

图 1.2.8　功率放大部分的原理图

本电路采用电压串联负反馈电路，其放大倍数为

$$A_{ud} = 1 + \frac{\dfrac{R_9 R_8}{R_9 + R_8}}{R_{10}}$$

整个功率放大电路的放大倍数 $A_{ud} \approx 10$。通过调节 R_9 来调节增益。根据 AGC 的原理分析，这一级增益要求准确地调在 $A_{ud} = 10$ 上。

3. 控制部分

控制部分由 51 系列单片机、A/D 转换器（也称模数转换器）、D/A 转换器（也称数模转换器）和精密基准源组成，如图 1.2.9 所示。使用 12 位串行 A/D 转换器芯片 ADS7816T、ADS7841（便于同时测量真有效值和峰值）和 12 位串行双 D/A 转换器芯片 TLV5618。精密基准源采用带隙基准电压源 MC1403。

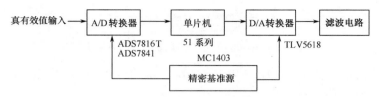

图 1.2.9 控制部分框图

4. 稳压电源部分

稳压电源部分的电路图如图 1.2.10 所示，输出±5V、±15V 电压供给整个系统。

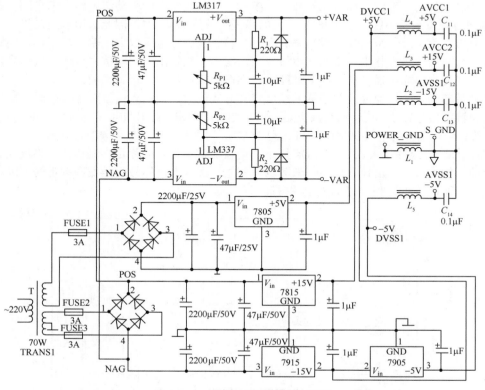

图 1.2.10 稳压电源部分的电路图

5．正弦电压有效值的计算

AD637 的内部结构图如图 1.2.11 所示。根据 AD637 芯片手册，真有效值的经验公式为

$$V_{\text{out}} = \left(\overline{\frac{V_{\text{in}}^2}{V_{\text{out}}}} \right) \tag{1.2.7}$$

式中，V_{in} 为输入电压，V_{out} 为输出电压。

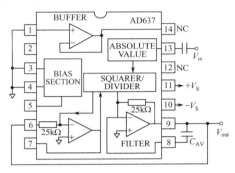

图 1.2.11　AD637 的内部结构图

6．抗干扰措施

系统的总增益为 0～80dB，前级输入缓冲和增益控制部分的增益最大可达 60dB，因此抗干扰措施必须做得很好。避免自激和减小噪声的方法如下。

（1）在布线过程中，将输入缓冲级、增益控制部分和功率放大部分按顺序一条龙地放置。输入插孔与输出插孔分别在电路印制板的两端引出。输入、输出均采用同轴电缆连接。各级分别装在屏蔽盒内，防止级间及前级与末级之间的电磁耦合，有利于系统工作稳定，避免自激。

（2）电源隔离：各级供电采用电感隔离，输入级和功率放大级采用隔离供电，输入级电源靠近屏蔽盒就近接上 1000μF 电解电容，盒内接高频瓷片电容到地，通过这种方法可避免低频自激。

（3）地线隔离：各级地线要分开，特别是输入级、增益控制部分与功率放大级、控制部分的地线一定要分开，并且用电感隔离。防止末级信号和控制部分的脉冲信号通过公共地线耦合至输入级。在输入级，将整个运算放大器用较粗的地线包围，除信号走线、电源线外，其余部分均作为地线，形成大面积接地，以便吸收高频信号，进而减少噪声。在增益控制部分和功率放大部分也可以采用此方法。

（4）数模隔离：数字部分与模拟部分除采用电源和地线隔离外，还要注意数字电路部分的脉冲信号通过空间感应到模拟部分。因此，数字电路部分与模拟电路部分之间要有一定的距离，整个模拟部分甚至要屏蔽。

（5）输入级和增益控制部分要选择噪声低的元器件，如电阻一律采用金属膜电阻，以避免内部噪声过大。

（6）级间耦合：在有条件的情况下最好采用直接耦合，若需要电容耦合，则必须采用电解电容与高频瓷片电容并联进行耦合，以避免高频增益下降。

（7）其他：同一级放大部分的地线与电源线均分别接在同一点，去耦电感和电容参数不能相同。

1.2.4　系统软件设计及流程图

本系统的单片机控制部分采用反馈控制方式，通过输出电压采样来控制电压增益。由于 AD603 的设定增益与实际增益之间存在误差，因此软件上还要进行校正。软件流程图如图 1.2.12 所示，AGC 子程序流程图如图 1.2.13 所示。

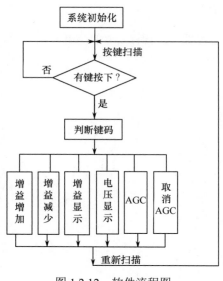

图 1.2.12 软件流程图

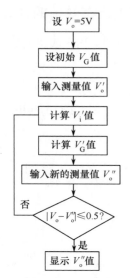

图 1.2.13 AGC 子程序流程图

1.2.5 系统调试和测试结果

1. 测试方法

将各部分电路连接起来，首先调整 0dB，使输出信号幅度和输入信号幅度相等；然后接上 600Ω 的负载电阻，进行整机测试。

2. 测试结果

（1）输入阻抗：电路的设计能保证输入阻抗大于 1kΩ，满足题目要求。

（2）输出电压有效值测量：输入加 100kHz 正弦波，调节电压和增益测得不失真最大输出电压有效值为 9.30～9.50V，达到题目大于或等于 6V 的要求。

（3）输出噪声电压测量：增益调到 58dB，输入端短路时，输出电压峰峰值约为 300mV，满足输出噪声电压小于或等于 0.5V 的要求。

（4）频率特性测量：增益设为 40dB 挡，输入端加 10mV 正弦波，由于信号源不能保证不同频段的 10mV 正弦波幅度稳定，因此每次测量前要先调节信号源，使得输入信号保持为约 10mV，再测量输出信号。频率特性测试数据如表 1.2.3 所示，幅频特性曲线如图 1.2.14 所示。

表 1.2.3 频率特性测试数据

频率/kHz	1	2	6	10	20	40	50	60
输出电压有效值/V	0.710	0.821	0.976	1.00	1.01	1.02	0.999	1.02
增益/dB	37.0	38.3	39.8	40.0	40.0	40.1	39.9	40.1
频率/kHz	90	100	200	300	400	500	600	800
输出电压有效值/V	0.999	0.998	0.997	0.996	0.997	1.00	1.01	1.02
增益/dB	39.9	39.9	39.9	39.9	39.9	40.0	40.0	40.1
频率/MHz	1.00	2.00	3.00	4.00	5.00	6.0	10.0	20.0
输出电压有效值/V	1.02	0.997	0.978	0.975	0.986	0.984	0.901	0.802
增益/dB	40.1	39.9	39.8	39.8	39.9	39.9	39.1	38.1

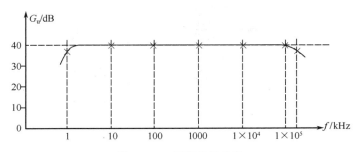

图 1.2.14 幅频特性曲线

由表 1.2.3 中的数据和如图 1.2.14 所示的曲线可知，3dB 通频带在低频端达到 1kHz，在高频端超过 20MHz，由于信号源无法产生频率大于 20MHz 的信号，因此无法测量；从 5MHz 以上增益的趋势来看，最终通频带的高频端应该大于 20MHz，比较符合后级功率放大的理论高频截止频率为 25MHz 的要求。在 20kHz～5MHz 频带内，增益起伏小于或等于 0.2dB。

（5）增益误差测量：输入端加有效值为 10mV、频率为 1MHz 的正弦信号，保持幅度稳定，然后预设增益值测量输出信号来计算增益误差。增益误差测试数据如表 1.2.4 所示。

表 1.2.4 增益误差测试数据

预置增益/dB	10	16	22	28	34	40	46	52	58
输出电压有效值	32.3mV	63.8mV	127mV	254mV	0.502V	1.01V	1.98V	3.95V	7.45V
实际增益/dB	10.2	16.1	22.1	28.1	34.0	40	46.0	51.9	57.8
增益误差/dB	+0.2	+0.1	+0.1	+0.1	0.0	0.0	0.0	−0.1	−0.2

由表 1.2.4 中可以看出增益误差在 0.2dB 内，频率较高时，随着输出电压的增大，增益有下降的趋势，这是因为后级功放管的工作状态即将接近饱和，通过提高后级电源电压可以使增益更加稳定。

本系统实现了发挥部分增益步进为 1dB、增益在 0～80dB 之间可调的功能。0dB 放大是后级功率放大的调零点，需要事先校正，所有大于 0dB 的增益都以 0dB 为基准。

因在测量 58dB 以上的增益时，以 10mV 输入会使得输出饱和，故采用固定输出的方法：给定增益，然后减小输入信号，使得输出信号有效值保持为 7.00V，再计算增益。高增益测试数据如表 1.2.5 所示。

表 1.2.5 高增益测试数据

预置增益/dB	58	60	63	66	70	73	76	80
V_{rms}/mV	9.23	7.16	5.31	3.67	2.26	1.74	1.26	无法测量
实际增益/dB	57.8	59.8	62.4	65.6	69.8	72.1	74.9	

高增益时，输入信号的噪声较大，实际波形不理想，但有效值的变化范围不大。增益达到 80dB 时，输入 1mV 就能使输出饱和，噪声电平和信号电平差不多，只能看到噪声信号中有输入信号的轮廓，并且这时用示波器无法测量输入信号电压有效值，但输出却有和输入同频率的正弦波。由于示波器测量的是电压有效值，当信号很小时误差较大，所以增益高时误差较大。从变化趋势来看，放大 80dB 的误差应该小于 2dB，满足题目要求。从整体来看，设计的放大器的增益为 0～80dB，步进为 1dB，60dB 以下的增益误差小于或等于 0.2dB。

（6）自动增益控制（AGC）测量：将放大器切换到 AGC 模式，改变输入信号电压，观察输出信号并记录输出电压。由于采用单片机控制增益，AGC 范围和增益控制范围一致，理论上 AGC 增益范围为 0～80dB。设定 AGC 输出电压范围为 4.5～5.5V，把输入信号调到 1MHz，将有效值从 1mV 起向上调，测量输出电压有效值。自动增益控制测试数据如表 1.2.6 所示。

表 1.2.6　自动增益控制测试数据

V_{irms}	1mV	10mV	100mV	1V	1.5V	2V	> 2V
V_{orms}/V	5.12	4.96	5.03	4.98	5.06	5.02	削波
增益/dB	74	54	34.0	14	10	8	8

　　由表 1.2.6 可知，输入信号从 1mV 变化到 2V，输出信号变化范围不超过 0.2V，当输入信号有效值大于 2V 时，输入保护电路开始起作用，输出端得到的是畸形的正弦波，故无法测量到增益为 0dB 的情况。

　　输入信号变化范围为 20lg(2000/1)≈66dB，输出信号范围为 20lg(5.12/4.98)≈0dB，所以得到 AGC 范围为 66−0 = 66dB。

　　调节 AGC 输出电压范围可让功放输出在 0.1～6.5V 之间，AGC 的最小间隔为 0.1V，若将输出信号限制在 1.0～1.1V 范围内，则 AGC 范围将达到 70dB 以上。

　　（7）输出电压测量：通过数码管显示输出电压的有效值，与实际测量值比较，误差小于或等于 5%。

3．误差分析

　　实验测量误差的主要来源是电磁干扰，由于实验场地有许多计算机和仪器使用开关电源，电磁噪声很大，而且所用同轴电缆的屏蔽效果不好，因此当输入端短路时测得的噪声电压会随输入短接方式的不同而有很大误差。

4．测试性能总结

　　本设计偏重于模拟电路处理，得到了很高的增益和较小的噪声。采用多种抗干扰措施来处理前级放大，选用集成芯片进行增益控制，利用分立元器件进行后级功率放大，放弃了较难买到的宽带功率运算放大器，因而设计很灵活，也很容易实现。测试结果全面达到设计要求，多个技术指标甚至超出要求，在 AGC 算法上尤其有独特之处。

　　注意：此题在培训过程中必做，但在安装调试如图 1.2.8 所示的电路时，三极管 2N3904 和 2N3906 的引脚 e、b、c 是根据因特网提供的资料焊接的，经实际调试发现均有问题，甚至会烧坏功放管，原因是因特网上提供的资料有误，e、c 两个引脚接错，因此在焊接之前应先用三用表对三极管进行测试并判断引脚 e、b、c，然后再进行焊接。

1.3　宽带直流放大器

［2009 年全国大学生电子设计竞赛（C 题）］

1.3.1　设计任务与要求

1．任务

设计并制作一个宽带直流放大器及其所用的直流稳压电源。

2．要求

1）基本要求

（1）电压增益 $G_u \geqslant 40$dB，输入电压有效值 $V_i \leqslant 20$mV。电压增益 G_u 可在范围 0～40dB 内手动连

续调节。

（2）最大输出电压正弦波有效值 $V_o \geq 2V$，输出信号波形无明显失真。

（3）-3dB 通频带为 0～5MHz，在 0～4MHz 通频带内增益起伏小于或等于 1dB。

（4）放大器的输入电阻大于或等于 50Ω，负载电阻为 $(50 \pm 2)\Omega$。

（5）设计并制作满足放大器要求所用的直流稳压电源。

2）发挥部分

（1）最大电压增益 $G_u \geq 60dB$，输入电压有效值 $V_i \leq 10mV$。

（2）在 $G_u = 60dB$ 时，输出端噪声电压峰峰值 $V_{ONPP} \leq 0.3V$。

（3）-3dB 通频带为 0～10MHz，在 0～9MHz 通频带内增益起伏小于或等于 1dB。

（4）最大输出电压正弦波有效值 $V_o \geq 10V$，输出信号波形无明显失真。

（5）进一步降低输入电压，提高放大器的电压增益。

（6）电压增益 G_u 可预置并显示，预置范围为 0～60dB，步距为 5dB（也可连续调节）；放大器的带宽可预置并显示（至少有 5MHz、10MHz 两点）。

（7）降低放大器的制作成本，提高电源效率。

（8）其他（如改善放大器性能的其他措施等）。

3．评分标准

类型	项目	主要内容	分数
设计报告	系统方案	比较与选择 方案描述	2
	理论分析与计算	增益带宽积 通频带内增益起伏控制 线性相位 抑制直流零点漂移 放大器稳定性	9
	电路与程序设计	电路设计	8
	测试方案与测试结果	测试方案及测试条件 测试结果完整性 测试结果分析	8
	设计报告结构及规范性	摘要 设计报告正文的结构 图表的规范性	3
	总分		30
基本要求	实际制作完成情况		50
发挥部分	完成第（1）项		7
	完成第（2）项		2
	完成第（3）项		7
	完成第（4）项		6
	完成第（5）项		12
	完成第（6）项		5
	完成第（7）项		6
	其他		5
	总分		50

宽带直流放大器（C 题）测试记录与评分表

赛区＿＿＿＿＿＿＿＿＿＿＿ 代码＿＿＿＿＿＿＿＿＿ 测评人＿＿＿＿＿＿＿＿＿＿＿ 年 月 日

类型	序号	项目与指标		满分	测试记录	评分	备注
基本要求	（1）	放大器增益	电压增益大于或等于 40dB，见测试说明（4）	10	$V_{imin} = $＿＿＿V $V_o = $＿＿＿V $G_u = $＿＿＿dB 计算 $P_o = $＿＿＿W		
			增益手动连续调节，0～40dB	5			
	（2）	输出电压	最大输出电压有效值大于或等于 2V，无明显失真	10	$V_o = $＿＿＿V		
	（3）	−3dB 通频带	0～5MHz，见测试说明（2）	12	$f_1 = 0Hz$ $V_{o1} = $＿＿＿ $f_2 = 2MHz$ $V_{o2} = $＿＿＿ $f_3 = 4MHz$ $V_{o3} = $＿＿＿ $f_4 = 5MHz$ $V_{o4} = $＿＿＿		
			在 0～4MHz 通频带内，增益起伏小于或等于 1dB	5	最大值 ＝＿＿＿V 最小值 ＝＿＿＿V		
	（4）	负载电阻	负载电阻为(50 ± 2)Ω。如不符合要求，则基本要求和发挥部分最多累计扣 18 分，见测试说明（3）		负载电阻实际标称值或检测阻值 $R_o = $＿＿＿Ω		
	（5）	直流稳压电源	设计并制作满足放大器要求所用的直流稳压电源，(在选项打 √)	8	满足要求 不满足要求		
		总分		50			
发挥部分	（1）	放大器增益	电压增益大于或等于 60dB，见测试说明（4）	7	$V_{imin} = $＿＿＿V $V_o = $＿＿＿V $G_u = $＿＿＿dB 计算 $P_o = $＿＿＿W		
	（2）	噪声电压	$G_u = 60dB$ 时，输出端噪声电压 V_{ONPP} 小于或等于 0.3V，见测试说明（5）	2	$G_u = $＿＿＿dB 噪声电压 $V_{ONPP} = $＿＿＿V		
	（3）	−3dB 通频带	0～10MHz，见测试说明（2）	6	$f_1 = 0Hz$, $V_{o1} = $＿＿＿ $f_2 = 2MHz$, $V_{o2} = $＿＿＿ $f_3 = 9MHz$, $V_{o3} = $＿＿＿ $f_4 = 10MHz$, $V_{o4} = $＿＿＿		
			在 0～9MHz 通频带内增益起伏小于或等于 1dB	1	最大值 ＝＿＿＿V 最小值 ＝＿＿＿V		
	（4）	输出电压	最大输出电压有效值大于或等于 10V，无明显失真，见测试说明（6）	6	$V_o = $＿＿＿V		
	（5）	提高电压增益	进一步降低输入电压提高放大器的电压增益，电压增益 G_u 每提高 2dB 加 1 分，见测试说明（7）	12	$V_{imin} = $＿＿＿V $V_o = $＿＿＿V $G_u = $＿＿＿dB		
	（6）	可预置并显示	G_u 可预置并显示（3），G_u 可连续调节（2），带宽可预置并显示（2），(在选项打 √)	5	G_u 可预置并显示 G_u 可连续调节 带宽可预置并显示		

续表

类型	序号	项目与指标	满分	测试记录	评分	备注
发挥部分	（7）	降低放大器的制作成本（2），提高电源效率 η（3），见测试说明（8）	6	电源效率 $\eta = P_o/P_E =$ ___		
	（8）	其他（如改善放大器性能的其他措施等）	5			
		总分	50			

宽带直流放大器（C 题）测试记录与评分表说明如下。

（1）此表仅限赛区专家在制作实物测试期间使用，竞赛前、后都不得外传，每题测试组至少配备 3 位测试专家，每位专家独立填写一张此表并签字；表中凡是判断特定功能有、无的项目打 √ 表示；凡是指标性项目需如实填写测量值，有特色或问题的可在备注中写明，表中栏目如有缺项或不按要求填写的，全国评审时该项按 0 分计。

（2）幅频特性建议测 4 个频点，即在通频带为 0～5MHz，输入电压有效值小于或等于 20mV，$G_u = $ 40dB 时，测量直流、2MHz、4MHz、5MHz 等 4 个频点的输出电压值并记录，如带宽内不含直流，扣 8 分；在通频带为 0～10MHz，输入电压有效值小于或等于 10mV，$G_u = $ 60dB 时，测量直流、2MHz、9MHz、10MHz 等 4 个频点电压值并记录，如带宽内不含直流，扣 2 分。

（3）负载电阻 50Ω 应预留测试用检测口和明显标志，若负载电阻不符合(50 ± 2)Ω 的要求，则酌情扣除最大输出电压有效值项的所得分数，基本要求和发挥部分 100 分中最多累计扣 18 分。

（4）放大器增益达不到基本要求规定的指标 40dB 和发挥部分规定的指标 60dB 时，可视测量情况酌情给分，但基本要求的指标不得低于 30dB，发挥部分的指标不得低于 50dB，低于者不得分。

（5）发挥部分第 （2）项的测试条件为：输入交流短路，增益为 60dB。放大器增益达不到规定指标时，可以在作品最大电压增益点测量。

（6）发挥部分第 （4）项的得分条件为：最大输出电压正弦波有效值 $V_o \geq 10V$，输出信号波形无明显失真，得 6 分，否则不得分。

（7）发挥部分第 （5）项的加分条件为：在满足 3dB 通频带为 0～10MHz，通频带内增益起伏小于或等于 1dB，电压增益为 60dB，输入电压有效值小于或等于 10mV，最大输出电压正弦波有效值 $V_o \geq 10V$，输出信号波形无明显失真的条件下，进一步降低输入电压，提高放大器的电压增益，电压增益每提高 2dB 加 1 分。

（8）降低放大器的制作成本重点考核：在指标满足要求的同等条件下，采用价格较低的分立元器件与通用芯片的作品加 2 分。电源效率重点考核：在满足指标要求的同等条件下，如实记录电源效率 $\eta = $ 放大器输出功率 $P_o/$ 电源输出总功率 P_E，最高计 4 分。

（9）可采用信号发生器与示波器/交、直流电压表组合的静态法或扫频仪进行幅频特性测量。

4. 说明

（1）宽带直流放大器的幅频特性示意图如图 1.3.1 所示。

（2）负载电阻应预留测试用检测口和明显标志，若不符合(50 ± 2)Ω 的电阻值要求，则酌情扣除最大输出电压有效值项的所得分数。

（3）放大器要留有必要的测试点。建议的幅频特性测试框图如图 1.3.2 所示，可采用信号发生器与示波器/交、直流电压表组合的静态法或扫频仪进行幅频特性测量。

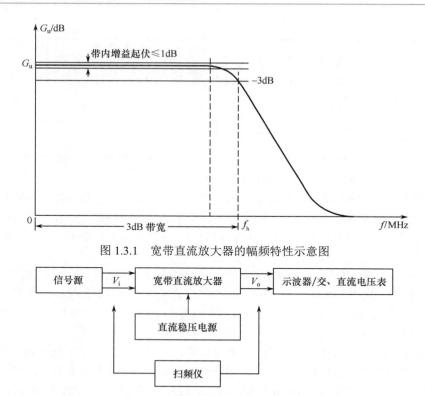

图 1.3.1　宽带直流放大器的幅频特性示意图

图 1.3.2　建议的幅频特性测试框图

1.3.2　题目分析

此题属于宽带放大器类指标性题目。根据设计任务与要求，将需要完成的技术指标列于表 1.3.1 中。

表 1.3.1　宽带直流放大器技术指标一览表

项目	指标	
	基本要求	发挥部分
输入阻抗 R_i/Ω	≥50	≥50
负载 R_L/Ω	50±2	50±2
输入电压 V_i/mV	≤20	≤10
输出电压 V_o/V	≥2（无明显失真）	≥10（无明显失真）
电压增益 G_u/dB	≥40	≥60（V_i≤10mV）
G_u 调节范围/dB	0～40	0～60
G_u 调节方式	手动联调	步距为 5dB，预置并显示
输出端噪声电压峰峰值 V_{ONPP}/V		≤0.3
−3dB 通频带/MHz	0～5	0～10
带宽增益起伏/dB	≤1（0～4MHz）	≤1（0～9MHz）
带宽预置并显示		可预置并显示（至少有 5MHz、10MHz 两点）
自制直流稳压电源	自制	提高电源效率
成本		降低放大器成本
进一步降低 V_i，提高 G_u		每提高 2dB 加 1 分
其他		改善放大器性能的其他措施

此题是在宽带放大器（2003 年全国大学生电子设计竞赛 B 题）、测量放大器（1999 年全国大学生电子设计竞赛 A 题）和程控滤波器（2007 年全国大学生电子设计竞赛 D 题）的基础上综合改编而成的，其主要技术指标是上述三题的综合指标。不同的是，该题的负载 $R_L = (50 \pm 2)\Omega$，比宽带放大器的 $R_L = 600\Omega$ 小（为其 1/12），比程控滤波器的 $R_L = 1000\Omega$ 小（为其 1/20）。因此，本题的最大输出功率大于 2W。根据以上分析不难构建系统结构框图，如图 1.3.3 所示。

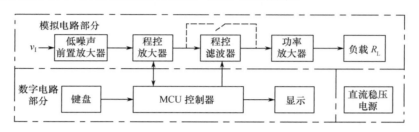

图 1.3.3　系统结构框图

本题的重点是低噪声前置放大器、程控放大器、程控滤波器和功率放大器的设计。难点是控制器如何对直流零点漂移和带宽内的波动进行控制。下面就本题的重点和难点进行探讨。

1. 整体考虑

1）增益分配

低噪声前置放大器的增益为 20dB，程控放大器的增益为 -40～+40dB，程控滤波器的增益为 -3dB，功率放大器的增益为 20dB。

系统总增益为 $G_Z = 20 + (-40 \sim +40) - 3 + 20 = (-3 \sim +77)\text{dB}$。

2）带宽分配

多级放大电路的下限截止频率和上限截止频率按下式计算：

$$\begin{cases} f_L = 1.1\sqrt{f_{L1}^2 + f_{L2}^2 + f_{L3}^2 + f_{L4}^2} \\ \dfrac{1}{f_H} = 1.1\sqrt{\dfrac{1}{f_{H1}^2} + \dfrac{1}{f_{H2}^2} + \dfrac{1}{f_{H3}^2} + \dfrac{1}{f_{H4}^2}} \end{cases} \tag{1.3.1}$$

3）总体结构设计

模拟通道应按如图 1.3.3 所示的顺序对线路布线。最好每个单元均安装一个屏蔽盒，且按图示的顺序放置，防止功率放大级的信号反馈（或感应）到前级，避免产生自激。注意：数模隔离（防止 MCU 控制器的脉冲信号干扰模拟通道）、电源隔离、地线隔离等有利于提高整机的信噪比。级间耦合一律采用直接耦合。

2. 分析设计考虑

1）低噪声前置放大器

低噪声前置放大器的主要作用：一是隔离；二是降低噪声；三是提高输入阻抗；四是具有一定的放大倍数。

根据多级放大器的总噪声系数计算公式

$$N_F = N_{F1} + \frac{N_{F2} - 1}{G_{pa1}} + \frac{N_{F3} - 1}{G_{pa1}G_{pa2}} + \frac{N_{F4} - 1}{G_{pa1}G_{pa2}G_{pa3}} \tag{1.3.2}$$

可知，降低前置放大器的噪声系数 N_{F1}，提高第一级的增益 G_{pa1}，对降低整机的噪声系数 N_F 是有益的。

建议采用低噪声、低直流零点漂移运算放大器（如 TA7120P、OPA2846、OPA2690、OPA690、OPA642 等）作为前置放大器。

2）程控放大器（PGA）

程控放大器的作用是实现 G_u 可预置并显示，预置范围为 $0\sim60$dB，步距为 5dB（也可连续调节）。谈到 PGA，我们自然就会想到 AD603 芯片，其增益与控制电压的关系为

$$G_G（dB）= 40V_G + 10 \tag{1.3.3}$$

式中，V_G 为控制电压，其值为 $-0.5\sim+0.5$V。由式（1.3.3）可知，采用 AD603 作为程控放大器的核心器件，极容易实现题目的要求，然而 AD603 的直流零点漂移高达 30mV。若两个 AD603 级联，再经功率放大，则其直流零点漂移可达几伏。

查阅资料可知 VCA810 的带宽为 25MHz，增益控制范围为 $-40\sim+40$dB，而且直流零点漂移要比 AD603 小得多。VCA810 的增益与电平的关系为

$$G_G（dB）= -40(V_G + 1) \tag{1.3.4}$$

式中，V_G 表示控制电压，其范围为 $-2\sim0$V，同样能方便地满足题目要求，且增益范围宽。因此，推荐 AD603 和 VCA810 两种芯片作为程控放大器的核心器件。

3）程控滤波器

（1）方案一。

采用 ADC 对输入信号采样，采样结果存储到 FPGA 内部进行数字处理。通过设置数字滤波器的参数，可以改变滤波器的截止频率等参数，经过处理后的数据通过 DAC 变换为模拟信号输出。该方案将滤波过程数字化，具有灵活性高、性能优异的优点，不足之处是硬件设计工作量大，软件算法实现困难。

（2）方案二。

采用集成的开关电容滤波器芯片。开关电路滤波器是由 MOS 开关、MOS 电容和 MOS 运算放大器构成的一种大规模集成滤波器，其优点是精度高，具有良好的温度稳定性，改变滤波器的特性容易。然而，该滤波器的上限截止频率达 10MHz，对时钟频率 f_{CLK} 要求太高，难以实现。

（3）方案三。

采用模拟方式，用分立元器件构建截止频率分别为 5MHz 和 10MHz 的巴特沃思（或椭圆）滤波器，再利用开关进行切换。这种方案实现起来简单易行，是可取的方案。

4）功率放大器

下面介绍两种功率放大电路。

（1）集成运算放大器扩压法：这种方法首先利用集成运算放大器扩压、然后利用场效应管扩流来实现功率放大。集成运算放大器扩压电路原理图如图 1.3.4 所示，扩压原理如下。

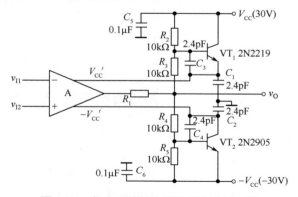

图 1.3.4　集成运算放大器扩压电路原理图

输入信号 $v_I = v_{I1} - v_{I2} = 0$ 时，$v_O = 0$。两个三极管的 $V_{B1} = +15V$，$V_{B2} = -15V$，集成运算放大器的正负电源端的电压为 $V'_{CC} = 14.3V$，$-V'_{CC} = -14.3V$，$V'_{CC} - (-V'_{CC}) = 28.6V$。加入信号 v_I 后，两个三极管的基极电压分别为

$$\begin{cases} v_{B1} = \dfrac{1}{2}(V'_{CC} - v_O) + v_O = \dfrac{V_{CC}}{2} + \dfrac{v_O}{2} \\ v_{B2} = \dfrac{1}{2}(-V'_{CC} - v_O) + v_O = -\dfrac{V_{CC}}{2} + \dfrac{v_O}{2} \end{cases} \tag{1.3.5}$$

式中，v_O 是大信号。当 v_O 为正半周时，VT_1（2N2219）导通，VT_2（2N2905）截止，$V'_{CC} = V_{CC}/2 + v_O/2 - 0.7 = 14.3 + v_O/2$。运算放大器内部的功放级一般也是 OCL 电路，上管导通，下管截止，于是输出电压近似为 $v_O + v_O/2 = \dfrac{3}{2}v_O$。当 v_O 为负半周时，同理可得输出电压为 $\dfrac{3}{2}v_O$。最大输出电压约为 23V，其有效值约为 16V，从而达到了扩压目的。再用扩压后的信号驱动后级场效应功率放大电路（此部分电路未画出），就可实现功率放大。

C_1、C_2 和 C_3、C_4 只是在 VT_1 或 VT_2 截止时才起作用。因为三极管截止时，发射极对地为高阻抗，C_1、C_2 有储能作用，维护 V'_{CC} 和 $-V'_{CC}$ 的直流电压基本不变，而 C_3、C_4 在三极管截止时起信号耦合作用，使得 $V'_{CC} - (-V'_{CC})$ 的值为恒定值。集成运算放大器接地，当大信号输入时不会击穿运算放大器内部的三极管。

（2）功率合成法：许多人采用 BUF634 作为末级功率放大器。BUF634 的性能不错，其带宽为 30MHz，压摆率为 2000V/μs，输出电流为 250mA，最大输出功率 $P_{omax} = 1.8W$，而题目要求 $P_{omax} \geqslant 2W$。显然，BUF634 不满足要求。采用两个 BUF634 进行功率合成时，理想情况下 $P_{omax} = 3.6W$；采用四个 BUF634 进行功率合成时，$P_{omax} = 7.2W$，完全满足功率要求。注意，简单的功率合成要求各支路的电参数完全一致，若不完全一致，则必须添加平衡电阻。

3．难点考虑

此题有两个难点：一是如何抑制直流零点漂移；二是如何使通带内的增益起伏小于或等于 1dB。

1）抑制直流零点漂移

所谓直流零点漂移，是指当输入端短路时，由于差动放大电路不完全对称，导致输出电压不为零。若想使输出为零，则需要在输入端加补偿电压 V_{os}。这个补偿电压如何获得和加入？抑制直流零点漂移的措施通常有如下三种：① 采用低漂移的运算放大器作为放大电路的核心部件；② 硬件补偿——采用动态校零电路；③ 软件补偿。下面介绍后两种措施。

（1）硬件补偿——采用动态校零电路：动态校零技术能有效地补偿直流零点漂移。现以一放大器为例来说明动态校零的原理。如图 1.3.5 所示，设放大电路的零点漂移电压为 V_{os}，显然放大器既放大了有用信号 v_I，也放大了有害漂移电压 V_{os}：

$$v_O = A(v_I + V_{os}) \tag{1.3.6}$$

动态校零技术在电路的工作过程中会周期性地插入"零采样期"，利用采样-保持技术，记录电路的零点的电压值，然后在工作期内用该电压去抵消电路中的漂移电压，从而达到消除漂移影响、自动校准零点的目的。一种简易的硬件补偿方法是，将输入端短路，测出放大器输出直流漂移电压 V_{DC}，然后加一个输入电压，测出放大器的放大倍数 A_u，再将 V_{DC}/A_u 的电压值加至输入端。

（2）软件补偿：根据硬件补偿的原理，通过软/硬件相结合的方式进行补偿。软件补偿的原理框图如图 1.3.6 所示。输出信号经过滤波缓冲后，取出直流零点漂移电压，直流零点漂移电压经过 A/D 转换器转换成数字电压，然后交给 MCU 控制器进行处理，再由 D/A 转换器转换后，输出一个控制直流电压加至放大器的输入端，从而起到直流零点漂移的补偿作用。

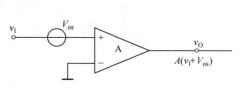

图 1.3.5　具有零点漂移的放大电路

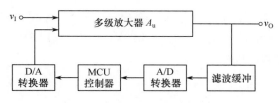

图 1.3.6　软件补偿的原理框图

2）通频带内增益波动控制

采用 MCU 控制通频带内增益波动的原理框图如图 1.3.7 所示。

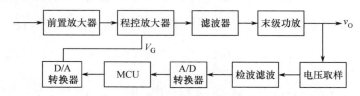

图 1.3.7　采用 MCU 控制通频带内增益波动的原理框图

这是一个闭环控制系统，它通过 MCU 的控制，根据输出电压的高低来改变 V_G 的值，进而控制程控放大器的增益。

1.3.3　荣获全国特等奖的宽带直流放大器

来源：电子科技大学　沈军　陈虹佐　袁德生

摘要：本系统采用将可变增益放大器 AD603 和固定增益放大器 OPA2846 相结合的方式，通过继电器切换放大通路，较好地实现了题中 0～60dB 可变增益的要求。通过加入自动直流漂移调零模块，最大限度地减小了整个放大器的直流漂移。放大器带宽可预置并显示，经测试，大部分指标达到或超过题目发挥部分的要求。

1. 系统方案论证

经过仔细分析和论证，宽带直流放大器可分为可变增益放大、固定增益放大、低通滤波、功率放大、自动直流电压漂移调零等模块。

1）可变增益放大电路方案论证和选择

可变增益芯片型号众多，本队在平时训练过程中常用 AD603，因此由单片机控制 D/A 输出直流电压来控制 AD603，进而实现增益调节。这种电路方案的外围元器件少，电路简单。

2）固定增益放大电路方案论证

固定增益放大器 OPA2846 对信号进行 30dB 的放大。

3）低通滤波方案论证

结合题目要求，低通滤波器采用无源 LC 滤波器，它是根据电容和电感元件的电抗随频率的变化而变化的原理构成的。无源 LC 滤波器的优点是电路比较简单，不需要直流电源供电，可靠性高；缺点是通带内的信号有能量损耗。为了使通带尽量平坦，选用了通带比较平坦的巴特沃思滤波器。同时，在滤波器后加入固定增益放大器，以弥补信号通过滤波器时幅度的衰减。

4）功率放大方案论证和选择

（1）方案一：采用三极管单端推挽放大电路。

为了获得较低的通频带下限频率，可采用直接耦合方式，但涉及的计算量大，调试烦琐，不易实现，并且要想得到较高的输出电压，需要输出较大的信号功率，三极管承受的电压较高，通过的电流较大，功耗很大，不满足题目低功耗、低成本的要求。功率管损坏的可能性也较大，不满足题目对放大器稳定性的要求。使用三极管时，也不易控制其零点漂移。

（2）方案二：采用单片集成宽带运算放大器。

该放大器提供较高的输出电压，再通过并联运算放大器扩流输出，满足负载要求。该方案的电路较简单，容易调试，易于控制零点漂移，故采用本方案。功率放大示意图如图 1.3.8 所示。

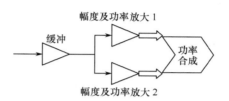

图 1.3.8　功率放大示意图

5）自动直流电压漂移调零

由于 AD603 的输出最大有 30mV 的直流电压漂移，为了尽量减小直流电压漂移，应尽量减少放大电路所用 AD603 的数量，但同时又要满足题中 0～40dB 增益连续可调、0～60dB 增益程控步进可调的要求，我们采用可变增益放大和固定增益放大相结合的方式，在不影响可变增益指标要求的前提下，最大限度地减小输出电压漂移。

最终确定的系统结构框图如图 1.3.9 所示。

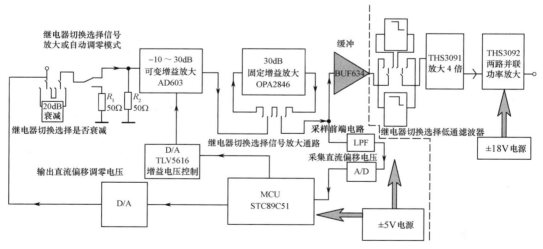

图 1.3.9　系统结构框图

2. 理论分析与计算

1）增益带宽积

按照题目发挥部分的要求，信号的通频带为 0～10MHz，最大电压增益 $G_u \geqslant 60$dB，因此增益带宽积为 $10 \times 10^{60/20}$ MHz = 10GHz，采用分级放大的方式，使放大器整体增益超过 60dB。

2）通频带内增益起伏控制

为控制通频带内增益起伏，将放大器的频率范围设置为从 DC 到超过 10MHz，因此在 10MHz 通频带内增益平坦。另外，选择通带最平坦的巴特沃思滤波器来预置带宽。设计并制作了 3dB 带宽 5MHz 和 3dB 带宽 10MHz 的巴特沃思滤波器，使放大器在两个预置频率范围内的增益平坦。

AD603 的增益误差在 90MHz 的通带内小于±0.5dB，OPA2846 在 100MHz 以下的频带范围内的增益起伏小于 0.1dB，使用±5V 电源为 THS3091 供电时，65MHz 通频带内的增益起伏小于 0.1dB，THS3092 在 50MHz 带宽内具有 0.1dB 的增益平坦度，满足题中的指标要求。

3）线性相位

线性相位是指输入信号通过系统后导致的相位延迟随频率呈现线性变化。信号的相位随频率的变化会因放大器内部的电抗元件而失真。这种"线性"失真称为相位线性度，可通过矢量网络分析仪在放大器的整个工作频率范围内测得。本队在调试过程中使用示波器对系统的相位线性度进行观察和测试。系统相位线性度的标准尺度是"组延迟"，它的定义是：完全理想的线性相位滤波器对于一定频率范围的组延迟是一个常数。可以看到，如果滤波器是对称或反对称的，那么就能实现线性相位；如果频率响应 $F(\omega)$ 是一个纯实函数或纯虚函数，那么就能实现固定的组延迟。

4）抑制直流零点漂移

当放大器的输入为零时，输出端的电压随时间、温度、电源电压等一起变化的情况称为零点漂移，这是放大器的重要特性参数。

零点漂移抑制由控制和补偿两部分完成。由于 AD603 本身的零点漂移较大（最大可达 30mV），因此应尽量减少所用 AD603 的数量。在增益控制中，我们采用 AD603 可变增益放大与 OPA2846 固定增益放大相结合的方式，通过继电器切换来选择信号放大通路，进而实现题中 0～60dB 增益可调的要求。OPA2846 的输入偏置电压仅为 0.15mV，THS3091 和 THS3092 在±5V 供电时的输入偏置电压仅为 0.3mV。另外，在 AD603 的输出端引入自动零偏调整回路，即在可变增益放大级的输出端加上低通滤波器滤出直流漂移电压后，送入 A/D 转换器，A/D 转换器的输出送至 MCU 处理，再通过 D/A 转换器输出与该漂移电压对应的反相补偿电压并送回输入端进行补偿，从而最大限度地抑制放大器的直流零点漂移。

5）放大器稳定性

系统的稳定性取决于系统的相位裕量。相位裕量是指放大器开环增益为 0dB 时的相位与 180° 的差值。放大器可能会出现自激问题，当放大器的相移为 180° 时，其环路增益 $|\dot{A}\dot{F}|$ 仍然大于 1，对这种情况可在反馈环路中增加零点来进行相位补偿。总体而言，自激振荡是由于信号在通过运算放大器及反馈回路的过程中产生了附加相移。我们用 $\Delta\varphi_A$ 表示放大器的附加相移，用 $\Delta\varphi_F$ 表示反馈网络的附加相移。当输入信号的频率 f_0 使得 $\Delta\varphi_A + \Delta\varphi_F = N\pi$（$N$ 为奇数）时，反馈量使输入量增大，电路产生正反馈，且满足自激的幅度条件（$|\dot{A}\dot{F}| > 1$），于是放大器就会自激。

由于本系统中的反馈均为运算放大器单级反馈，因此应注意使每级运算放大器自身产生的附加相移小于 180°。在电路调试过程中，对于电压反馈型运算放大器 OPA2846，AD603 会人为地引入电阻、电容，它们在 f_0 处产生的附加相移为 $\Delta\varphi_B$，若 $\Delta\varphi_B + \Delta\varphi_F + \Delta\varphi_A \neq N\pi$（$N$ 为奇数），则自激振荡得以消除。对于高速、宽带的电流反馈型运算放大器 THS3091 和 THS3092，我们特别注意了走线的布局，例如反馈环一定要走最短的路线，因为长路线会引起更大的附加相移；计算并选择了合适的反馈电阻，使其不因阻值太大而产生更大的分布电容，进而导致更大的附加相移，也不因阻值太大而降低放大器的带宽。

3．电路与程序设计

1）第一级放大电路设计

第一级放大电路包含可变增益放大模块和固定增益放大模块。设计 AD603 的可变增益范围为 -10～+30dB，由于 AD603 的输入电阻为 100Ω，因此当继电器切换选择-10～+30dB 可变增益放大时，接入的电阻为 100Ω。采用单片机程控 D/A 输出电压控制 AD603 的电压增益，同时可手动按键预设电压增益。设计 OPA2846 的增益为 30dB，电路如图 1.3.9 所示，当继电器选择下方的导线通路时，放大器中未接入固定增益模块，增益在-10～+30dB 范围内连续可调；当继电器选择上方的 OPA2846 放大器模块时，增益在 20～60dB 范围内连续可调，远远超过题目对增益指标的要求。

2）第二级放大电路设计

第二级放大电路包含可切换滤波器模块和功率放大模块。为满足题目对放大器带宽可预置的要求，第二级放大电路中加入了 5MHz 和 10MHz 的两个 LC 低通滤波器，低通滤波器电路图如图 1.3.10 所示。这里仍然用继电器选择切换滤波器。为获得放大器通频带内最平坦的幅频特性曲线，使用软件 Multisim 设计并制作了 3 阶 5MHz 巴特沃思低通滤波器和 5 阶 10MHz 巴特沃思低通滤波器。测试表明，信号经过滤波器后会衰减至原来的 1/2，因此在滤波器后加入由 THS3091 搭建的 4 倍增益放大器，使信号恢复到原来的幅度后再送入功率放大电路。

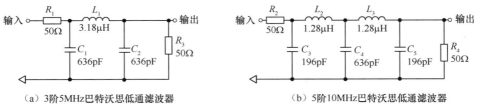

（a）3阶5MHz巴特沃思低通滤波器　　　　（b）5阶10MHz巴特沃思低通滤波器

图 1.3.10　低通滤波器电路图

信号经 THS3091 放大 4 倍输出后接缓冲器，以推动后级功率放大模块。为获得 10V 有效值及大电流输出，我们采用 4 路 THS3092 并联扩流的方式搭建功率放大模块。单路功放原理图如图 1.3.11 所示，将增益设置为 5 倍。该模块可同时对信号幅度和功率进行放大。

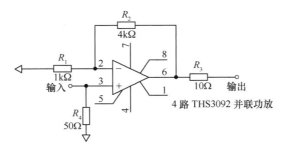

图 1.3.11　单路功放原理图

3）零点漂移电路设计

由于 AD603 的输出漂移最大为 30mV，因此在电路设计时要对其漂移进行调零处理，以免影响直流信号的放大。如图 1.3.12 所示，在第二级放大电路之后、缓冲器之前加入连接第一级信号输入端的反馈回路，经 A/D 采集并经单片机处理，测出输入电压为零时输出端的直流漂移电压，再由 D/A 输出与漂移电压大小成比例、极性相反的电压，并反馈给信号输入端，以调节输入端的零点漂移电压。这里选择 TI 公司的 TLV5616 作为调零用 D/A。

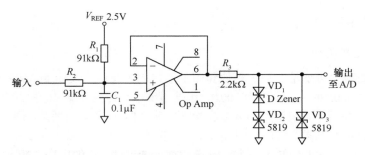

图 1.3.12　输出端直流漂移调零模块的 A/D 采集前端电路

4）各级电源设计

采用自制±5V 电源为前级 AD603 可变增益放大器和 OPA2846 固定增益放大器供电；为满足 10V 有效电压的输出，采用自制±18V 电源为后级功率放大电路（主要是 THS3902 并联功率放大电路）供电；采用±5V 电源为 MCU、光耦及继电器等供电。±5V、±18V 电源均由线性稳压电路 7805、7905、7818、7918 搭建。

5）主控制器选择

选用 8051 单片机对系统进行控制。单片机主要完成以下功能：① 接收用户的按键信息，对放大器增益及带宽进行预置和控制，并将增益和带宽信息显示在 1602 液晶屏幕上。② 对 A/D 采集的无输入信号时放大器输出的直流漂移电压数据进行处理，控制 D/A 输出大小相同、极性相反的补偿电压，并反馈回输入级。③ 接收用户的按键信息，切换选择 5MHz 或 10MHz 的低通滤波模式。

6）抗干扰处理

在实际制作中采用下述方法减小干扰、避免自激：① 将输入部分和增益控制部分加入屏蔽盒，以避免级间干扰和高频自激。② 将整个运算放大器用很宽的地线包围，以吸收高频信号，减小噪声，在增益控制部分和后级功率放大部分也采用了这一方法；在功率放大级，这种方法能有效地避免高频辐射。③ 各模块之间采用同轴电缆连接。④ 采用光耦隔离数字电路和模拟电路。

7）程序设计

使用 51 单片机作为整个系统的控制核心，系统启动后自动读取上次关机前存入 Flash 的直流偏置调零信息，以便自动设置当前的直流漂移补偿电压。此后，单片机可以接收用户的按键信息，使系统实现预置增益、带宽并显示的功能。单片机同时控制 A/D 采集，此时调零直流偏置信息并将该信息存入 Flash，供下次开机时使用。控制流程图如图 1.3.13 所示。

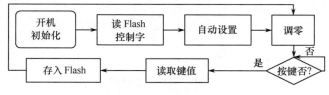

图 1.3.13　控制流程图

4．系统测试

1）放大器的基本性能测试

测试方法：用函数发生器产生频率为 1MHz，有效值分别为 2.5mV、10mV、100mV、1V、3.5V 的正弦波，并送入系统进行测试。测试条件为空载。放大器的基本性能测试结果如表 1.3.2 所示。

表 1.3.2　放大器的基本性能测试结果

输入信号有效值	预置增益	输出信号有效值	直流漂移电压	波形质量	增益误差
2.5mV	70dB	7.50V	−1.4～+1.3V	无明显失真	5.1%
10mV	60dB	10.10V	＜20mV	无失真	1.0%
100mV	40dB	9.93V	−30～+40mV	无失真	0.7%
1V	20dB	9.99V	90～100mV	无失真	0.1%
3.5V	0dB	3.58V	90～100mV	无失真	2.3%

　　测试结果分析：从数据可以看出，信号增益程控可调，最大增益、最小输入信号幅度均达到题目发挥部分的指标要求。最大输出电压正弦波的有效值 $V_o \geq 10V$，输出信号波形无明显失真。

2）噪声测试

　　题目要求在 $G_u = 60dB$ 时，输出端的噪声电压峰峰值 $V_{ONPP} \leq 0.3V$，因此对放大器进行噪声测试。测试方法：增益预置 60dB，示波器输入端加 50Ω 电阻匹配到地，用示波器测量输出端的噪声。测得噪声的幅值范围为 800～900mV。还测试了增益为 55dB 时的噪声，幅度范围为 30～40mV。测试结果表明，放大器可在增益一定时满足题目对噪声的指标要求。

3）通频带测试

　　（1）5MHz 通频带测试。

　　测试方法：输入有效值为 1V 的正弦波信号，增益预置为 20dB。用函数发生器产生多个单频点，用示波器观测输出信号的峰峰值。

　　（2）10MHz 通频带测试。

　　测试方法同上，测试数据一览表如表 1.3.3 所示。

表 1.3.3　测试数据一览表

5MHz 通频带测试		10MHz 通频带测试	
1MHz	V_{pp}　28.4V	5MHz	V_{pp}　29.6V
2MHz	V_{pp}　28.56V	6MHz	V_{pp}　30.2V
3MHz	V_{pp}　28.8V	7MHz	V_{pp}　30.4V
4MHz	V_{pp}　27.6V	8MHz	V_{pp}　30.8V
5MHz	V_{pp}　22.8V	9MHz	V_{pp}　29.6V
		10MHz	V_{pp}　22.6V

　　测试结果分析：通频带与题目要求的指标相比略有后延，表明放大器在预置增益的条件下带宽大于指标要求。

　　另外，系统在输入信号为 2.5mV 时，预置增益为 70dB，满足题目发挥部分降低输入电压以提高放大器电压增益的要求。

5．总结

　　本系统由前置 20dB 衰减器、可变增益放大、固定增益放大、功率放大、单片机控制和显示模块及自动直流漂移调零等模块组成。第一级可变增益放大采用可变增益放大器 AD603 实现从−10dB 到30dB 的可变增益放大。第二级固定增益放大采用固定增益放大器 OPA2864 实现 30dB 的固定增益放大，通过继电器切换选择不同信号的放大通路，使两级放大电路配合实现 0～60dB 连续可调的放大。本系统含有可程控选择的 5MHz、10MHz 两个 LC 低通滤波器，以实现放大器的带宽预置。第三级功率放大采用两路 THS3902 并联扩流的方式分别对信号进行功率放大，再进行功率合成，从而实现题中要求的 10V 有效值输出。本设计对压控增益器件和宽带高速运算放大器进行合理的级联与匹配，同时加入自动直流漂移调零电路，全面提高了系统增益带宽积，增强了稳定性，抑制了零点漂移。

1.3.4　采用扩压、扩流技术的宽带直流放大器

来源：电子科技大学　王康　胡航宇　耿东晲　（全国一等奖）

摘要： 本作品以 AT89S52 单片机为控制核心，设计并制作 10MHz 带宽的宽带直流放大器，系统通过第一级 OPA2690 双运算放大器跟随并放大 10dB，放大后分挡滤波，再通过单片机程控两级级联的 VCA810 实现-40～+40dB 的动态增益变化，后级通过集成运算放大器提高 THS3001 的电压摆幅以达到扩压效果，最后通过场效应管功率放大后接入 50Ω 负载输出。整个放大器可放大 1mV 的有效值信号，增益可达 70dB，最大输出电压峰峰值为 42V，在通频带范围内增益起伏约为 1dB，放大器在 G_u = 60dB 时的输出噪声电压峰峰值为200mV，通过单片机控制可以实现电压增益 G_u 和放大器的带宽可预置并显示的功能。整个系统工作可靠、稳定，而且成本低、效率高。

1. 系统总体设计

1）系统总体方案

根据题目要求，本系统分为四部分：第一部分为输入信号放大模块，它通过 OPA2690 双运算放大器实现将有效值为 10mV 的输入小信号放大 10dB 的功能，使输入信号有效值达到 30.16mV。第二部分为分挡滤波模块，题目要求放大器的带宽可预置，至少要设计 5MHz、10MHz 两个低通滤波器，为此分别设计了 5MHz、10MHz 的 LC 巴特沃思低通滤波器，通过单片机控制继电器可以切换挡位，实现分挡滤波的功能。第三部分为-40～+40dB 的程控放大模块，一级 VCA810 在理想情况下可放大-40～+40dB，但考虑到外界环境的影响和系统的稳定性，我们以两级 VCA810 级联的形式得到-40～+40dB 的放大，而且在频率带宽范围内能保证幅频曲线稳定，为后级功率放大电路的稳定提供保证。第四部分是功率放大器模块，我们对该模块采用了运算放大器 THS3001，THS3001 的压摆率高，支持±15V 电源供电。我们采用浮地技术对输出电压扩压，利用场效应管对输出电流扩流，实现功率达 2W 的目的。通过单片机 AT89S52 控制，既实现了放大器带宽及电压增益 G_u 的预置并显示，又降低了整个系统的成本。

2）系统总体框图

系统总体框图如图 1.3.14 所示。

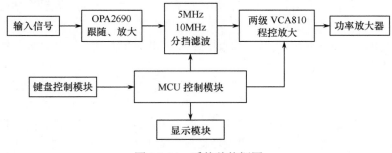

图 1.3.14　系统总体框图

2．理论分析及计算

1）集成运算放大器扩压电路原理

集成运算放大器扩压电路图如图 1.3.15 所示。当输入信号 v_{I} 为 0 时，输出信号 v_{O} 也为 0。两个三极管的基极电位分别为 $V_{\mathrm{B1}} = +15\mathrm{V}$ 和 $V_{\mathrm{B2}} = -15\mathrm{V}$，集成运算放大器正负电源端的电压分别为 +14.3V 和 −14.3V，两者的电压差为 28.6V。加入信号 v_{I} 后，两个三极管的基极电位分别为

$$v_{\mathrm{B1}} = \frac{1}{2}(V_{\mathrm{CC}} - v_{\mathrm{O}}) + v_{\mathrm{O}} = \frac{V_{\mathrm{CC}}}{2} + \frac{v_{\mathrm{O}}}{2}, \quad v_{\mathrm{B2}} = \frac{1}{2}(-V_{\mathrm{CC}} - v_{\mathrm{O}}) + v_{\mathrm{O}} = -\frac{V_{\mathrm{CC}}}{2} + \frac{v_{\mathrm{O}}}{2}$$

两者的电压差为

$$V'_{\mathrm{CC+}} - V'_{\mathrm{CC-}} = (v_{\mathrm{B1}} - v_{\mathrm{BE1}}) - (v_{\mathrm{B2}} - v_{\mathrm{BE2}}) \approx \left(\frac{V_{\mathrm{CC}}}{2} + \frac{v_{\mathrm{O}}}{2}\right) - \left(\frac{-V_{\mathrm{CC}}}{2} + \frac{v_{\mathrm{O}}}{2}\right) = V_{\mathrm{CC}} = 30\,\mathrm{V}$$

这与 v_{I} 为 0 时的静态情况几乎一样，但扩压后的输出信号 v_{O} 可达 ±24V。通过浮地技术，我们可以实现输出电压的扩压。

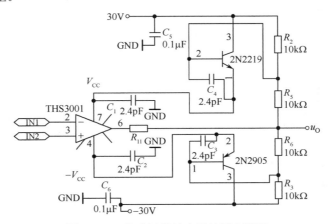

图 1.3.15　集成运算放大器扩压电路图

2）增益带宽积

增益带宽积（Gain Bandwidth Product，GBP）是衡量放大器性能的一个参数，这个参数表示的是增益和带宽的乘积，即 $\mathrm{GDP} = G_{\mathrm{u}} \cdot \mathrm{BW}$。整个系统的最大电压增益为 +60dB 即 +1000V/V，带宽为 10MHz，根据前面的公式可得整个系统的最大增益带宽积为 10GHz。

3）通频带内增益起伏控制

随着频率的增高，放大器的增益随之下降。通过补偿电容来添加极点，可实现相位补偿和增益补偿，进而可将放大器增益在通频带内的起伏控制在最小范围内。

4）抑制零点漂移

零点漂移现象是指输入电压为零而输出电压不为零的现象，其产生的主要原因是温度漂移使得半导体元器件的参数变化，致使输出电压不为零。抑制零点漂移的有效方法如下。

（1）利用超级伺服电路将零点漂移强制拉回到零，但此方法不能放大直流信号。

（2）采用温度补偿的方法，利用热敏元件抵消放大管的参数变化，但效果不明显。

（3）加入直流偏置来调节零偏，此方法可以放大交流信号。

我们采用方法（3）。

5）放大器稳定性

放大器的稳定性是指放大器的幅频特性在带宽范围内的稳定性。

提高放大器的稳定性，可采用相位提前补偿的方法增加零点、抵消极点来实现。

3．硬件电路设计及方案比较

1）前级输入信号放大模块

按题目要求对 10mV 有效值以下的小信号进行放大，要求对信号的干扰要小，所以必须采用一些方法来减小对采集信号的干扰。

采用以下几种抗干扰方法。

（1）前级采用低噪声高共模抑制比运算放大器 OPA2690，其放大电路图如图 1.3.16（a）所示，可放大 1mV 以上的有效值信号。

（2）采取对前级加屏蔽盒的方法，减小外界环境电磁波的干扰。

（3）采用光电耦合器彻底隔离送给 DA0832 及继电器的数字信号与模拟信号，减小数字电路噪声对模拟放大电路的干扰，光电耦合器电路图如图 1.3.16（b）所示。

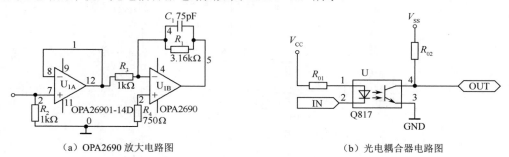

（a）OPA2690 放大电路图　　　　　　　（b）光电耦合器电路图

图 1.3.16　前级输入信号放大电路图

2）程控放大模块

题目要求放大在范围 0～60dB 内可调，因此必须采用程控增益放大的方法，且动态变化范围为 60dB；题目还要求输出幅度达到 10V 有效值，并驱动 50Ω 负载，这就固定了末级的放大倍数，因此必须对前级放大的信号进行衰减才能实现 0dB 输出。

程控放大有以下几种方案。

（1）方案一：采用两级 AD603 实现 -40～+40dB 的程控放大。

这一方案虽然简单，但由于放大频率范围是从直流到 15MHz 的，这就使放大器输入失调电压要小，而 AD603 的输入失调电压可达 30mV，并且随放大倍数的不同而不同，再经过后级放大后，直流漂移会显得很严重。

（2）方案二：采用高速低零偏放大器加 D/A 转换电阻网络构成程控放大电路。

这种方法可以有效地解决失调电压问题，但电路实现对放大器及 D/A 转换器的要求均较高。

（3）方案三：采用两级 VCA810 级联实现 -40～+40dB 的程控放大。

VCA810 具有低失调电压，一级增益的最大范围为 -40～+40dB，并且外围电路简单。但由于单级放大增益过大容易引起自激，故采用两级级联放大。

方案比较：方案一虽然简单，但不适用于直接耦合方式的放大电路。方案二虽然效果较好，但实现起来有一定的难度。方案三虽然需要两级级联，但放大效果较好，电路简单，并且可提升的空间大，如图 1.3.17 所示。单级运算放大器的增益 $G_G = -(40V_G + 1)$，V_G 的范围是从 -2V 到 0V。

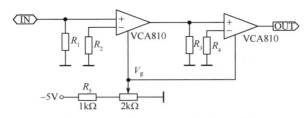

图 1.3.17 两级 VCA810 级联电路图

3）功率放大模块

（1）方案一：采用 BUF634 实现功率放大。

（2）方案二：采用集成运算放大器扩压和 MOSFET 扩流来实现放大。

方案比较：在方案一中，虽然 BUF634 的外围电路简单，容易实现，但 BUF634 的最大输出功率为 1.8W，达不到题中发挥部分输出功率为 2W 的要求；方案二虽然实现起来较为麻烦，但成本低廉，效果较好，故采用方案二。运算放大器扩压及功率放大电路图如图 1.3.18 所示，图中 2N2219 与 2N2905 为集成运算放大器扩压三极管；电容 $C_1 \sim C_4$ 为运算放大器的相位补偿电容，其作用是增加运算放大器的稳定性；电容 $C_7 \sim C_{14}$ 的作用是提升功率输出级的高频响应特性，弥补场效应管高频响应的不足。

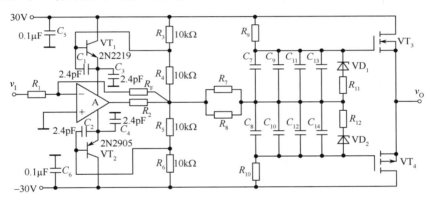

图 1.3.18 运算放大器扩压及功率放大电路图

4）自制电源模块

50Hz、220V 的市电经过变压器，降至有效值为 2×24V 的交流电压，经过桥式整流滤波后分别送入稳压芯片 LM7824 和 LM7924，通过稳压后得到 ±29.1V 的直流电压，以供给功率放大模块，功率放大模块电源电路图如图 1.3.19 所示。

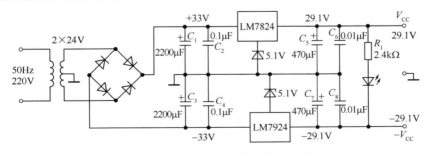

图 1.3.19 功率放大模块电源电路图

5）分挡滤波模块

为了实现放大器带宽可设置，设计了两路滤波器，使得放大器带宽分别为 5MHz 和 10MHz；通过单片机控制继电器来切换挡位，得到不同带宽的幅频曲线。通过滤波软件设计得到模型，再经过仿真后，最终确定的滤波器参数分别如图 1.3.20 和图 1.3.21 所示。

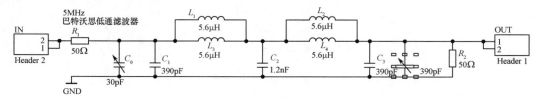

图 1.3.20　5MHz 巴特沃思低通滤波器

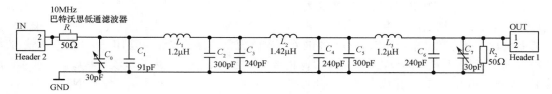

图 1.3.21　10MHz 巴特沃思低通滤波器

4. 指标测试方案及测试结果

1）测试仪器

测试仪器清单如表 1.3.4 所示。

表 1.3.4　测试仪器清单

序号	仪器名称	型号	指标
1	双踪示波器	TDS1012B	100MHz 带宽 1GS/s 采样率
2	数字合成函数信号发生器	F40	100Hz～40MHz
3	三路直流稳压电源	YB1732A	
4	数字万用表	DT9203	4 位半

2）放大器增益测试

测试方案选择：通过函数发生器产生在直流和 10MHz 以内的、有效值为 10mV 的正弦波，通过双踪示波器分别观测系统输入和输出信号的大小。测试结果如表 1.3.5 所示。

表 1.3.5　测试结果

G_u	F_{re}									
	直流	0.1Hz	1Hz	10Hz	100Hz	1kHz	10kHz	100kHz	1MHz	10MHz
0dB	0.2	0.1	0.1	0.4	0.2	0.1	0.2	0.1	0.2	0.4
5dB	4.8	5.1	5.2	4.9	5.3	5.2	5.1	5.2	4.9	4.8
10dB	10.1	10.2	10.3	10.2	9.9	10.1	10.2	10.0	9.8	9.7
15dB	15.1	15.1	15.2	15.2	15.2	14.9	15.2	15.2	15.0	14.7
20dB	20.1	20.1	20.2	20.0	20.1	20.2	20.3	20.3	19.9	19.7
25dB	25.0	25.1	25.0	25.2	25.1	25.2	25.2	25.1	24.8	24.6
30dB	29.8	30.0	30.1	30.1	30.2	30.2	30.1	30.0	30.0	29.6
35dB	34.9	35.0	35.1	35.0	35.2	35.2	35.3	35.2	34.8	34.7
40dB	39.8	39.9	40.1	40.1	40.1	40.2	40.2	40.1	39.7	39.5

续表

G_u	F_{re}									
	直流	0.1Hz	1Hz	10Hz	100Hz	1kHz	10kHz	100kHz	1MHz	10MHz
45dB	45.0	45.1	45.1	45.0	45.1	45.1	45.2	45.3	44.5	44.4
50dB	49.9	50.1	50.2	50.2	50.2	50.3	50.3	50.2	50.0	49.3
55dB	55.1	55.1	55.1	55.0	55.1	55.2	55.2	55.1	54.6	54.3
60dB	59.8	60.0	60.1	60.0	60.2	60.2	60.2	60.1	59.7	59.6

3）最大输出电压有效值测试

测试方案选择：在增益为 40dB 时，增大输入信号幅度，观察最大不失真输出信号幅度，得测试结果为

$$V_{ipp} = 420mV, \qquad V_{opp} = 41.60V$$

4）通频带内增益起伏测试

测试方案选择：以 1MHz 为基准，在增益为 60dB 时，输入电压峰峰值为 20mV 的信号，从 DC 至 4MHz（9MHz）改变输入信号频率，测出输出信号幅度与放大 60dB 时的理论输出幅度之比，得到测试结果是，0～4MHz 内平均为 0.8dB；0～9MHz 内平均为 1.4dB。

5）放大器噪声电压测试

测试方案选择：在增益为 60dB 时，将输入端与地短接，测出输出信号幅度。

测试结果：在 $G_u = 60dB$ 时，输出端噪声电压峰峰值 V_{ONPP} 为 0.2V。

6）输入电阻与负载电阻阻值测试

测试方案选择：系统设计方案保证了输入阻抗大于 50Ω，负载电阻用万用表直接测量。测试结果：输入阻抗大于 50Ω；负载电阻为 50.8Ω。

5．总结

题目要求输入有效值小于或等于 10mV，实际输入的有效值可达 1mV，但在现有的仪器条件下，信号幅度输出小时的噪声大，造成输出波形噪声较大。放大器的增益最大可达 70dB，但超过 70dB 后放大器容易出现自激振荡，但加入补偿电路后，增益还可提升。放大器的最大输出电压峰峰值达 42V，在驱动 50Ω 负载时，通频带带宽超过 10MHz，带内失真小，但带内衰减较大，如果继续改善补偿电路，那么可将通频带内的起伏控制在 0.5dB 内，并继续拓宽带宽。

1.4　LC 谐振放大器（接收机中放电路）

[2011 年全国大学生电子设计竞赛（D 题）]

1．任务

设计并制作一个 LC 谐振放大器。

2．要求

设计并制作一个低压、低功耗的 LC 谐振放大器；为便于测试，在放大器的输入端插入一个 40dB 的固定衰减器，电路框图如图 1.4.1 所示。

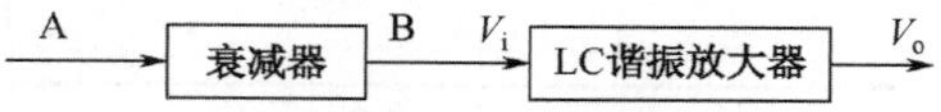

A → | 衰减器 | → B → V_i → | LC谐振放大器 | → V_o

图 1.4.1　电路框图

1）基本要求

（1）衰减器指标：衰减量为 (40 ± 2)dB，特性阻抗为 50Ω，频带与放大器相适应。

（2）放大器指标。

① 谐振频率 $f = 15$MHz，允许偏差 ± 100kHz。

② 增益不小于 60dB。

③ -3dB 带宽：$2\Delta f_{0.7} = 300$kHz，带内波动不大于 2dB。

④ 输入电阻 $R_{in} = 50\Omega$。

⑤ 负载电阻为 200Ω、输出电压为 1V 时，波形无明显失真。

（3）放大器使用 3.6V 稳定电源供电（电源自备），功耗最大不允许超过 360mW，且尽可能减小功耗。

2）发挥部分

（1）在 -3dB 带宽不变的条件下，提高放大器增益到大于或等于 80dB。

（2）在最大增益情况下，尽可能减小矩形系数 $K_{r0.1}$。

（3）设计一个自动增益控制（AGC）电路，AGC 增益范围大于 40dB。AGC 增益范围的计算公式为 $20 \lg \left(\dfrac{V_{o\,min}}{V_{i\,min}} \right) - 20 \lg \left(\dfrac{V_{o\,max}}{V_{i\,max}} \right)$ (dB)。

（4）其他。

3．说明

（1）图 1.4.2 是 LC 谐振放大器的典型幅频特性曲线，矩形系数 $K_{r0.1} = \dfrac{2\Delta f_{0.1}}{2\Delta f_{0.7}}$。

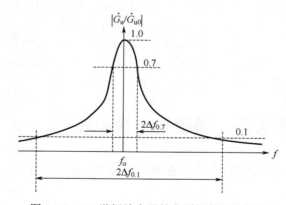

图 1.4.2　LC 谐振放大器的典型幅频特性曲线

（2）放大器的幅频特性应在衰减器的输入端信号小于 5mV 时测试（这时谐振放大器的输入电压 $V_i < 50\mu V$）。所有项目均在放大器的输出接 200Ω 负载电阻的条件下测量。

（3）功耗的测试应在输出电压为 1V 时测量。

（4）文中所有电压值均为有效值。

4．评分标准

类型	项目	主要内容	满分
设计报告	方案论证	比较与选择方案描述	3
	理论分析与计算	增益 AGC 带宽与矩形系数	6
	电路设计	完整电路图 输出最大不失真电压及功耗	6
	测试方案与测试结果	测试方法与仪器 测试结果及分析	3
	设计报告结构及规范性	摘要 设计报告正文的结构 图表的规范性	2
	总分		20
基本要求	完成第（1）项		19
	完成第（2）项		10
	完成第（3）项		21
	总分		50
发挥部分	完成第（1）项		15
	完成第（2）项		19
	完成第（3）项		10
	完成第（4）项		6
	总分		50

1.4.1 题目分析

单级谐振放大器在通信、电子系统中有着重要的用途，通常应用在接收机的前端，对接收机的灵敏度、抗干扰性和选择性等整机指标有很大的影响。本题要求设计的多级 LC 谐振放大器具有高增益、频率范围固定的特点，并且对矩形系数 $K_{r0.1}$ 和带宽 $2\Delta f_{0.7}$ 有严格要求，因此它显然属于超外差接收机中频放大电路。20 世纪中期至末期，这种中频放大电路常常采用多级 LC 谐振放大电路，利用三参差（或多参差）的方法来确保矩形系数、带内波动及高增益等各项指标。20 世纪末，随着集成电路、各种滤波器（如声表面波滤波器、陶瓷滤波器）的高速发展，这种超外差接收机的中放电路开始由宽带高增益集成电路与特制陶瓷滤波器或声表面波滤波器组合而成，取代了传统的三参差（或多参差）中频放大电路，而且性能指标较高。

根据题目的任务与要求，LC 谐振放大器要满足窄带、高增益及矩形系数等各项技术指标，其用意是考核学生的基本知识、基本功和基本技能。

此题的重点和难点是：① 高增益（大于或等于 80dB）；② 在最大增益情况下，尽可能减小矩形系数 $K_{r0.1}$；③ AGC 增益范围大于 40dB。下面对这三个问题进行论证。

1）如何保证放大器总增益大于或等于 80dB 且系统能稳定地工作

放大器级联的总增益公式为

$$\dot{G}_u = \prod_{i=1}^{n}\dot{G}_{ui} \tag{1.4.1}$$

上式取绝对值后求对数，可得多级放大电路的对数幅频特性，即

$$20 \lg |\dot{G}_u| = \sum_{i=1}^{n} 20 \lg |\dot{G}_{ui}| \qquad (1.4.2)$$

多级放大电路的相移为

$$\varphi = \varphi_1 + \varphi_2 + \cdots + \varphi_n = \sum_{i=1}^{n} \varphi_i \qquad (1.4.3)$$

多级放大器均采用共射 LC 谐振放大器时，建议系统采用 5 级，每级的放大倍数为 $|\dot{A}_{ui}| = 10$，5 级的总放大倍数为 $|\dot{A}_u| = 10^5$（增益为 100dB），总相移为

$$\varphi = \sum_{i=1}^{5} \varphi_i = 5\pi = 5 \times 180° = 900°$$

考虑到阻抗匹配，第一级通常采用共基 LC 谐振放大电路，后面几级采用共射 LC 谐振放大电路，建议系统采用 4 级。系统的总放大倍数为 $|\dot{A}_u| = 10^4$（增益为 80dB），总相移为 $\varphi = 0 + 3 \times \pi = 3\pi = 540°$。这样做的目的：一是保证系统总增益大于或等于 80dB，二是使系统的总相移为 π 的奇数倍，防止系统自激。一般而言，保证系统的总增益大于或等于 80dB 并不难，难的是在高增益情况下，系统不产生自激。下面论述防止自激措施。

（1）在布线和总体安装过程中，顺序放置输入级、中间放大级、末级放大级。输入插孔与输出插孔分别在印制电路板（Printed Circuit Board，PCB）的两端引出。输入、输出均采用同轴电缆连接。各级分别装在屏蔽盒内，防止级间及前级与末级之间的电磁耦合，有利于系统工作稳定，避免自激。

（2）电源隔离。各级供电采用电感、电容组成 Γ 形或 Π 形退耦电路，输入级电源靠近屏蔽盒就近接 1000μF 的电解电容，盒内接高频瓷片电容到地，通过这种方法可避免低频自激。

（3）地线隔离。各级地线要分开，特别是输入级、自动增益控制器与功放级的地线一定要分开，且用电感隔离。防止末级信号通过公共地线耦合至输入级。

（4）整个系统的电阻元件一律采用金属膜电阻，避免噪声过大。

2）如何减小矩形系数 $K_{r0.1}$

大多数竞赛人员均采用 LC 单调谐回路放大器，其优点是电路简单、调试容易；缺点是选择性较差（矩形系数离理想矩形系数 $K_{r0.1} = 1$ 较远），增益和通频带的矛盾突出。

m 级单调谐回路放大器的矩形系数为

$$K_{r0.1} = \frac{(2\Delta f_{0.1})_m}{(2\Delta f_{0.7})_m} = \sqrt{\frac{100^{1/m} - 1}{2^{1/m} - 1}} \qquad (1.4.4)$$

带宽 B 为

$$B = (2\Delta f_{0.7})_m = \sqrt{2^{1/m} - 1} \cdot \frac{f_o}{Q_L} \qquad (1.4.5)$$

矩形系数 $K_{r0.1}$、带宽 B 与级数 m 的关系如表 1.4.1 所示。表中数据在 $f_o = 15\,\text{MHz}$、$Q_L = 50$ 时测得。

表 1.4.1 矩形系数 $K_{r0.1}$、带宽 B 与级数 m 的关系

级数 m	1	2	3	4	5	6
B	300.00	193.07	152.95	130.49	115.68	104.98
$K_{r0.1}$	9.95	4.66	3.74	3.38	3.18	3.07

由表 1.4.1 知，当 m 由小变大时，带宽 B 减小，$K_{r0.1}$ 有所改善。当 $m = 5$ 时，$K_{r0.1} = 3.18$，离理想矩形系数 $K_{r0.1} = 1$ 相差较远。

如何减小矩形系数 $K_{r0.1}$，提高抗邻频干扰的能力呢？下面提出几种方案。

（1）多参差调谐法。

以三参差调谐为例，将 3 个 LC 谐振回路的谐振频率分别调到 3 个频点上，如图 1.4.3 所示。f_{o2} 调

到中频 $f_o = 15\,\mathrm{MHz}$ 上，f_{o1} 调到 $(15 - 0.1)\,\mathrm{MHz}$ 上，f_{o3} 调到 $(15 + 0.1)\,\mathrm{MHz}$ 上，反复调整 f_{o1} 与 f_{o3}，使 $K_{r0.1}$ 最小，且满足带宽 $2\Delta f_{0.7} = 300\,\mathrm{kHz}$ 的要求。级数越多，$K_{r0.1}$ 越小，抗干扰能力越强，因此 $m = 5$ 比 $m = 3$ 要强。

（2）双回路调谐法。

如图 1.4.4 所示，将上述单调谐回路改为双调谐回路，双回路的 $K_{r0.1}$ 比单回路的要小，抗邻频干扰的性能要强。

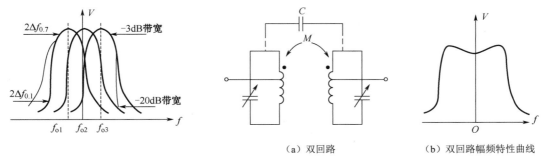

图 1.4.3　三参差调谐幅频特性曲线

（a）双回路　　（b）双回路幅频特性曲线

图 1.4.4　双回路示意图及幅频特性曲线

（3）吸收回路法。

$K_{r0.1}$ 太大，原因是幅频特性的平顶不平坦，上升沿和下降沿不陡峭，即 $|\mathrm{d}V/\mathrm{d}f|$ 在矩形边缘的值偏小。为减小 $K_{r0.1}$，可在矩形边缘并接一个 LC 串联谐振回路，该 LC 串联谐振回路称为吸收回路。这种方法建立在以上两种方法的基础上，且吸收回路的品质因数 Q 值要大，否则作用不大，甚至调得不好还会影响幅频特性。

3）自动增益控制（AGC）电路

通信、广播与电视、雷达等接收机的任务是，从众多的电波中选出有用的信号，并放大到要求的电平值后由解调器解调，将调制信号还原成调制信号。由于传播路径的差异、发射机发射功率大小的差异等诸多因素的影响，造成接收点处的场强差异较大。为增大接收机的动态范围，在超外差接收机的中频电路中通常设计了 AGC 功能。

下面介绍本次大赛用得较多的基于 AD8367 的压控芯片的 AGC 方案。

AD8367 是高性能的 45dB 可变增益放大器，它属于线性增益控制，工作范围从低频到几百兆赫的高频。由于采用了 AD 公司的最新 X-AMP 结构，因此增益响应的范围、平滑性和准确度都非常理想，适合作为中频压控增益放大器。AD8367 的内部结构图如图 1.4.5 所示。

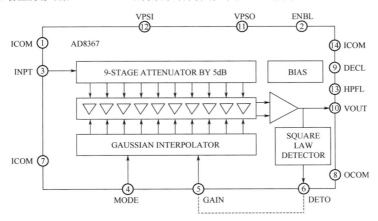

图 1.4.5　AD8367 的内部结构图

输入端采用 9 级、200Ω 的阻抗梯形网络。每级有 5dB 损耗，共提供 45dB 的衰减。衰减网络放在 42.5dB 固定增益反馈放大器的后面。这个放大器的增益带宽积为 100GHz，即使在高频处也有很高的线性。增益控制分为两种模式：增益上升模式（MODE 引脚高电平）和增益下降模式（MODE 引脚低电平）。AD8367 的两种增益控制模式示意图如图 1.4.6 所示。

当 MODE = 5V 时，工作在增益上升模式；当 MODE = 0V 时，工作在增益下降模式。因为 AD8367 的输入阻抗、输出阻抗均为 200Ω，因此要注意输入端、输出端的阻抗匹配。

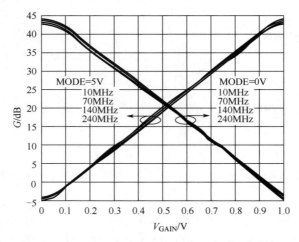

图 1.4.6　AD8367 的两种增益控制模式示意图

1.4.2　系统方案论证

　　LC 谐振放大器广泛应用于通信系统和其他电子系统中。对于接收设备而言，要从信噪比很低的接收信号中恢复有用信息，为提高系统的信噪比与输出动态范围，常采用三级（输入级、中间级和输出级）放大。输入级对信号进行预衰减，中间级对信号进行谐振放大，输出级增大驱动能力来稳定输出信号。谐振放大通常采用 LC 谐振放大器，其良好的频率选择特性能在放大有用信号的同时抑制噪声。

1．系统方案论证与选择

1）40dB 固定衰减方案选择

（1）方案一：利用有源元器件实现。

该方案采用压控增益放大器 VCA810 实现固定增益衰减。通过设定合适的控制电压，使 VCA810 工作在 40dB 固定衰减的模式。由于 VCA810 采用双电源供电方式，而且外围电路较为复杂，因此增大了整个系统的不稳定性。

（2）方案二：利用无源元器件实现，即利用电阻衰减网络对信号进行衰减。

这种方案简单易行，适合对信号进行固定衰减，但对电阻阻值的准确性有较大的依赖性。

经过充分比较，我们将方案二作为实施方案。考虑到电阻阻值对电路性能的影响并避免分布参数在最终输出信号中引入谐波分量，选用基于电阻衰减网络设计的 20dB 固定衰减模块级联来实现 40dB 固定衰减。

2）LC 谐振放大模块方案选择

（1）方案一：采用宽带放大+无源滤波方案。

首先利用宽带运算放大器对衰减信号进行放大，然后利用无源滤波器对放大信号进行频率选择。其优点是电路结构简单，调试方便；缺点是所有的增益指标都由运算放大器完成，对元器件增益带宽积的要求很高。

（2）方案二：采用谐振放大电路级联方案。

首先利用多级三极管谐振放大电路对信号进行选频放大，然后利用带通滤波器实现带宽要求，提高矩形系数。但是，如果要进一步提高增益，则需要更多级谐振放大模块级联，这给电路的调试带来很大的不便。

（3）方案三：采用谐振放大＋无源滤波方案。

首先利用单级三极管谐振放大电路对信号进行选频放大，然后通过放大器对电路增益进行补偿，最后利用滤波器进一步提升选频性能。这样做可以降低由于三极管自身温度漂移带来的系统不稳定性，放大器增益的稳定性也会有所改善。

综上所述，我们选择方案三来满足 LC 谐振放大的要求。这样做不但能够保证良好的频率选择性及增益性能，而且能减少调试的工作量。

3）AGC 电路方案选择

（1）方案一：软件监测与控制。

利用单片机程控的方法，通过监测放大电路的输入/输出信号大小，反馈控制放大电路的增益，实现输出信号的稳定。该方案可以将输出信号稳定在任意一个幅度，但系统实现的复杂性高、功耗大，而且在输入信号很小的情况下，输入端的噪声干扰会降低 AGC 的控制精度。

（2）方案二：分立元器件反馈控制。

利用三极管的反馈作用实现输出信号变化时，对系统增益进行动态调整。该方案的优点是功耗很小，同时能保证性能，但缺点是硬件调试困难。

（3）方案三：集成芯片控制。

利用集成芯片实现 AGC 功能不但可以保证系统的稳定运行，而且可以降低系统本身的复杂性，只需要简单的外围电路便可实现 AGC 功能。相比方案一、方案二，方案三的功耗适中。

为了使整个系统简洁、稳定，最终选用自动增益控制芯片来实现 AGC 功能。

2．系统总体框图

系统总体框图如图 1.4.7 所示。

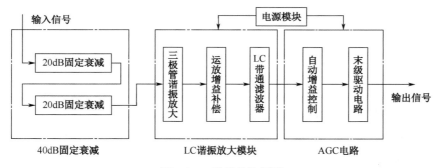

图 1.4.7　系统总体框图

1.4.3　理论分析与计算

1．系统增益理论计算

1）三极管谐振放大电路增益计算

单级谐振放大器的高频等效电路图如图 1.4.8 所示。在电路谐振条件下，该电路的电压放大倍数为

$$A_{\mathrm{u}} = \frac{-p_1 p_2 Y_{\mathrm{fe}}}{g_{\mathrm{sum}}} = \frac{-p_1 p_2 Y_{\mathrm{fe}}}{g_{\mathrm{p}} + p_1^2 g_{\mathrm{oe}} + p_2^2 g_{\mathrm{ie}}} \tag{1.4.6}$$

电路中所用的高频三极管 9018，在工作频率为 15MHz、供电电压为 3.6V 的条件下，Y 参数为：$g_{\mathrm{ie}} = 1.2\mathrm{mS}$，$C_{\mathrm{ie}} = 12\mathrm{pF}$，$g_{\mathrm{oe}} = 400\mu\mathrm{S}$，$C_{\mathrm{oe}} = 9.5\mathrm{pF}$，$|Y_{\mathrm{fe}}| = 58.3\mathrm{mS}$。在实际电路中，选用电感 $L = 1.2\mu\mathrm{H}$，部分接入系数 $p_1 = 1$，$p_2 = 1$，代入式（1.4.6）有

$$|A_{\mathrm{u}}| = \left| \frac{-p_1 p_2 Y_{\mathrm{fe}}}{g_{\mathrm{p}} + p_1^2 g_{\mathrm{oe}} + p_2^2 g_{\mathrm{ie}}} \right| = \frac{58.3}{0.384 \times 10^{-3} + 0.84 \times 10^{-3} + 0.918 \times 10^{-3}} = 27.63$$

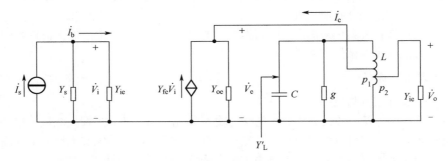

图 1.4.8　单级谐振放大器的高频等效电路图

2）系统总增益计算

系统中级联的两级正向比例放大电路的每级提供的电压增益为

$$G_{\mathrm{u}} = 1 + \frac{R_4}{R_1} \tag{1.4.7}$$

合理选择阻值，使得 $R_4 = 10R_1$，两级放大器提供的增益为 $G_{\mathrm{amp}} \approx 41.7\mathrm{dB}$。AGC 芯片 AD8367 最大可以提供 42.5dB，考虑到级间耦合及无源滤波器的通带衰减等因素，实际系统增益仍应大于 80dB，满足题目发挥部分的要求。

2．AGC 原理分析

AD3867 是一款控制范围为 45dB 的高性能可变增益放大器，输入信号在从低频到 500MHz 的带宽内，增益均以分贝为单位线性变化。作为 AD 公司 X-AMP 结构的可变增益中频放大器，AD3867 能够实现精确的增益控制。它既能应用于外加电压控制的传统 VGA 模式，内部还集成了平方律检波器，因而也能工作于自动增益控制模式。

AD3867 的原理框图如图 1.4.5 所示。它由前端可变衰减网络及后级 45dB 的固定增益放大器构成。放大器增益与引脚 GAIN 的电压 V_{GAIN} 满足表达式 $G(\mathrm{dB}) = 45 - 50V_{\mathrm{GAIN}}$。芯片工作在 AGC 模式时，将 DETO 与 GAIN 相连，输出电压经过内部平方律检波后由 DETO 输出，并通过 GAIN 端口来控制前端可变衰减网络的衰减程度，因此可以保持输出信号幅度基本不变。

3．带宽与矩形系数讨论

系统的带宽主要由三极管谐振放大器和滤波器的性能决定，而矩形系数则由滤波器自身的性能决定。谐振耦合式滤波器适用于设计窄带滤波器，N 阶谐振器耦合式带通滤波器（Band Pass Filter，BPF）由 N 个谐振器和 $N-1$ 个耦合元件 K 组成。三阶谐振器耦合式带通滤波器的构成如图 1.4.9 所示。

如果选取电容作为耦合元件，那么相当于滤波器在频率等于零的地方增加零点。这样一来，所设计的滤波器衰减曲线就不对称，表现为衰减特性曲线在低于中心频率的一侧比较陡峭，而在高于中心频率的一

侧比较平缓。因此，过大的耦合电容会显著降低滤波器的矩形系数。

由于单调谐放大器的矩形系数远大于 1，因此在不提高放大器级数的情况下，整个系统的矩形系数将主要由滤波器决定。

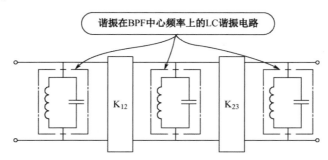

图 1.4.9　三阶谐振器耦合式带通滤波器的构成

1.4.4　电路设计

1．固定衰减器设计

虽然采用 π 形电阻网络对信号进行衰减的方案合理且简便，但是在电路制作中，由于实际阻值与标称阻值之间的差异及电路板分布电容的影响，往往会在衰减器输出的微弱信号中夹杂很多谐波分量而造成波形失真。为解决这一问题，选择基于电阻衰减网络原理设计的 20dB 固定衰减模块级联来实现稳定的 40dB 衰减效果。

2．谐振放大电路设计

谐振放大电路原理图如图 1.4.10 所示，整个谐振放大电路由两部分构成。

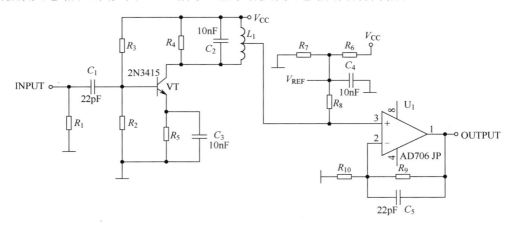

图 1.4.10　谐振放大电路原理图

（1）谐振放大器。它由三极管和并联谐振回路两部分构成，作用是对前级衰减信号进行选择性放大。对于小信号放大器而言，单级增益太高会造成工作不稳定，降低系统的可靠性。因此，考虑用运算放大器对增益进行补偿。

（2）运算放大器增益补偿模块。为了进一步提高系统的增益，有必要在三极管谐振放大器后利用运算放大器对增益进行补偿。选取运算放大器时遵循以下原则：

① 在 3.6V 供电电压下可以正常工作。

② 要有足够大的压摆率，输出电压动态范围大。

③ 静态电流小，减小系统功耗。

考虑到上述条件，THS4304 适合进行增益补偿，该运算放大器在 2.7～5.5V 的条件下可以正常工作，大信号带宽达 240MHz，满足上述要求。

3．LC 滤波电路设计

LC 滤波电路选用谐振器耦合式带通滤波器的形式，选用电容进行级间耦合，如图 1.4.11 所示。

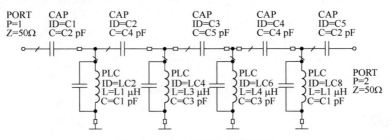

图 1.4.11 LC 滤波电路原理图

软件仿真的结果如图 1.4.12 所示，可以得出该滤波器的性能参数。

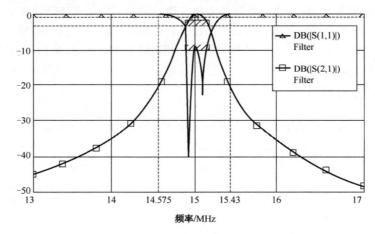

图 1.4.12 软件仿真的结果

中心频率：$f_o = 15.003\text{MHz}$。

-3dB 带宽：$f_L = 14.853\text{MHz}$，$f_H = 15.144\text{MHz}$，$\Delta f_1 = 291\text{kHz}$。

20dB 带宽：$f_L = 14.97\text{MHz}$，$f_H = 15.22\text{MHz}$，$\Delta f_2 = 0.43\text{MHz}$。

矩形系数：$K_{r0.1} = \Delta f_2 / \Delta f_1 = 1.477$。

从图 1.4.12 中可以看出每个谐振回路的中心频率对称并相等，因此可以通过参差调谐，提高矩形系数。在 PCB 布线时一定要注意电感之间互耦对电路性能的影响。凡是平行排列的电感，最好用接地的金属隔板隔开。

4．AGC 电路设计

作为可编程增益控制芯片，将 AD8367 的 DETO 与 GAIN 相连，并将 MODE 引脚设为低电平时，AD8367 工作在 AGC 模式。AD8367 在 AGC 模式下的应用电路图如图 1.4.13 所示。

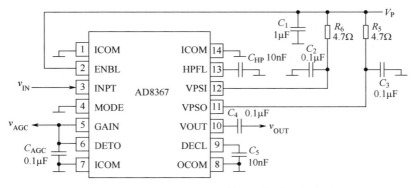

图 1.4.13 AD8367 在 AGC 模式下的应用电路图

题目要求输出信号的有效值达到 1V，即峰峰值应不低于 2.8V。但 AD8367 工作在 AGC 模式下无法达到这么大的输出电压，因此还需要对信号进一步放大。末级放大电路的原理图如图 1.4.14 所示。由于运算放大器为单电源供电，因此必须对输入信号加直流偏置，以避免放大的信号失真。在输出端加隔直电容，便可获得无直流偏置的放大信号。

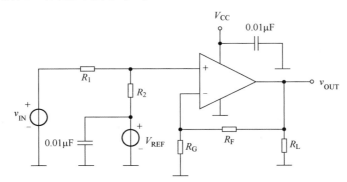

图 1.4.14 末级放大电路的原理图

利用叠加定理，可得输出电压的计算公式为

$$v_O = \left[v_{IN} \left(\frac{R_2}{R_1 + R_2} \right) + V_{REF} \left(\frac{R_1}{R_1 + R_2} \right) \right] \left(\frac{R_G + R_F}{R_G} \right) \qquad (1.4.8)$$

1.4.5 测试与结果分析

1．测试条件

数字双踪示波器：Tektronix TDS2022。
函数信号发生器：Agilent 33120A。
网络分析仪：Agilent E5062A。
直流稳压电源：INSTECK GPS3303C。

2．测试连接

（1）衰减器性能测试连接图如图 1.4.15 所示。
（2）放大器指标测试连接图如图 1.4.16 所示。

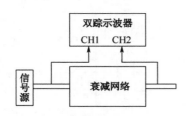

图 1.4.15　衰减器性能测试连接图

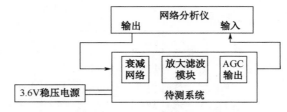

图 1.4.16　放大器指标测试连接图

3．测试方法与测试结果

1）衰减网络的衰减性能测试

测试步骤：

（1）用信号源产生幅度为 $2V_{pp}$ 的正弦波，在 13～17MHz 之间以 200kHz 为步进频率逐渐增大输入信号的频率，分别记录输入信号及输出信号的幅度。

（2）固定输入信号的频率为 15MHz，1～5V 以 0.2V 为步进幅度增大输入信号的幅度，分别记录输入信号及输出信号的幅度，如表 1.4.2 所示。

表 1.4.2　测试数据

频率/MHz	13.000	13.204	13.401	13.603	13.800	14.010	14.201	14.405	14.609
输入信号幅度/V	2.00	2.01	2.01	2.00	2.02	1.98	1.98	1.98	1.98
输出信号幅度/mV	19.9	19.9	19.9	19.9	19.8	19.8	19.8	19.8	19.8
频率/MHz	14.811	15.072	15.213	15.407	15.618	15.811	16.002	16.206	16.409
输入信号幅度/V	1.99	2.02	2.00	1.99	1.98	1.99	1.99	1.98	2.00
输出信号幅度/mV	19.9	20.0	20.0	19.9	19.9	20.0	20.0	20.0	20.0
频率/MHz	16.611	16.808	17.027						
输入信号幅度/V	2.00	2.01	2.02						
输出信号幅度/mV	20.0	20.0	19.9						

2）LC 放大器指标测试

测试步骤：

按照如图 1.4.16 所示的连接方式将系统与网络分析仪连接，从12MHz 到18MHz 对整个系统进行幅频测试，记录频率和系统增益，如表 1.4.3 所示。

表 1.4.3　幅频特性测试记录

频率/MHz	12.0	12.2	12.4	12.6	12.8	13.0	13.2	13.4	13.6	13.8
增益/dB	-5.03	-2.97	-1.53	0.22	1.31	2.85	4.01	5.32	6.22	6.35
频率/MHz	14.0	14.2	14.4	14.6	14.8	15.0	15.2	15.4	15.6	15.8
增益/dB	4.66	-2.67	13.13	26.18	40.38	50.309	47.062	38.997	27.171	17.027
频率/MHz	16.0	16.2	16.4	16.6	16.8	17.0	17.2	17.4	17.6	17.8
增益/dB	9.21	17.431	20.784	22.435	23.120	23.339	23.159	22.632	21.936	21.051

中心频率：$f_o = 15.04\text{MHz}$。

-3dB 带宽：$f_L = 14.88\text{MHz}$，$f_H = 15.19\text{MHz}$，$\Delta f_1 = 307\text{kHz}$。

20dB 带宽：$f_L = 14.75\text{MHz}$，$f_H = 15.33\text{MHz}$，$\Delta f_2 = 0.58\text{MHz}$。

矩形系数：$K_{r0.1} = \Delta f_2 / \Delta f_1 = 1.88$。

根据测试结果绘制的系统幅频特性曲线如图 1.4.17 所示。

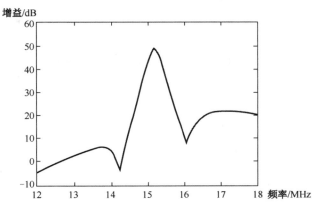

图 1.4.17 系统幅频特性曲线

3) 系统功耗测试

测试步骤：电源电压应调到 3.6V，固定输入信号，其峰峰值为 10mV，调节系统增益，使输出峰峰值为 1V，用万用表测量电源电压及提供的电流，计算功耗。

测试数据：调节输入信号峰峰值为 10.1mV，这时输出信号峰峰值为 1.0V，用万用表测得这时的电源电压为 3.85V，电流为 75mA。

功耗计算：$P = VI = 3.58\text{V} \times 75\text{mA} = 268.5\text{mW}$。

4) 结论

测试结果见表 1.4.4。

表 1.4.4 测试结果

指标名称	题目要求	本系统指标	结论
最大电压增益/dB	80	91.7	合格
衰减器衰减量	(40 ± 2)dB	40dB	合格
衰减器特性阻抗	50Ω	50Ω	合格
谐振频率	(15 ± 0.1)MHz	15.04MHz	合格
−3dB 带宽	(300 ± 20)kHz	307kHz	合格
−3dB 带内起伏	< 2dB	0.9dB	合格
矩形系数	尽可能小	1.88	较为理想
系统功耗	360mW	268.5mW	合格
AGC 增益范围	> 40dB	45dB	合格

通过系统自测试，各项指标均达到题目要求，而且部分指标超过题目要求，整个系统的方案简洁、性比价高、稳定可靠。

1.5 射频宽带放大器

[2013 年全国大学生电子设计竞赛（D 题）]

1. 任务

设计并制作一个射频宽带放大器。

2．要求

1）基本要求

（1）电压增益 $G_u \geqslant 20\text{dB}$ ， G_u 在 $0 \sim 20\text{dB}$ 范围内可调，输入电压有效值 $V_I \leqslant 20\text{mV}$ 。

（2）最大输出正弦波电压有效值 $V_O \geqslant 200\text{mV}$ ，输出信号波形无明显失真。

（3）放大器-3dB 带宽的下限频率 $f_L \leqslant 0.3\text{MHz}$ ，上限频率 $f_H \geqslant 20\text{MHz}$ ，并要求在频带 $1 \sim 15\text{MHz}$ 内的增益起伏小于或等于 1dB 。

（4）放大器的输入阻抗和输出阻抗均为 50Ω 。

2）发挥部分

（1）电压增益 $G_u \geqslant 60\text{dB}$ ， G_u 在 $0 \sim 60\text{dB}$ 范围内可调，输入电压有效值 $V_I \leqslant 1\text{mV}$ 。

（2）在 $G_u \geqslant 60\text{dB}$ 时，输出端噪声电压的峰峰值 $V_{\text{ONPP}} \leqslant 100\text{mV}$ 。

（3）放大器-3dB 带宽的下限频率 $f_L \leqslant 0.3\text{MHz}$ ，上限频率 $f_H \geqslant 100\text{MHz}$ ，并且要求在频带 $1 \sim 80\text{MHz}$ 内增益起伏小于或等于 1dB 。该项目要求在 $G_u \geqslant 60\text{dB}$ （或可达到的最高电压增益点）时，最大输出正弦波电压有效值 $V_O \geqslant 1\text{V}$ ，输出信号波形在无明显失真条件下测试。

（4）最大输出正弦波电压有效值 $V_O \geqslant 1\text{V}$ ，输出信号波形无明显失真。

（5）其他（如进一步提高放大器的增益、带宽等）。

3．说明

（1）要求负载电阻两端预留测试端子。最大输出正弦波电压有效值应在 $R_L = 50\Omega$ 条件下测试（要求 R_L 阻值误差小于或等于 5%），如负载电阻不符合要求，该项目不得分。

（2）评测时，参赛队自备一台 220V 交流输入的直流稳压电源。

（3）建议的测试框图如图 1.5.1 所示，可采用点频测试法。射频宽带放大器的幅频特性示意图如图 1.5.2 所示。

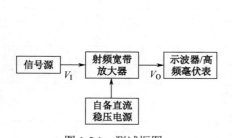

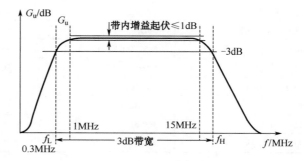

图 1.5.1 测试框图　　　　　　图 1.5.2 射频宽带放大器的幅频特性示意图

4．评分标准

类型	项目	主要内容	分数
设计报告	系统方案	比较与选择 方案描述	2
	理论分析与计算	射频宽带放大器设计 频带内增益起伏控制 射频宽带放大器稳定性 增益调整	8

续表

类型	项目	主要内容	分数
设计报告	电路与程序设计	电路设计 程序设计	4
	测试方案与测试结果	测试方案及测试条件 测试结果完整性 测试结果分析	4
	设计报告结构及规范性	摘要 设计报告正文的结构 图表的规范性	2
	总分		20
基本要求	完成第（1）项		19
	完成第（2）项		10
	完成第（3）项		21
	总分		50
发挥部分	完成第（1）项		18
	完成第（2）项		2
	完成第（3）项		16
	完成第（4）项		6
	其他		8
	总分		50

1.5.1 题目分析

做全国大学生电子设计竞赛试题时，首先要满足基本要求，然后实现发挥部分，这样做才有可能获得好的成绩。个别参赛队把主要精力放在发挥部分上，忽略了基本要求；甚至有些省市在测评时，为了节省时间而只测评发挥部分，认为发挥部分满足要求了，基本部分就可计满分。但是，此题这样做不行。发挥部分强调的是小信号（$V_i \leqslant 1\text{mV}$）、高增益放大（$G_u \geqslant 60\text{dB}$）；而基本部分则强调的是大信号（$V_i \leqslant 20\text{mV}$）、低增益放大（$G_u \geqslant 20\text{dB}$），即使发挥部分满足要求了，基本部分也不一定能正常工作。对大信号而言，要求加衰减。

该题的基本要求是，G_u 在 0～20dB 范围内连续可调；发挥部分要求 G_u 在 0～60dB 范围内连续可调，并未要求程控步进可调。因此，增益连续可调可采用电位器改变控制电压来实现，而没有必要采用单片机控制。这样做有如下好处：一是简化了系统设计，省去了软件设计和控制的硬件设计；二是避免了单片机产生的脉冲信号对模拟放大部分产生干扰，提高了整机的信噪比。

此题的重点是，放大倍数和波形不失真；难点是，在给定的频率范围内，波动要小。若要做到频带内增益起伏小于或等于1dB，则必须使各级阻抗匹配。

因此，此题的关键是芯片选型和阻抗匹配。这种高增益射频宽带放大器一般由多级级联构成，第一级一般采用低噪声集成放大芯片，中间各级及末级采用高增益宽带集成芯片。为利于阻抗匹配，输入/输出阻抗尽量选择50Ω。

1.5.2 系统方案

1. 增益控制部分

方案一：为实现最大 60dB 增益的调节，可采用固定增益放大和程控衰减相结合的方法。其优点是固定增益放大容易实现，但程控衰减较难实现，权电阻网络较难组建。

方案二：采用压控增益放大器的方法。因为题目要求输入小信号大带宽，所以对运算放大器的要求是带宽要足够大，增益可变范围要足够大。查阅资料后，我们选中了 VCA824 和 AD8367。经过单机测试，AD8367 的下限截止频率很难满足题目要求的 300kHz，VCA824 的增益达到 30dB 时，3dB 带宽会变窄，故采用多级 VCA824 级联放大。

方案三：采用固定增益与压控增益相结合的方法。前级加低噪声固定增益放大器 OPA847，而查阅数据手册发现 VCA824 的驱动能力只能勉强满足要求，因此选择驱动能力较强的 THS3201 作为末级。

方案选定：比较上述方案，利用固定增益放大来抵消衰减，以尽可能提高增益，故选用方案三。

2．频带内增益起伏控制部分

方案一：为使频带内的增益起伏小于 1dB，采用 AD8302 实时检测输入/输出信号的幅度比，从而引入反馈调整电路的总增益。AD8302 是用于 RF/IF 幅度和相位测量的单片集成电路，它能同时测量从低频到高频的大范围内的两个输入信号的幅度比和相位差。该器件将精密匹配的两个对数检波器集成在一块芯片上，因而可将误差源及相关温度漂移降到最低。该器件在进行幅度测量时，动态范围可扩展到 60dB，可在低频到 2.7GHz 的频率范围内测量幅度和相位，精确幅度测量比例系数为 30mV/dB，误差范围在 0.5dB 内。但是，AD8302 的动态范围是 -30～+30dB，不满足题目要求的 0～60dB，故在放大电路的末级进行精密衰减，然后输入 AD8302 进行幅度检测反馈。

方案二：采用 AGC 方法，稳定输出电压的幅度，继而控制电路的增益稳定。但是，题目要求的频带较宽，因此对于实现 100MHz 的 AGC 难度较大。

方案三：通过不断调整各级放大之间的匹配及电路中各电阻、电容的参数值来实现带内增益平坦度，实现难度较大，硬件工作量大。

方案选定：经过方案比较，我们采用方案三，因为方案一和方案二不适用于现实的射频宽带放大系统。

3．压控增益放大器控制电压方案

方案一：采用电位器进行调节。VCA824 的控制电压范围为 −1～+1V，且电压控制引脚为高阻端口，因此可以采用电位器并进行适当的滤波，但增益不能预设。

方案二：采用单片机和 DAC 配合调节。增益可以预设，并可以通过校正完成精确控制。

方案选定：经过方案论证与比较，系统的增益控制采用电位器调节与单片机控制 DAC 输出调节均可，因此可用跳线帽对控制电压的输入方式进行选择，放大器上留有电位器输入口与 DAC 输入口，改变跳线帽的接法可以进行方式切换。

最终的系统原理框图如图 1.5.3 所示。

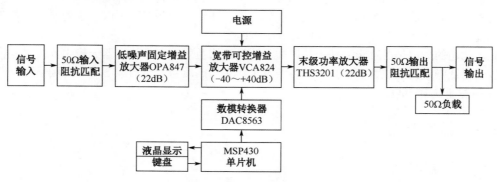

图 1.5.3　最终的系统原理框图

1.5.3　理论分析与计算

1．宽带放大器设计及增益调整

前置增益采用低噪声固定增益放大器 OPA847，设置固定增益的放大来抵消级间匹配带来的损耗。第一级放大较为关键，OPA847 可以降低整体的噪声。综合数据手册，单级取固定增益 22dB，由于 OPA847 是电压反馈型运算放大器，故对电阻取值没有严格要求。中间两级放大采用放大器 VCA824，由可调电压控制增益，两级增益的可变范围都为-20～+20dB，电阻按照数据手册取值。末级放大采用 THS3201，放大 22dB，在保证带宽的前提下微调增益，使增益尽可能提高，考虑输入阻抗与信号源的匹配，以及输出阻抗与负载的匹配，共衰减 12dB，总增益约为 72dB，满足系统要求。

2．频带内增益起伏控制部分

合理控制每级的增益，并注意级与级之间的连接。一般在高频时会有衰减，在末级的接地电阻 R 上并联小电容（约为 20pF）可改善高频特性，达到控制增益起伏的目的。反馈电阻，尤其是电流型运算放大器，应按照数据手册取值。

3．射频放大器稳定性控制

注意级联电路中每级的放大方式，尽量使相位避免满足振荡条件。OPA847 采用同相放大，VCA824 采用反相放大，THS3201 采用同相放大。

电路电压增益在通频带内波动明显，因此要对各级放大电路进行频率补偿，在电源端增加 1nF、0.1μF 和 100μF 的去耦电容，电容、电阻的引线部分要尽可能短，并用屏蔽盒对系统电路板进行屏蔽，外部信号用隔离线通过穿心电容进入屏蔽盒，避免外部噪声干扰；此外，集成运算放大器电路的各级阻抗要匹配，匹配不好会造成较大的信号反射，使得电路不稳定。事实证明，这样做可有效地抑制通频带内的增益起伏，同时提高放大器的稳定性。

1.5.4　电路与程序设计

1．前级低噪声固定增益放大电路设计

前级增益放大采用低噪声固定增益放大器 OPA847，设置固定增益的放大以抵消级间匹配带来的损耗。第一级放大较为关键，OPA847 可以降低整体的噪声。综合数据手册，单级取固定增益 22dB，由于 OPA847 是电压反馈型运算放大器，因此对电阻取值没有严格要求。OPA847 放大电路图如图 1.5.4 所示。

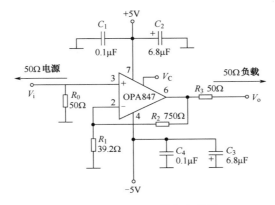

图 1.5.4　OPA847 放大电路图

2．宽带可变增益放大电路设计

中间两级放大采用放大器 VCA824，由可调电压控制增益，两级增益的可变范围都为-30～+20dB，电阻按照数据手册取值。VCA824 放大电路图如图 1.5.5 所示。

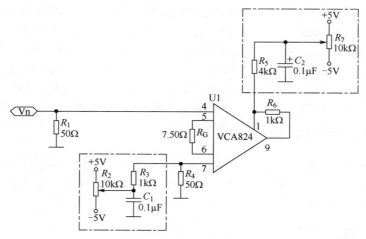

图 1.5.5　VCA824 放大电路图

3．末级功率放大电路设计

末级放大采用 THS3201，放大 22dB，在保证带宽的前提下微调增益，使增益尽可能提高。考虑输入阻抗与信号源的匹配，以及输出阻抗与负载的匹配，共衰减12dB，总增益约为72dB，满足系统要求。THS3201 放大电路图如图 1.5.6 所示。

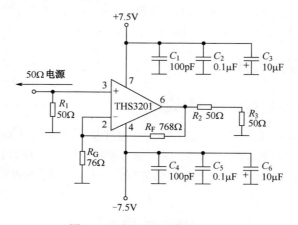

图 1.5.6　THS3201 放大电路图

4．总体电路图

电路原理图如图 1.5.7 所示。

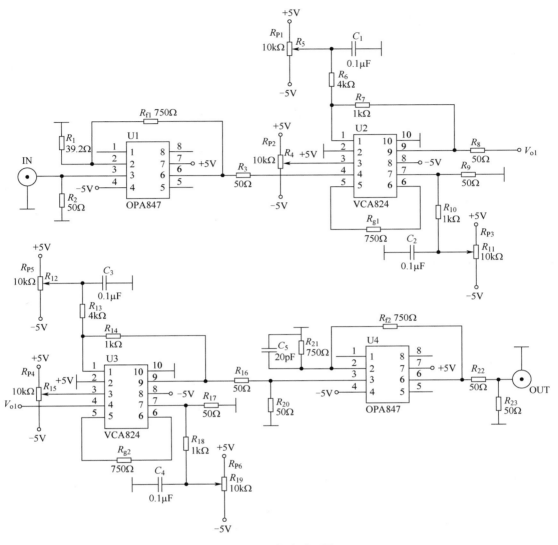

图 1.5.7　电路原理图

5. 系统软件程序设计

本程序通过按键步进和预置来控制电压增益，软件流程图如图 1.5.8 所示。

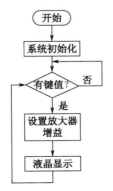

图 1.5.8　软件流程图

1.5.5 测试方案与测试结果

1. 测试仪器

测试仪器名称、型号与数量如表 1.5.1 所示。

表 1.5.1 测试仪器名称、型号与数量

测试仪器名称	型号	数量
计算机		1 台
单片机最小系统	MSP430F5438	1 块
多功能数字万用表	UT58A	1 块
信号发生器	TFG3150	1 块
示波器	TDS2022	1 台
矢量网络分析仪	E5062A	1 台

2. 测试方案

将各部分电路连接起来，将信号源输出阻抗设为 50Ω，去掉 50Ω 的负载电阻，示波器选择 50Ω 输入阻抗进行整机测试，并用 −20dB 同轴衰减器连接矢量网络分析仪测试放大器的通频带性能。

3. 测试结果与分析

（1）输入阻抗 R_i 的测量：利用示波器连接 1MΩ 表笔直接测量 50Ω 输出阻抗信号源的输出；断开放大器的连接，峰峰值为 200mV。接入放大器后，峰峰值为 116mV，可知放大器输入阻抗 $R_i \approx 50\Omega$。

（2）输出阻抗 R_o 的测量：不接入负载，利用示波器直接测量放大器的输出，峰峰值为 2V。接入 50Ω 负载后，峰峰值为 1V，可知放大器的输出阻抗约为 50Ω。

（3）负载 R_L 的测量：直接用 DT9205 4 位半数字万用表测量负载电阻，测量阻值为 51.2Ω，误差为 2.4%，满足题目误差小于或等于 5% 的要求。

（4）输出电压有效值测量及放大倍数测量：输入端加 $V_{pp} = 1mV$、$f = 10MHz$ 的正弦波，调节电压和增益，测得不失真最大输出电压有效值为 1.32V，达到题目大于 1V 的要求，最大增益可达 72dB。

（5）输出噪声电压测量：增益调到 60dB，输入端短路时用高频毫伏表测得输出电压峰值约为 54mV，满足输出噪声电压小于 100mV 的要求。

（6）频率特性测量：增益设为 60dB，输入端加 $V_{pp} = 2.8mV$ 的正弦波。频率特性测试数据如表 1.5.2 所示。

表 1.5.2 频率特性测试数据

频率/Hz	输出电压峰峰值/V	增益/dB
10k	2.81	60.0
50k	2.82	60.0
100k	2.82	60.0
300k	2.81	60.0
500k	2.82	60.0
1M	2.82	60.0
5M	2.82	60.0
10M	2.82	60.0

频率/Hz	输出电压峰峰值/V	增益/dB
50M	2.85	60.1
100M	2.90	60.3
130M	2.84	60.1
150M	2.61	59.4

由表 1.5.2 中的数据可知，3dB 通频带在低频段达 300kHz，在高频段超过 100MHz，1～150MHz 频带范围内的增益起伏小于或等于 1dB。用矢量网络分析仪测试 1dB 起伏带宽为 0～150MHz，-3dB 带宽为 0～260MHz。

（7）误差分析：

① 周边电磁环境干扰。由于实验场地有许多计算机和仪器使用开关电源，电磁噪声很大，因此测量的输入端短路噪声电压随输入短接方式的不同而有很大的误差；用 FFT 对噪声进行观察，发现频率约为 100MHz 的信号被放大，表现为噪声干扰。

② 用探头进行测试会对信号进行滤波，且没有屏蔽，容易引入噪声干扰，用同轴头可以避免产生该问题。

③ 放大器增益带宽积的限制，以及 PCB 信号线间的寄生电容、电感均会导致射频宽带放大器频带的波动。

1.6　增益可控射频放大器

[2015 年全国大学生电子设计竞赛（D 题）]

1．任务

设计并制作一个增益可控射频放大器。

2．要求

1）基本要求

（1）放大器的电压增益 $G_u \geqslant 40\text{dB}$，输入电压有效值 $V_I \leqslant 20\text{mV}$，输入/输出阻抗均为 50Ω，负载电阻为 50Ω，输出电压有效值 $V_O \geqslant 2\text{V}$，波形无明显失真。

（2）在 75～108MHz 频率范围内，增益波动不大于 2dB。

（3）-3dB 的通频带不窄于 60～130MHz，即 $f_L \leqslant 60\text{MHz}$ 和 $f_H \geqslant 130\text{MHz}$。

（4）实现 G_u 步进控制，增益控制范围为 12～40dB，增益控制步长为 4dB，增益绝对误差不大于 2dB，并能显示设定的增益值。

2）发挥部分

（1）放大器的电压增益 $G_u \geqslant 52\text{dB}$，增益控制扩展至 52dB，增益控制步长不变，输入电压有效值 $V_I \leqslant 5\text{mV}$，输入/输出阻抗均为 50Ω，负载电阻为 50Ω，输出电压有效值 $V_O \geqslant 2\text{V}$，波形无明显失真。

（2）在 50～160MHz 频率范围内，增益波动不大于 2dB。

（3）-3dB 的通频带不窄于 40～200MHz，即 $f_L \leqslant 40\text{MHz}$ 和 $f_H \geqslant 200\text{MHz}$。

（4）电压增益 $G_u \geqslant 52\text{dB}$，当输入信号频率 $f \leqslant 20\text{MHz}$ 或 $f \geqslant 270\text{MHz}$ 时，实测电压增益 G_u 均不大于 20dB。

（5）其他。

3．说明

（1）基本要求中第（2）项和发挥部分中第（2）项用点频法测量电压增益，计算增益波动，测量频率点测评时公布。

（2）基本要求中第（3）项和发挥部分中第（3）项用点频法测量电压增益，分析是否满足通频带要求，测量频率点测评时公布。

（3）放大器由+12V单电源供电，所需其他电源电压自行转换。

4．评分标准

类型	项目	主要内容	分数
设计报告	系统方案	比较与选择 方案描述	2
	理论分析与计算	射频放大器设计 频带内增益起伏控制 射频放大器稳定性 增益调整	8
	电路与程序设计	电路设计与程序设计	4
	测试方案与测试结果	测试方案及测试条件 测试结果完整性 测试结果分析	4
	设计报告结构及规范性	摘要 设计报告正文的结构 图表的规范性	2
	总分		20
基本要求	完成第（1）项		18
	完成第（2）项		6
	完成第（3）项		16
	完成第（4）项		10
	总分		50
发挥部分	完成第（1）项		14
	完成第（2）项		3
	完成第（3）项		12
	完成第（4）项		16
	其他		5
	总分		50

1.6.1 题目分析

分析基本要求和发挥部分后，本系统要完成的功能和技术指标归纳如下。

（1）输入阻抗为 50Ω，输入电压有效值 $V_I = 20\text{mV}$ （基本要求），输入电压有效值 $V_I = 5\text{mV}$ （发挥部分）。

（2）输出阻抗为 50Ω，输出电压有效值为 2V。

（3）-3dB 通频带：$60\sim130\text{MHz}$，在 $75\sim108\text{MHz}$ 频带内起伏 2dB （基本要求）；$40\sim200\text{MHz}$，在 $50\sim160\text{MHz}$ 频带内起伏 2dB （发挥部分）。

（4）增益、增益控制范围、步进和误差：

① 电压增益为40dB，增益控制范围为12~40dB，步进为4dB，误差为2dB，需要显示设定增益值（基本要求）。

② 电压增益为52dB，增益控制范围为12~52dB，步进为4dB，误差为2dB，需要显示设定增益值（发挥部分）。

③ 输入信号频率 $f=20MHz$ 或 $f=270MHz$ 时，电压增益为20dB（发挥部分）。

此题与2013年的射频宽带放大器（D题）属于同一类型，技术指标大同小异。不同点如下。

（1）频率 f_H 提高了，由100MHz提高到200MHz。

（2）增益增加了程控（步进为4dB，误差为2dB）。

（3）增加了带通滤波器，且对带外抑制有严格要求。

此题的重点是程控增益和带内波动，难点是滤波器设计。对于此题，湖南赛区的成绩优异，从中选出两个代表作品供大家参考。

1.6.2　增益可控射频放大器设计报告 D01

来源：国防科技大学　王福来、曹继尧、李云扬　　指导老师：周资伟、库锡树（全国一等奖）

1. 系统方案设计与论证

经过分析和论证，认为这个增益可控射频放大器可分为可控放大器、可控衰减器、低通滤波器、高通滤波器、固定增益放大器等模块。

1）可变增益电路方案论证和选择

AD8369是一款低噪声的数控增益放大器，通过4位控制端口可实现增益在-10~+35dB范围内的3dB步进可调。HMC472LP4E是一款1dB步进数控衰减器，其控制动态范围为0~-31.5dB。同时，接入低噪声宽频带固定增益放大器ERM-51SM构成36dB的固定增益放大。由于HMC472LP3E的控制步进为1dB，所以可以实现整个系统的步进步长为1dB。通过放大器与衰减器之间的增益控制，系统整体可以实现1~75dB范围内1dB步进可调，满足题目要求。

此外，AD8369的增益步进的精度为0.05dB，HMC472LP3E的步进精度为0.25dB，所以整体系统的控制精度误差不超过0.5dB，可以实现高精度的控制。

2）带通滤波器方案论证

方案一：采用无源LC滤波电路，利用电容和电感元件的电抗随频率变化而变化的原理构成。无源LC滤波器的优点是：电路比较简单，不需要直流供电电源，可靠性高；缺点是：通带内的信号有能量损耗。因为题目要求通带尽量平坦，此外通带较宽且频点较高，所以LC电路较难满足要求。

方案二：采用集成低通滤波器和高通滤波器串联构成带通滤波器。SHP-50+是一款集成高通滤波器，频率为20MHz时衰减大于40dB，在40~800MHz频率范围内的衰减小于1dB，满足高通部分的要求；RLP-190+是一款集成低通滤波器，频率为200MHz时衰减约为-1dB，在264~300MHz频率范围内的衰减大于-20dB，选用两个RLP-190+可满足在高于270MHz时增益不大于20dB的要求。因为集成电路调试方便，干扰较小，所以选择此方案。

3）输出有效驱动50Ω负载方案论证

方案一：采用三极管推挽电路，调试烦琐，不易实现。要得到较高的输出电压并输出较大的信号功率，三极管承受的电压高，通过的电流大，因此三极管损坏的可能性较大，不满足题目对放大器稳定性的要求。

方案二：采用单片集成宽带放大器 HELA-10D+。HELA-10D+是一款高速低噪声的集成运算放大器，在 40～200MHz 范围内具有12dB 的固定增益，最大输出功率为30dBm，满足题目要求。因该方案电路简单，容易调试，故采用本方案。

4）-3dB 通频带方案论证

按照题目要求，系统的-3dB 通频带不窄于 40～200MHz。可调增益放大器 AD8369 在 10～200MHz 范围内的增益衰减不超过 0.2dB，低通滤波器芯片 RLP-190+在 200MHz 处的衰减约为 1dB，高通滤波器 SHP-50+在 40MHz 处的增益衰减约为 0.8dB，固定增益放大器 ERA-51SM 在通频带内起伏较小，约为 0.1dB。综合上述各个模块，可以实现-3dB 通频带不窄于 40～200MHz，满足题目要求。

5）数据处理和控制核心选择

方案一：采用单片机 AT89S51+FPGA 最小系统板，即由单片机和 FPGA 实现信号增益控制、数据处理和人机界面控制等功能。

方案二：采用单片机 MSP430F5529 最小系统板，即由单片机 MSP430F5529 实现整个系统的统一控制和数据处理。

本系统不涉及大量的数据存储和复杂处理，虽然方案一的控制更灵活、更方便，但 FPGA 的资源得不到充分利用，并且系统规模大、成本高。单片机 MSP430F5529 是一种超低功耗微处理器，具有丰富的片上外设和较强的运算能力，使用十分方便、性价比高，故采用方案二。

确定的系统框图如图 1.6.1 所示。

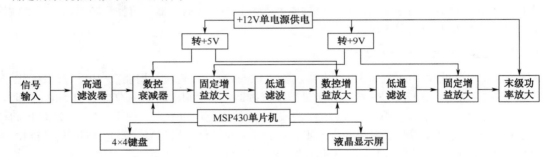

图 1.6.1　确定的系统框图

2. 理论分析与计算

1）增益带宽积

按照题目发挥部分的要求，信号的-3dB 通频带不窄于 40～200MHz，最大电压增益 $G_u \geqslant 52\text{dB}$，因此增益带宽积为 $200\text{MHz} \times 10(52/20) = 80\text{GHz}$。为降低系统增益带宽积对器件的要求，我们采用分级放大方式，这种方式既能使放大器的整体增益超过 52dB，又能使器件易于选择。

2）通带内增益起伏控制

AD8369 的增益误差在 20～380MHz 范围内小于 0.2dB；HMC472LP3E 的增益误差在 10～300MHz 范围内小于 0.25dB；ERM-51SM 在+9V 供电时，在通频带内的增益误差起伏小于 0.1dB。集成低通滤波器 RLP-190+在 50～160MHz 范围内的增益起伏小于 0.31dB，集成高通滤波器 SHP-50+在 50～160MHz 范围内的增益起伏小于 0.27dB。按照上述芯片，选择在 50～160MHz 范围内系统的总增益波动约为 0.9dB，满足小于 2dB 波动的题目要求。

3）放大器稳定性

不良接地和不充分供电电源滤波、大容量容性负载、输入杂散电容、前沿校正和高频噪声等，都会影响放大器的稳定性。对于某些特定的运算放大器，只有当供电电压大于某一特定值或放大倍数大于某一特定值时才会稳定。

　　本系统基于以上理论进行设计。通过旁路电容增加电路的稳定性，许多电源和地之间使用了 $4.7\mu F$ 的钽电容再并联一个 $0.1\mu F$ 的陶瓷电容。每级输出都实现 50Ω 的阻抗匹配。而且，在制作印制电路板时，注意元器件之间合理的布局和导线的连接，大面积覆铜也保证了系统的稳定性。

　　此外，本系统设计的带通滤波器可以滤除通频带外的干扰，增加了系统的稳定性。

3．电路与程序设计

1）第一级衰减器电路设计

　　第一级衰减器电路使用可控衰减器 HMC472LP4E。其可变增益范围设计为 $0\sim-31.5dB$。采用单片机设置不同系统总增益下衰减器的增益，以保证输出无失真。可控衰减器电路图如图 1.6.2 所示。单片机通过控制衰减器的引脚 19～24 的逻辑电平，来控制衰减器的增益。

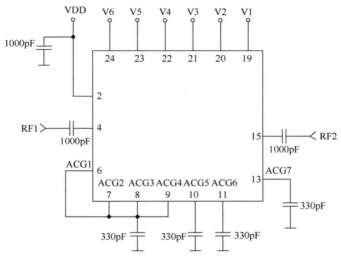

图 1.6.2　可控衰减器电路图

2）固定增益放大器 ERA-51SM 电路设计

　　为满足并提高系统的放大增益的要求，中间级采用两级由固定增益放大器 ERA-51SM 构成的增益为 36dB 的放大器。固定增益放大器电路图如图 1.6.3 所示，其中为了满足-3dB 的通频带，耦合电容选择为100pF。

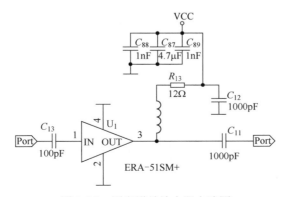

图 1.6.3　固定增益放大器电路图

3）可控放大电路设计

可控放大电路使用 AD8369。AD8369 在负载为 200Ω 时的增益变化范围为-10～+35dB，通过变压器 TC4-1W 进行阻抗匹配，满足输出阻抗匹配 50Ω 的要求。可控放大器电路图如图 1.6.4 所示。

单片机通过控制 AD8369 的引脚 3～7 的逻辑电平来实现 AD8369 的增益值。

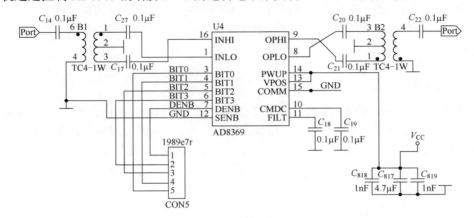

图 1.6.4　可控放大器电路图

4）末级驱动电路设计

为了驱动 50Ω 的负载，满足输出电压大于 2V 的要求，利用运算放大器 HELA-10+的大输出电流（在 12V 供电时约为 525mA）来实现驱动负载的要求。驱动负载电路图如图 1.6.5 所示。

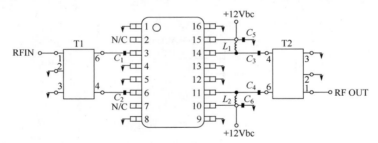

图 1.6.5　驱动负载电路图

5）程序设计

利用 MSP430F5529 作为整个系统的控制核心，程序设计框图如图 1.6.6 所示。

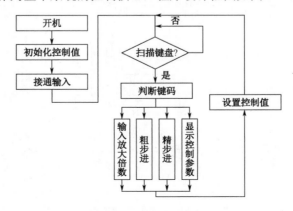

图 1.6.6　程序设计框图

系统启动后，单片机进行初始化增益设置，保护电路。接通电路后通过键盘的读输入数值控制系统的增益。

4．系统测试

1）测试仪器清单

测试仪器清单如表 1.6.1 所示。

表 1.6.1　测试仪器清单

序号	仪器名称	型号	指标
1	一体化矢量网络分析仪	AV3629A	300kHz～9GHz
2	信号发生器	6061A	10kHz～1050MHz
3	示波器	3074	750MHz 带宽，4GS/s 采样率

2）放大器基本性能测试

测试方法：用信号发生器产生有效值为 5mV，频率分别为 40MHz、80MHz、120MHz、160MHz、200MHz 的正弦波输入进行测量。测试条件：50Ω 负载，放大器预置增益为 55dB。放大器基本性能测试结果如表 1.6.2 所示。

表 1.6.2　放大器基本性能测试结果（有效值为 5mV、增益为 55dB）

信号频率	输出信号有效值/V	波形质量	实际增益/dB	增益误差/%
40MHz	2.81	无失真	54.63	0.7
80MHz	2.97	无失真	54.95	0.1
120MHz	2.92	无失真	55.33	0.6
160MHz	2.64	无失真	54.46	0.98
200MHz	2.19	无失真	52.82	3.96

测试结果分析：由表 1.6.2 中的数值可知，放大器的输出电压有效值大于 2V，满足题目要求，且输出信号无失真。

3）放大器频率响应性能

测试方法：利用矢量网络分析仪，将放大器的增益设置为 30dB，得到如图 1.6.7 所示的放大器频率响应图。

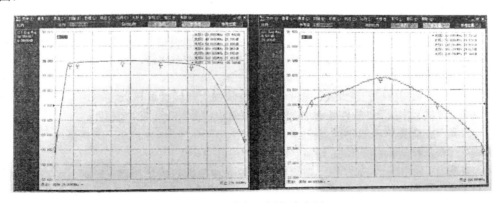

图 1.6.7　放大器频率响应图

测试结果分析：由图 1.6.7 可知，将增益设置为 30dB 时，放大器的-3dB 带宽不窄于 40～200MHz；

在 50～160MHz 范围内，放大器的增益波动约为 0.9dB，小于 2dB。当 $f = 20$MHz 及 $f = 270$MHz 时，系统的增益衰减均超过 50dB。各项指标均达到题目要求。

5．总结

本系统由可控放大器、可控衰减器、固定增益放大器、末级驱动运算放大器、单片机控制等模块组成。第一级可控衰减器实现 $0～-31.5$dB 的增益变化；第二级使用 ERA-51SM 固定增益放大器实现 18dB 的固定增益放大；第三级通过可控放大器实现 $-10～+35$dB 的增益变化；末级通过运算放大器 HELA-10+驱动 50Ω 负载，满足输出电压有效值大于 2V 的要求。本设计对可控放大器、可控衰减器进行了合理的增益分配，最终实现了系统 $1～75$dB 的增益动态变化范围，且系统稳定性强，较好地满足了题目的要求。

1.6.3　增益可控射频放大器设计报告 D05

来源：怀化学院　唐文彬、温宁宁、万思源　　指导老师：朱俊标、钱莹晶（全国二等奖）

1．系统设计方案

1）控制模块的论证与选择

方案一：采用传统的 51 系列单片机。传统的 51 系列单片机为 8 位机，其价格便宜、控制简单；但运算速度慢，片内资源少，存储容量小，难以存储大程序和实现快速精准的反应控制，并且受时钟晶振的限制，处理速度不高，同时外围电路也增大了系统的不可靠性。

方案二：采用以增强型 80C51 为内核的 STC 系列单片机 STC12C5A60S2，其片内集成了 60kB 的 Flash ROM、2 路 PWM、16 位定时器、8 路 10 位高速 A/D 转换等资源，操作较为简单，具有在线系统调试功能（ISD），开发环境非常容易搭建。增强型单片机同时具有低功耗的芯片。

为满足题目要求与运行速度，选择方案二，即采用以增强型 80C51 为内核的 STC 系列单片机 STC12C5A60S2 作为控制器。

2）增益模块的论证与选择

方案一：固定增益与程控增益相结合。前级使用低噪声放大器，选择程控增益芯片，其驱动能力勉强满足要求；末级使用驱动能力较强的功放芯片，也只能勉强达到题目要求。程控芯片可以采用 D/A 模块来实现，但需要使用高精度的 D/A 模块，价格较贵，且控制电压时可能会带入噪声。

方案二：固定增益放大和程控衰减相结合。先采用低噪声固定增益芯片，用精准电阻网络芯片进行衰减，可以提高系统的稳定度，减少噪声的干扰；再采用单片机控制，可以满足题目的要求。HMC472 采用高精度电阻网络来控制引脚的高低电平，减少了单片机的数字电路干扰，同时减少了软件上大量代码造成的不必要的误差。

综合以上两种方案，选择方案二。

3）电源模块的论证与选择

方案一：采用恒压电压源。使用 12V 单电源供电，采用稳压芯片 7805 等稳压，优点是可提供稳定的 5V 电压，纹波小，使用方便。

方案二：采用开关电源。根据输出电压有效值 $V_o \geq 2$V 的要求，电源模块使用 ANSJ 开关电源并加多个电容滤波，其输入的直流 12V 电源可以转换，稳定输出 ±5V 电压，输出功率大。

为了满足题目 50～160MHz 频率范围内增益波动不大于 2dB 的稳定度及需要进行小信号放大的要求，本系统采用方案一。

4）系统架构

根据题意，本系统主要由单片机的控制模块、增益模块、电源模块组成。控制模块检测 A/D 按键，通过按键控制信号的放大与衰减，并在显示模块上显示。电源模块转换 12V 单电源后，为各个模块供电。系统设计框图如图 1.6.8 所示。下面分别论证这几个模块的选择。

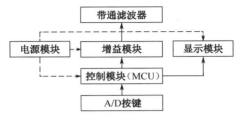

图 1.6.8　系统设计框图

2．理论分析与计算

1）射频放大器设计

射频放大器采用多级集成运算放大器级联实现。前四级放大由两个程控衰减器 HMC472 和两个固定增益放大器 ABA-56532 相互级联组成。每个程控衰减器 HMC472 通过单片机控制获得负增益，其衰减变化范围为-0.5～-31.5dB；两个固定增益放大器 ABA-56532 的每级放大 21dB。末级放大采用 HMC478，放大 21dB，在保证题目带宽要求的前提下微调增益，使增益尽量提高。最后总增益为 55dB，满足题目要求。

2）增益调整

合理地控制每级的增益，并注意级与级间的连接。系统固定增益放大，根据 ABA-56532 的数据表发现，其工作频率为 DC 至 3.5GHz，增益为 21.5dB，输出功率为 9.8dBm，满足题目发挥部分在 50～160MHz 频率范围内增益波动不大于 2dB 的要求。

增益控制采用的是 HMC472LP4/472LP4E 增益可控芯片，该芯片的带宽为 3GHz，通过控制引脚 V1～V6 的高低电平来进行衰减，各个引脚的增益控制分别为-0.5dB、-1dB、-2dB、-4dB、-8dB、-16dB。进行自由组合达到需要衰减的增益，以满足题目的要求。

增益控制表如表 1.6.3 所示。

表 1.6.3　增益控制表

控制电压输入						衰减状态 $R_{F_1}-R_{F_2}$
V1(-16dB)	V2(-8dB)	V3(-4dB)	V4(-2dB)	V5(-1dB)	V6(-0.5dB)	
L	L	L	L	L	L	-31.5dB
H	H	H	H	H	L	-0.5dB
H	H	H	H	L	H	-1dB
H	H	H	L	H	H	-2dB
H	H	L	H	H	H	-4dB
H	L	H	H	H	H	-8dB
L	H	H	H	H	H	-16dB

末级使用 HMC478 进行功率放大，其最大输出功能为+19dBm，增益可达 22dB，满足输出电压有效值 $V_o \geqslant 2V$ 的要求。

最后用专用带通滤波器设计软件自行设计了一个频率为 40～200MHz 的 9 阶带通滤波器，满足了

电压增益 $G_u \geqslant 52\mathrm{dB}$，输入信号频率 $f \leqslant 20\mathrm{MHz}$ 或 $f \geqslant 270\mathrm{MHz}$ 时实测电压增益 G_u 均不大于 20dB 的要求。

3）频带内增益起伏控制部分

频带内增益起伏控制主要在于器件的选型和级间的阻抗匹配，以及芯片本身在频带 40～200MHz 内的增益起伏小于 0.2dB。因为我们选用的芯片输入/输出阻抗均为 50Ω，级间能够达到较好的匹配，避免了阻抗不匹配造成的频带内增益起伏，因此远远满足频带内增益起伏小于 2dB 的要求。

4）射频放大器稳定性分析

为提高系统的稳定性，我们采取了如下措施。

（1）在布线过程中，将输入级、增益控制部分按顺序放置。输入插孔和输出插孔分别在印制电路板的两端引出，输入、输出均采用同轴电缆连接。各级分别装在屏蔽盒内，防止级间及前级与末级之间的电磁耦合。

（2）在整体设计过程中，使输出与输入相位相差 180°的奇数倍。

（3）电源隔离。各级供电采用电感隔离，输入级和功率放大采用隔离供电，输入级电源靠近屏蔽盒就近接上 1000μF 电解电容，以避免低频自激。

（4）地线隔离。每一级接在一个点上，然后再将地线连起来接在电源的地上。

（5）数模隔离。模拟部分屏蔽，防止数字部分的脉冲信号干扰模拟部分。

5）增益调整

本系统采用固定增益模块和程控衰减模块相结合的方式。程控衰减模块由单片机直接控制实现衰减，进而实现增益可控。本系统的增益按下式计算：

$$G = 21 + (-0.5 \sim -31.5) + 21 + (-0.5 \sim -31.5) + 21$$

即增益范围为 $G = 0 \sim 62\mathrm{dB}$，可以实现步进小于或等于 4dB。

3. 硬件电路设计

1）电路结构框图

电路结构框图如图 1.6.9 所示。信号输入后，先后经过第一级固定增益模块 ABA52563（增益为 21.5dB）、第一级程控衰减器 HMC472（增益为 −0.5 ～ −31.5dB）、第二级固定增益模块 ABA52563（增益为 21.5dB）、第二级程控衰减器 HMC472（增益为 −0.5 ～ −31.5dB）和一个 21dB 的末级功率放大器，最后经过一个 40～200MHz 的带通滤波器。放大器总增益为 63dB，总衰减为 −63dB。通过单片机可以满足 12～52dB 可控并显示的要求。

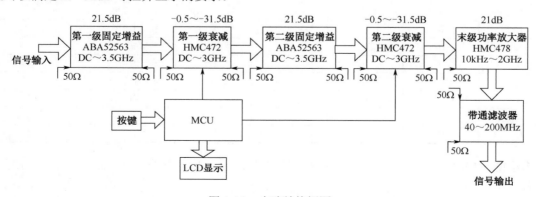

图 1.6.9　电路结构框图

2）**电源**

根据题目要求可知，要用+12V 单电源供电。在此次设计中，除功放外，其余部分均采用+5V 供电。因此，采用 LM7805 电源模块来满足供电要求，该芯片性价比高。

3）**各级模块设计**

系统中固定增益模块使用 ABA52563 芯片，其增益稳定、噪声低。程控衰减模块采用 HMC472 芯片，与单片机通过 I/O 口连接，可以实现精确控制。所有芯片的 PCB 均采用 ADS 仿真软件绘制，增加了系统的工作稳定性，减少了传输过程中的干扰。ABA52563 电路原理图如图 1.6.10 所示，HMC472 电路原理图如图 1.6.11 所示。

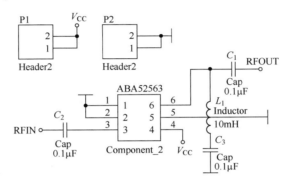

图 1.6.10　ABA52563 电路原理图

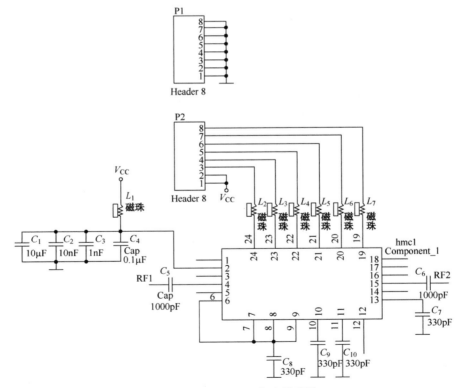

图 1.6.11　HMC472 电路原理图

4．程序设计

1）程序功能描述与设计思路

程序初始化，默认增益为 42dB，在液晶屏 LCD 上显示，通过两个按键分别控制步进 4dB 的加和减，以满足题目要求。通过控制单片机引脚高低电平实现对 HMC472 的控制，从而实现放大器衰减部分的增益加减。由于 HMC472 的控制精度可达 0.5dB，所以可在程序设计中增加以 0.5dB 为步进的程序，增加系统的控制功能。

2）程序流程图

程序控制部分通过单片机对 HMC472 的引脚进行控制，改变引脚 V1～V6 的高低电平，实现 −0.5～−31.5dB 的增益衰减。使用按键对射频放大器的增益进行 4dB 步进控制，并在液晶屏上显示。主程序流程图如图 1.6.12 所示。

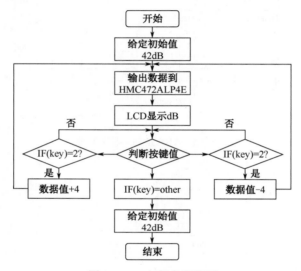

图 1.6.12　主程序流程图

5．测试方案与测试结果

1）测试方案

（1）硬件测试。

先用矢量网络分析仪测试各个增益模块中的放大器的通频带性能，然后将各增益模块调试到最优，再将各部分电路连接起来，将信号源输出阻抗设为 50Ω，示波器选择为 50Ω 输入阻抗，通过拨码开关给衰减器置高低位来进行整机测试，并用矢量网络分析仪测试放大器的通频带性能。

（2）软件仿真测试。

由于系统各级模块的输出阻抗均为 50Ω，为实现各级的匹配，连接每个模块的微带线必须为 50Ω，利用 ADS 软件仿真可得到使用板材 50Ω 微带线的线宽为 1.976mm，然后再绘制 PCB。带通滤波器采用专用滤波器软件 Filter Solutions 仿真，仿真结果如图 1.6.13 所示。

（3）硬件、软件联调。

① 放大器电压增益测试：采用矢量网络分析仪，设置起始频率和终止频率，以及输出功率，在测试前先将矢量网络分析仪的输入端口和输出端口对接在一起进行校准，再对待测电路进行测试。在测试过程中设置两个光标，分别放置在测试要求的起点和终点，可查看这两点的增益，通过比较两个光标的增益值还可查看波动是否在 2dB 范围内，以及总增益是否满足芯片要求。

② 放大器-3dB 带宽测试：采用矢量网络分析仪，设置起始频率10MHz 与终止频率300MHz，观察矢量网络分析仪上的 S21 参数曲线，从曲线的最高点往下-3dB 处的两点即放大器的-3dB 带宽。测试结果满足题目要求。

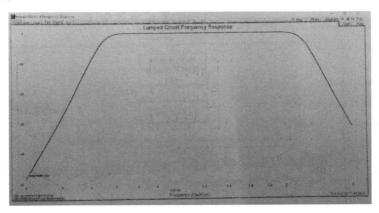

图 1.6.13　仿真结果

2）测试条件与仪器

测试条件：检查多次，仿真电路和硬件电路必须与系统原理图完全相同，并且检查无误，硬件电路保证无虚焊。

测试仪器：高频信号发生器、数字示波器、模拟示波器、矢量网络分析仪、双通道稳压恒流源、5 位半数字万用表。

3）测试结果及分析

（1）测试结果（数据）。

+12V 单电源供电。

$V_I = 20\text{mV}$，$G_u = 40\text{dB}$，$V_O = 2.407\text{V}$，$R_I = 50\Omega$，$R_O = 50\Omega$。

（2）点频法测得的增益如表 1.6.4 所示。

表 1.6.4　点频法测得的增益

f/MHz	75	80	85	90	95	100	105	108
G_u/dB	42.4	42.54	42.53	42.44	42.48	42.39	42.34	42.27

75～108MHz 频率范围内的增益波动在 0.7dB 以内，波形无明显失真。

（3）$f_L = 40\text{MHz}$，$f_H = 200\text{MHz}$。

增益预置与实测值对照表如表 1.6.5 所示。

表 1.6.5　增益预置与实测值对照表

步进	1	2	3	4	5	6
预置增益 G_u/dB	12	20	28	36	44	52
实际增益 G_u/dB	11.7	19.5	27.4	35.4	43.5	52.2
误差/dB	0.3	0.5	0.6	0.6	0.5	0.2

● 输入/输出阻抗：电路的设计保证输入/输出阻抗等于 50Ω，满足题目要求。

● 输出电压有效值测量及放大倍数测量：输入加 $V_{rms} = 20\text{mV}$、$f = 100\text{MHz}$ 的正弦波，调节电压和增益，测得不失真最大输出电压有效值为 2.03V，满足题目输出电压有效值大于 2V 的要求，最大增益可达 55dB。

● 频率特性测量：频率特性测量采用频谱分析仪进行测试，全面满足了设计要求。

4）测试分析与结论

根据上述测试数据可以得出以下结论：

（1）带宽在 50～200MHz 内时，增益基本一致，并且可以动态调整。

（2）输入/输出阻抗为50Ω。

（3）输入为20mV 或 5mV 时，输出有效值可达 2V。

综上所述，本设计满足设计要求。

5）测试结果分析

通过对放大器的最后测试，指标均能满足题目要求，其中射频放大器的增益、带宽及带外衰减（20MHz、270MHz）均超过要求。

第 2 章

无线电发射机设计

2.1 电压控制 LC 振荡器设计

[2003 年全国大学生电子设计竞赛（A 题）]

1．任务

设计并制作一个电压控制 LC 振荡器。

2．要求

1）基本要求

（1）振荡器的输出为正弦波，波形无明显失真。

（2）输出频率范围为 15～35MHz。

（3）输出频率稳定度优于 10^{-3}。

（4）输出电压峰峰值 $V_{pp} = (1 \pm 0.1)V$。

（5）实时测量并显示振荡器输出的电压峰峰值，精度优于 10%。

（6）可实现输出频率步进，步进为 1MHz ± 100kHz。

2）发挥部分

（1）进一步扩大输出频率范围。

（2）采用锁相环进一步提高输出频率稳定度，输出频率步进为 100kHz。

（3）实时测量并显示振荡器的输出频率。

（4）制作一个功率放大器，放大 LC 振荡器输出的 30MHz 正弦信号，限定使用 $E = 12V$ 的单直流电源为功率放大器供电，要求 50Ω 纯电阻负载上的输出功率 $P \geqslant 20\text{mW}$，尽可能提高功率放大器的效率。

（5）功率放大器负载改为 50Ω 电阻与 20pF 电容串联，在此条件下，50Ω 电阻上的输出功率 $P \geqslant 20\text{mW}$，尽可能提高放大器的效率。

3．评分标准

类型	项目	满分
基本要求	设计与总结报告：方案比较、设计与论证、理论分析与计算、电路图及有关设计文件、测试方法与仪器、测试数据及测试结果分析	50
	实际制作完成情况	50
发挥部分	完成第（1）项	5
	完成第（2）项	15

续表

类型	项目	满分
发挥部分	完成第（3）项	5
	完成第（4）项	10
	完成第（5）项	10
	其他	5

4. 说明

需留出末级功率放大器电源电流 I_{C0}（或 I_{D0}）的测量端，用于测试功率放大器的效率。

2.1.1 题目分析

仔细阅读和认真分析题目内容后，将题目要求完成的功能和技术指标归纳为表 2.1.1。

表 2.1.1 题目要求完成的功能和技术指标

测试项目		要求	
		基本要求	发挥部分
压控振荡器	输出波形	正弦波，且无明显失真	—
	频率变化范围	15～35MHz	进一步扩展
	频率步进	1MHz ± 100kHz	100kHz
	频率稳定度	优于 10^{-3}	利用锁相环进一步提高
输出级	稳压输出级	输出电压峰峰值 $V_{pp} = (1 \pm 0.1)\text{V}$	—
	功率放大器	—	负载为 50Ω，$f_o = 30\text{MHz}$，$E = 12\text{V}$ 时，$P_o \geqslant 20\text{mW}$，且尽量提高效率 η
		—	负载为容性，$f_o = 30\text{MHz}$，$E = 12\text{V}$ 时，$P_o \geqslant 20\text{mW}$，且尽量提高效率 η
测量与显示装置	测幅装置	实时测量峰峰值 V_{pp}，精度优于 10%	—
	测频装置	—	测量频率
	显示装置	实时显示输出峰峰值 V_{pp}	实时显示频率 f_0 的值
其他			

根据以上分析，本题的重点与难点如下：

（1）频率合成器设计。

（2）频率覆盖范围的实现。

（3）稳幅输出电路设计。

（4）高效率功率放大器设计。

下面的方案论证围绕本题的重点与难点进行。

2.1.2 方案论证

1. 频率合成器方案论证

频率合成器一般采用如图 2.1.1 所示的原理框图，它由晶振、固定分频器 $\div A$（A 分频）、鉴相器（PD）、低通滤波器（LPF）、压控振荡器（VCO）和可变分频器 $\div N$（N 分频）等组合而成。一般来说，

VCO、低通滤波器不便于集成，其余部分均集成在一块芯片内，或由两片集成芯片构成。一般称这类集成芯片为 PLL 芯片。下面对压控振荡器和 PLL 分别进行论证。

1）压控振荡器方案论证

LC 正弦振荡器常采用电感三点式振荡器、克拉泼振荡器、西勒振荡器。

方案一：电感三点式振荡器（哈特莱振荡器）。

电感三点式振荡器的原理图如图 2.1.2 所示，其振荡角频率为

$$\omega_g \approx \frac{1}{\sqrt{LC}} \tag{2.1.1}$$

式中，$L = L_1 + L_2 + 2M$。

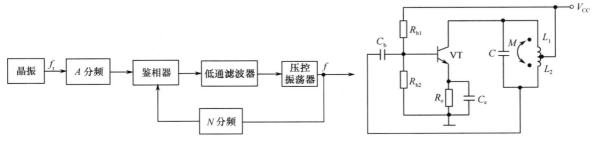

图 2.1.1　频率合成器原理框图　　　　　　图 2.1.2　电感三点式振荡器的原理图

起振条件为

$$g_m > (g_m)_{\min} = \frac{1}{F}g_{oe} + Fg_{ie}$$

式中，F 是反馈系数。

这种方案的优点：起振容易、调整方便。缺点：输出波形不好；频率较高时，不易起振。

克服缺点的办法：选用 f_T 较高的场效应管（如 J310），或选用内部采用了改善波形失真措施的 MC1648。实用压控振荡器电路图分别如图 2.1.3 和图 2.1.4 所示。

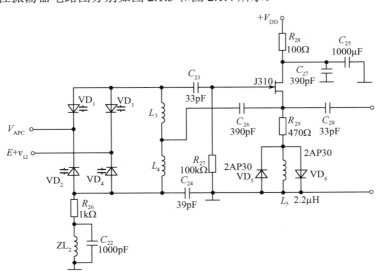

图 2.1.3　实用压控振荡器电路图（1）

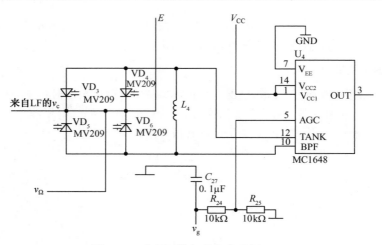

图 2.1.4　实用压控振荡器电路图（2）

方案二：克拉泼振荡器。

克拉泼振荡器电路图如图 2.1.5 所示，其振荡角频率为

$$\omega_g \approx \omega_o \approx \frac{1}{\sqrt{LC_3}} \tag{2.1.2}$$

起振条件为

$$g_m > (g_m)_{min} = \frac{1}{F}(g_{oe} + g_L) + Fg_{ie}$$

式中，$F = C_1/C_2$。

优点：频率稳定度较高，波形较好。缺点：起振较为困难。

方案三：西勒振荡器。

西勒振荡器电路图如图 2.1.6 所示，其振荡角频率为

$$\omega_g \approx \omega_o \approx \frac{1}{\sqrt{L(C_3 + C_4)}} \tag{2.1.3}$$

起振条件为

$$g_m > (g_m)_{min} = \frac{1}{F}(g_{oe} + g_L) + Fg_{ie}$$

式中，$F = C_1/C_2$。

优点：频率较稳定，波形失真较小。缺点：频率覆盖范围较小。

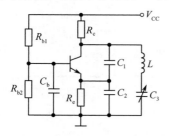

图 2.1.5　克拉泼振荡器电路图

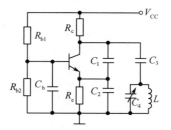

图 2.1.6　西勒振荡器电路图

上述三种振荡器都是可行的，振荡频率分别由式（2.1.1）、式（2.1.2）和式（2.1.3）给出。其中的可变电容器均为变容二极管，而变容二极管的变容比最大只能为 9 倍或 10 倍，用公式 $f = 1/2\pi\sqrt{LC}$ 可以算出 $f_{max}/f_{min} = 3$。而在实际电路中，C_1、C_2、C_3 和三极管极间电容及线路分布电容将导致变容比

下降。此外，变容二极管的最大变容比是在它达到反向最大偏压时与 0V 时的比值。在实际应用中，既不可能达到最大反偏，又不可能在零偏附近。因为反向控制电压值较小时，叠加高频振荡电压有可能使单个二极管工作在正向导通状态，从而使 VCO 无法正常工作。因此，对于利用变容二极管的 VCO，其 f_{max}/f_{min} 最大不超过 2，与题目的要求 $f_{max}/f_{min} = 35/15 \approx 2.33$ 有差距。根据题目发挥部分中第（1）项进一步扩大输出频率范围的要求，其差值更大。下面说明如何解决这个问题。

2）扩展频率范围方案论证

扩展频率范围的方法很多，这里只介绍两种有效的方法：一是波段切换法，二是混频法。

方案一：波段切换法。

设 $f_{min} = 10MHz$，$f_{max} = 40MHz$，分别将 f_{min} 向下、f_{max} 向上扩展 5MHz，有 $f_{max}/f_{min} = 40/10 = 4$。

利用波段开关切换，可将 10～40MHz 划分成两个频段，即 10～20MHz 和 20～40MHz。要进一步扩大频率范围，假设频率范围为 10～80MHz，只需再增加一个新频段 40～80MHz。

切换的方法很多。根据切换所用器件和切换点的不同，可以组合为多种切换方法。

（1）利用微动开关切换回路电感法。

利用微动开关切换回路电感法可达到切换波段的目的，其示意图如图 2.1.7 所示。

（2）利用二极管通断改变回路参数法。

这种方法的示意图如图 2.1.8 所示。当 v_i 为高电平时，VT 饱和导通，VD 截止，此时回路谐振不受外接电容 C 的影响。回路谐振频率偏低，振荡器工作在低频段。当 v_i 为低电平时，VT 截止，VD 导通，外电容与部分电感并联，因 C 值较大，对高频信号而言近似短路，回路谐振频率切换到高频段。

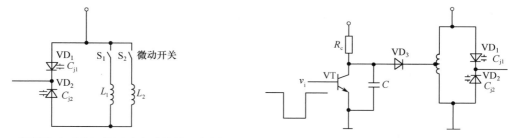

图 2.1.7　利用微动开关切换回路电感法的示意图　　　图 2.1.8　利用二极管通断改变回路参数法的示意图

（3）利用断电器切换法。

这种方法如图 2.1.9 中虚线框的内部所示。为了达到输出频率要求的覆盖范围和平坦度，本方法用两个 LC 压控振荡器构成两个波段，每个波段的频率变化范围相对较窄，容易保证输出电压的平坦度，而不需要设置 AGC 放大器。波段选择由单片机根据输出频率值用断电器控制转换。

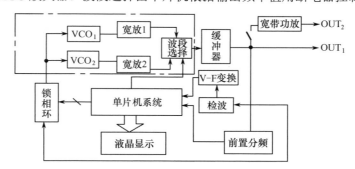

图 2.1.9　利用断电器切换法的示意图

方案二：混频法。

设频率合成器的频率范围为 100～130MHz，本振（本机振荡器）信号频率为 90MHz，混频后得到的差频信号的频率范围为 10～40MHz。

3）环形滤波器方案论证

环形滤波器一般采用低通滤波器，低通滤波器原理图如图 2.1.10 所示。

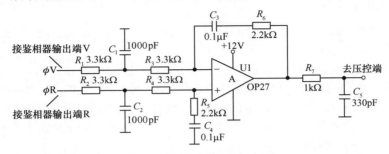

图 2.1.10　低通滤波器原理图

4）PLL 方案论证

方案一：采用中小规模集成电路组成 PLL。该方案的优点是原理清楚、技术成熟，缺点是外围元器件多、体积大。

方案二：采用大规模集成电路。该方案的优点是外围元器件少、体积小、质量轻、性价比高，缺点是不便维修、集成电路烧坏时不便更换。目前，这种类型的元器件很多，如常用的中规模集成 PLL 芯片有 MC145104/06/07/08/12/43，大规模集成 PLL 芯片有 MC145144/40/51/52/55/57/58/59/63 等。

根据上述论证，可以构成品种繁多的频率合成器。这里推荐几种经实验证明切实可行的频率合成器。

图 2.1.11 给出了由中小规模集成芯片构成的频率合成器电路图。场效应管 J310（VT_3）、变容二极管 VD_1～VD_4 及外用元器件组成压控振荡器（VCO）。SJT 1MHz 晶体构成参考振荡器，VT_1（3DK2C）构成整形电路，IC_7（74LS390）和 IC_8（74LS90）构成÷200 分频器，IC_8 的引脚 12 输出 5kHz 方波信号，加至由 IC_{10}（MC4044）构成的鉴相器。VCO 输出信号从高速÷10 分频器 IC_1（11C9D）的引脚 15 输入，IC_2（74LS193）×3 组成 12 位可编程分频器 N，74LS21 属于波形整形电路，VT_2 及外围元器件构成低通滤波器。该频率合成器作为某调频发射机的核心部件，在国内市场上流行了几十年，至今仍在使用。

图 2.1.12 给出了由大规模 PLL 芯片构成的频率合成器电路图。在该图中，IC_3（MC1648）、VD_3（变容二极管）及外围元器件构成压控振荡器（VCO）。IC_2 及外围元器件组成低通滤波器。该电路是近 20 年来市面上流行的产品。

2．输出级方案论证

根据题目要求，该系统的输出分为两部分：一部分要求输出电压峰峰值 $V_{pp} = (1 \pm 0.1)V$，输出负载题目中未明确规定，不妨设为 $R_L = 50\Omega$；另一部分是功率放大器部分，在频率为 30MHz、供电电源电压 $E = +12V$、负载分别为纯阻和容性阻抗的情况下，使输出功率 $P_o \geq 20mW$，效率尽量提高。下面分别论证。

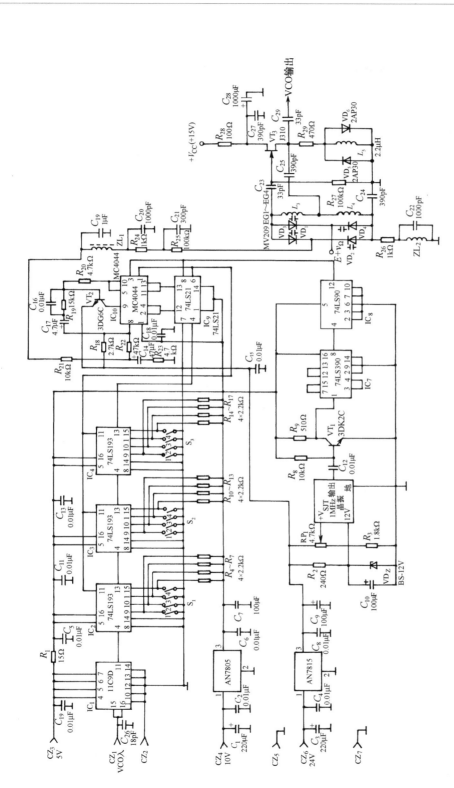

图 2.1.11 由中小规模集成芯片构成的频率合成器电路图

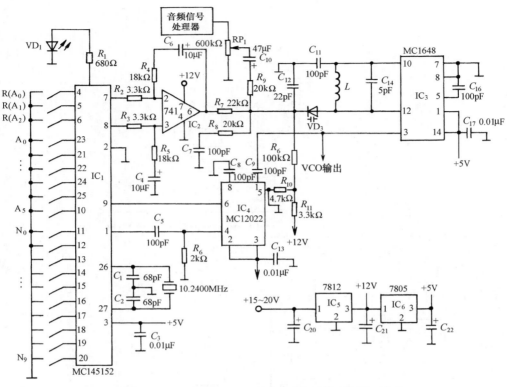

图 2.1.12　由大规模 PLL 芯片构成的频率合成器电路图

1）稳幅方案论证

方案一：采用自动控制的方法。该方案对 VCO 的输出电压进行峰值检波，检波输出信号滤波后反馈给振荡器，控制振荡器的静态工作点，使 VCO 的输出幅度基本保持不变，如图 2.1.13 所示。实践证明效果很好。

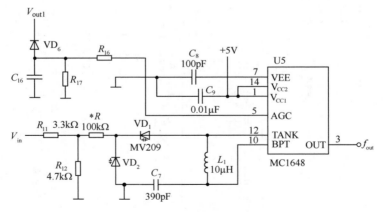

图 2.1.13　自动控制电路图

方案二：采用软/硬件结合的方法。该方法根据输出幅值决定反馈量，实时动态调整振荡器的静态工作点，实现稳幅输出。具体实现办法：利用数字电位器控制 VCO 中振荡三极管的基极电压。为使 VCO 顺利起振，先测量每个频率下基本稳幅输出所需的基极电压，量化后存入 ROM，在控制锁相环设定频率的同时，给出该频率起振所需的基极电压。在振荡器起振后，通过检波和 A/D 采样，实时检测输出电压，根据检测结果由单片机随时调整数控电位器的工作状态，构成稳定的反馈回路。

方案三：采用电压负反馈的方法。如图 2.1.14 所示，VT_1 与外围元器件构成电压并联负反馈放大器，调节电位器 RP_4 使输出电压稳定。调节 RP_4 不仅可以调整稳定度，而且可以将输出电压 V_{pp} 准确地调节到 $V_{pp} = 1V$。

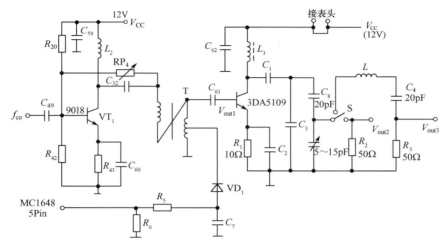

图 2.1.14　功率放大器电路图

方案四：采用集成芯片 AD603 的方法。采用 AD603 实现稳幅的电路图如图 2.1.15 所示。在电路中，我们选用了集成芯片 AD603。它的原理是，对输出电压进行采样，利用单片机 D/A 控制的输出电压加到 AD603 的引脚 1 上，改变 AD603 的增益，使输出电压恒定。

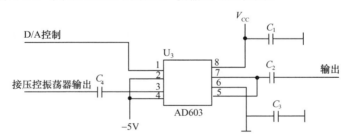

图 2.1.15　采用 AD603 实现稳幅的电路图

AD603 是美国 ADI 公司的专利产品，是一个低噪声、90MHz 带宽增益可调的集成运算放大器。若增益用分贝表示，则增益与控制电压呈线性关系，压摆率为 275V/μs。引脚之间的连接方式决定了可编程的增益范围，增益在范围-11～+30dB 内时的带宽为 90MHz。AD603 的增益控制接口（引脚 3）的输入阻抗很高，在多通道或级联应用中，一个控制电压可以驱动多个运算放大器；同时，增益控制接口还具有差分输入能力，设计时可根据信号电平和极性选择合适的控制方案。峰值检波电路的输出信号经过高速 A/D 转换采样后，经单片机计算需要调节的增益量并控制 D/A 转换，以获得调节增益控制电压，从而精确控制放大器的增益，达到稳定输出电压的目的。

2）功率放大器方案论证

该方案的原理图如图 2.1.14 所示。第一级采用三极管 9018 进行前级电压放大，前级采用电压负反馈和自动增益控制电路，使输出电压非常稳定。功放级采用功放管 3DA5109，使该级工作在丙类工作状态。为防止失真过大，输出端采用并联谐振回路，它由 L_3、C_3、C_8 和可调电容 5～15pF 构成。通过调节 5～15pF 电容还可使输出阻抗与纯阻 50Ω 匹配。

负载为容性时，可串联一个电感 L 使负载构成串联谐振，抵消容性的影响，进而使输出功率最大。

3．测量与显示装置方案论证

题目要求实时测量并显示输出峰峰值电压和频率。

1）输出峰峰值电压实时测量与显示方案论证

峰峰值测量与显示电路如图 2.1.16（a）所示。两个二极管 VD_1、VD_2（2AP30）、一个电容 C 和一个电阻 R_2 构成峰值检波电路。输入电压加到该电路中，正半周时二极管 VD_1 导通，对电容充电，对应一个电压值；负半周时二极管 VD_1 截止，电容放电。因充电时间短，而放电时间常数很大，故运算放大器输入端加的是一个脉动直流源。经直流放大器后，输出一个约几伏的直流电压 V_O。V_O 与输出峰峰值电压的关系曲线（$V_O \sim V_{pp}$ 曲线）通过实验得到，如图 2.1.16（b）所示。然后将输出电压经 A/D 转换后送入 FPGA，即可直接测得电压峰峰值。

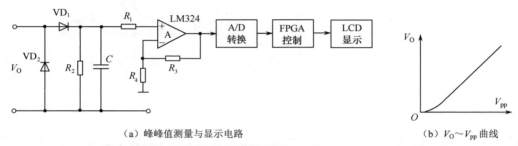

（a）峰峰值测量与显示电路　　　　　　　　（b）$V_O \sim V_{pp}$ 曲线

图 2.1.16　输出峰峰值电压实时测量与显示方案原理框图及 $V_O \sim V_{pp}$ 曲线

2）频率测量与显示方案论证

频率测量对设定的输出频率进行实时测定并显示，相关软件用 VHDL 语言编写。该程序包括 4 个模块：分频器、测频控制器、计数器和锁存器。最终将测得的数据锁存后送到液晶显示屏显示。图 2.1.17 所示为频率测量与显示原理框图。利用计数器对被测频率脉冲计数，当时钟周期为 1s 时测得的脉冲个数为所测频率。由于采用实验板的晶振频率是 50MHz，因此首先对其分频，得到一个 10kHz 的时钟信号作为测频控制器的时钟信号。测频控制器是为了完成自动测频而设计的。它控制计数器的工作，使其计数周期为 1s，1s 后就停止计数，将此时的计数值送入锁存器锁存，同时对计数器清零，开始下一个周期的计数，该计数值就是测得的频率。该控制器产生三个控制信号，即 cnt_en、rst_cnt 和 load，完成测频三步（计数、锁存和清零）。

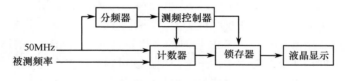

图 2.1.17　频率测量与显示原理框图

2.1.3　系统设计

1．总体构思

综合考虑本题的基本要求和发挥部分的要求，将一个电压控制的普通 LC 振荡器变成一个实用型立体声输入的高档 FM 调制器。

本设计基于数字锁相环式频率合成技术，采用 FPGA 来实现电压控制 LC 振荡器。利用数字锁相环式频率合成器，由 FPGA 实现对 PLL 频率合成芯片 MC145152 的控制。可自动改变频率，步进达

5kHz；可实时测量压控振荡器的输出频率、输出电压峰峰值，并用液晶显示器显示；在输出负载为容性阻抗时，用一个串联谐振回路提高其输出功率；采用交流电压负反馈和 AGC 电路来稳定输出电压；末级功放选用三极管 3DA5109，使其工作在丙类放大状态，提高放大器的效率。同时，系统还实现了频率扩展、自制音源、立体声编码等实用性功能。程序设计采用硬件描述语言 VHDL，在 Xilinx 公司 Spartan Ⅱ系列的 XC2S005PQ-208 芯片上编程实现，系统组成框图如图 2.1.18 所示。

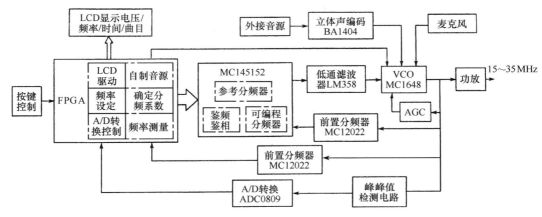

图 2.1.18　系统组成框图

2．单元电路设计

1）压控振荡器和稳幅电路设计

压控振荡器主要由压控振荡芯片 MC1648、变容二极管 MV209 及 LC 谐振回路构成。MC1648 需要外接一个由电感和电容组成的并联谐振回路，为达到最佳工作性能，在工作频率下要求并联谐振回路的 $Q_L \geqslant 100$。电源采用 +5V 电压，一对串联变容二极管背靠背地与该谐振回路连接，振荡器的输出频率随加在变容二极管上的电压大小的变化而变化。

因为变容二极管部分接入振荡回路，为减小非线性失真，电容指数 r 选 1 为宜。图 2.1.19 为 MC1648 的内部电路图，图 2.1.20 为压控振荡电路图。

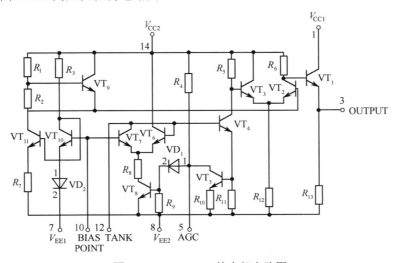

图 2.1.19　MC1648 的内部电路图

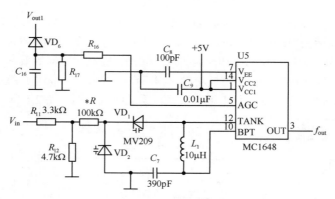

图 2.1.20　压控振荡电路图

压控振荡电路是由芯片内部的开关管引脚 10 和引脚 12 外接 LC 谐振回路（含 MV209）组成的正反馈（反向 720°）正弦振荡回路。振荡频率由下式计算：

$$f_c = \frac{1}{2\pi\sqrt{L_1 C}} \tag{2.1.4}$$

式中，$\dfrac{1}{C} = \dfrac{1}{C_{D1}} + \dfrac{1}{C_{D2}} + \dfrac{1}{C_7}$。

VCO 芯片的引脚 3 为缓冲输出端，一路供前置分频器 MC12022，另一路供放大电路放大后输出。该芯片的引脚 5 是自动增益控制（AGC）电路的反馈端。让功率放大器输出的电压 V_{out1} 通过一个反馈电路接到该脚，可在输出频率不同时自动调整输出电压的幅值并使其稳定在 $(1 \pm 0.1)V$。在输出信号电平变化时，AGC 电路用改变增益的办法来保持输出信号电平基本不变。结合 MC1648 的内部电路图可知：输出电压高于 1V 时，经过由 VD_6、C_{16}、R_{17} 组成的峰值检波电路后得到一个负电压，使 VT_8 的基极电压减小，集电极电压增大，这样 VT_1 的 V_{be} 减小，电压放大倍数减小，使得输出电压 V_{out1} 也减小；反之亦然，使输出电压稳定为 $(1 \pm 0.1)V$。另外，在输出部分增加了变压器耦合，调整抽头位置，使得输出电压进一步稳定、准确。

VCO 产生的振荡频率范围与变容二极管的压容特性有关。变容二极管特性测试图如图 2.1.21 所示。利用如图 2.1.21（a）所示的电容特性测量电路可以测量变容二极管 MV209 的压容特性。变容二极管压容特性及压控振荡器的压控特性如图 2.1.21（b）所示。从图中可见变容二极管反偏电压的变化范围是 $V_{Dmin}\sim V_{Dmax}$，对应的输出频率范围是 $f_{min}\sim f_{max}$。在预先给定 L 的情况下，给变容二极管加不同的电压，测得对应的谐振频率，就可算出 C_j 的值。减小谐振回路的电感量，改变电容容量，不需要并联二极管即可很容易地实现频率扩展。在实验中利用该方法绕 6 圈，曾使输出频率超过 87MHz。本设计通过该方法使输出频率的范围扩展到了 14～45MHz。

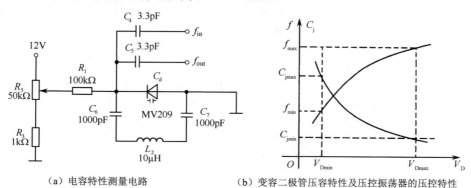

（a）电容特性测量电路　　　　（b）变容二极管压容特性及压控振荡器的压控特性

图 2.1.21　变容二极管特性测试图

2）锁相环式频率合成器设计

锁相环的基本原理框图如图 2.1.22 所示。锁相环主要由晶振、参考分频器、压控振荡器（VCO）、鉴频器/鉴相器（FD/PD）、环路滤波器（LPF）和可编程分频器等组成。它应用数字逻辑电路将 VCO 的频率一次或多次降至鉴相器的频率，再与参考频率在鉴相器中进行比较，通过环路滤波器取出控制信号来控制 VCO 的频率，使 VCO 的振荡频率稳定度与参考频率稳定度保持一致。为了将图中的晶振、参考分频器、鉴相器、可编程分频器都集成到一个芯片中，采用了大规模集成电路 MC145152，因此不需要单独设计。同时利用 FPGA 来控制 MC145152，确定分频系数 A、N 及发射频率的对应关系。下面分别介绍各部分的功能。

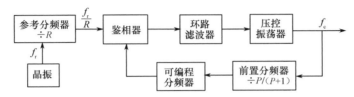

图 2.1.22　锁相环的基本原理框图

（1）PLL 频率合成电路设计。

锁相环式频率合成器是以大规模集成 PLL 芯片 MC145152 为核心设计的。MC145152 是 Motorola 公司生产的大规模集成电路，图 2.1.23 为其内部组成框图。MC145152 内含参考频率振荡器、可供用户选择的参考分频器（12×8 ROM 参数译码器和 12 位÷R 计数分频器）、双端输出鉴相器、逻辑控制、可编程的 10 位÷N 计数器、可编程的 6 位÷A 计数器和锁定检测等部分，其中 10 位÷N 计数器、6 位÷A 计数器、逻辑控制和外接双模前置分频器（MC12022）组成吞咽脉冲程序分频器，吞咽脉冲程序分频器的总分频比为 $D = PN + A$（A 的范围是 0~63，N 的范围是 0~1023）。由此可以计算出频率与 A 值、N 值的对应关系，利用 FPGA 控制器改变其值，便可达到改变输出频率的目的。

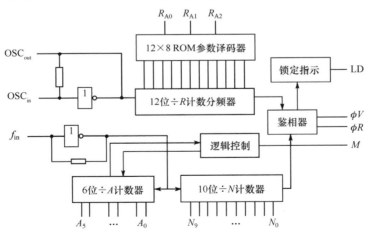

图 2.1.23　MC145152 内部组成框图

参考分频器是为得到所需的频率间隔而设定的。频率合成器的输出频谱不连续，两个相邻频率之间的最小间隔就是频率间隔。在 MC145152 中，外部稳定参考源由 OSC$_{in}$ 输入，经 12 位分频器将输入频率÷R。R 值由 R_{A0}、R_{A1}、R_{A2} 上的电平决定，只有 8 个值可选，分别是 8、64、128、256、512、1024、1160、2048。在设计中，可通过改变 R 值来改变步进。

鉴相器的作用相当于一个模拟乘法器。鉴相器对参考分频器输出的稳定参考信号和压控振荡器产生的频率经可编程分频器后得到的频率信号进行比较，输出为两者的相位差。通过环路滤波器过滤其中的高频分量，得到一个对 VCO 频率进行控制的电压。

（2）前置分频器。

MC145152 的最高输入频率为 5MHz，更高频率需要在 VCO 与 ÷N 分频器之间再加一个前置分频器。前置分频器和 MC145152 中的 ÷A 计数器与 ÷N 计数器一起构成一个吞咽脉冲程序分频器。吞咽脉冲计数器原理图如图 2.1.24 所示，其中图 2.1.24（a）是 $P/(P+1)$ 前置分频器方框图，图 2.1.24（b）是吞咽脉冲计数器示意图。选用的集成芯片 MC12022 的分频比为 $P/(P+1) = 64/65$。MC12022 受控于吞咽脉冲计数器的分频比切换信号，即模式选择信号 M。M 为高电平时，分频比为 $P+1$；M 为低电平时，分频比为 P。MC145152 内的 ÷N 计数器和 ÷A 计数器均为减计数器，减到零时，÷A 计数器的输出由高变低，÷N 计数器减到零时输出一个脉冲到 FD/PD，同时将预置的 A 和 N 重新置入 ÷A 计数器和 ÷N 计数器。利用这种方法可以方便地使总分频比为连续数，总分频比为 $D = PN + A$。

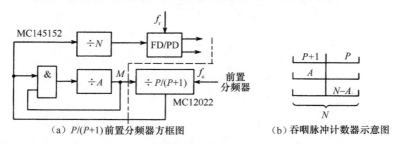

（a）$P/(P+1)$ 前置分频器方框图 （b）吞咽脉冲计数器示意图

图 2.1.24　吞咽脉冲计数器原理图

（3）环路滤波器。

环路滤波器由运算放大器 LM358 和 RC 电路组成，其电路图如图 2.1.25 所示。环路滤波器用于滤除鉴相器输出的误差电压中的高频分量和瞬变杂散干扰信号，以获得控制电压，提高环路稳定性并改善环路跟踪性能与噪声性能。锁相稳频系统是一个相位反馈系统，其反馈的目的是使 VCO 的振荡频率由自有偏差的状态逐步过渡到准确的标准值。而 VCO 作为调频源使用时，其瞬时频率总是偏离标准值的，锁相环路只对 VCO 平均中心频率不稳定所引起的分量（处在环路滤波器的通带内）起作用，使其中心频率锁定在设定频率上。因此，输出调频波的中心频率稳定度很高。作为 FM 广播用的环路滤波器的截止频率 f_H 在一般情况下小于 10Hz。

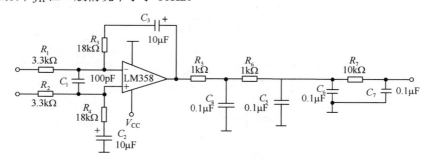

图 2.1.25　环路滤波器电路图

3）电源电路

电源电路图如图 2.1.26 所示。由于运算放大器 LM358 的工作电压是 +12V，其他各芯片的工作电压为 +5V，输入电压为 15～20V，因此选用稳压芯片 LM7812 和 LM7805 将电压分别降到 +12V 和 +5V。

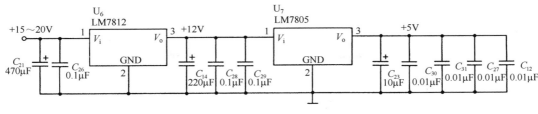

图 2.1.26　电源电路图

4）功率放大电路设计

功率放大电路如图 2.1.14 所示。利用三极管 9018 将压控振荡芯片 MC1648 引脚 3 输出的电压进行功率放大，后级的三极管 3DA5109 工作在丙类放大状态，可提高功率放大器的效率。

放大器的效率可由下式计算：

$$\eta = \frac{P_{\mathrm{O}}}{P_{\mathrm{E}}} \times 100\%$$

式中，P_{O} 为输出功率，P_{E} 为电源消耗的功率。在输出功率不变时，P_{E} 越小，效率越高。VCO 输出的电压经三极管 9018 后，通过可调电阻 RP$_4$ 形成一个交流电压并联负反馈，三极管 9018 工作在甲类放大状态，在频率改变时，电压负反馈使输出电压 V_{out1} 稳定为 (1 ± 0.1)V。后一级电路可以进一步提高放大器的工作效率。调整 C_3 和 L_3 的值，使得其谐振频率为 30MHz，当输出接 50Ω 负载时，输出电压为 V_{out2}，调整电感 L_3 的值，使 V_{out2} 取最大值，这时功率最大。将放大管 3DA5109 的导通角调整为 $\theta = 70°$，可以提高功放的效率。为了防止失真过大，输出采用并联谐振回路来滤除高次谐波成分。负载为容性时，在负载回路再串联一个电感 L，使之与容性负载构成串联谐振，抵消容性的影响。这样，就可在负载 R_{L} 上获得最大功率输出。

根据公式 $f_0 = \dfrac{1}{2\pi \sqrt{L_1 C}}$ 有

$$L = \frac{1}{(2\pi)^2 f_0^2 C} = \frac{1}{(2\pi)^2 \times (30 \times 10^6)^2 \times 20 \times 10^{-2}} \approx 1.4\mu\mathrm{H}$$

在图 2.1.14 中，VD$_1$、C_7、R_5、R_6 构成一个峰值检波电路，将输出电压加到 MC1648 的引脚 5（AGC 引脚）上，形成自动增益控制电路，使 V_{out1} 端的输出电压恒定为 (1 ± 0.1)V。

5）峰峰值测量与显示电路设计

峰峰值测量与显示电路如图 2.1.16（a）所示，其原理说明已在方案论证时详细介绍过，这里不再重复。

6）立体声编码器设计

立体声发射芯片 BA1404 是该设计的核心部分，它主要由前置音频放大器（AMP）和立体声调制器（PMX）组成。

该芯片采用低电压、低功耗设计，电压为 1～3V，最大功耗为 500mW，静态电流为 3mA。左右声道各自通过一个时间常数为 50μs 的预加重电路，将音频信号输入 BA1404 的内部。利用内部参考电压改变变容二极管的电容值，实现频率调整。其中引脚 5 和引脚 6 之间接一个频率为 38kHz 的晶振，立体声编码器的工作电路图如图 2.1.27 所示。

7）频率的计算

VCO 输出频率的范围是 14～45MHz。首先确定参考频率 f_{r} 和步长（频率间隔）f_{r}'。频率间隔 f_{r}' 可由下式确定：

$$f_r' = f_r / R \tag{2.1.5}$$

由于 R 值是固定的，因此只能从 8 个参考值中选择，最终采用 10.2400MHz 作为标准频率。对其进行 $\div R$ 分频，R 取 2048，分频得到的 5kHz 脉冲信号作为频率间隔 f_r'，该值可通过 FPGA 改变。

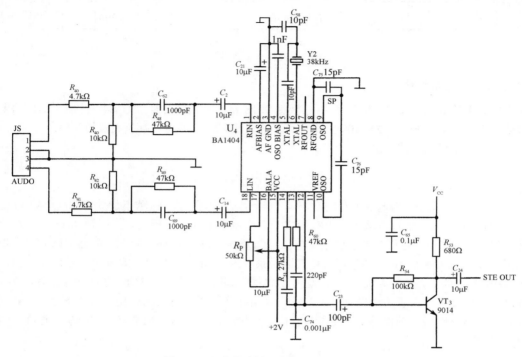

图 2.1.27　立体声编码器的工作电路图

N 值和 A 值的范围应在 MC145152 的范围（A 的值域为 0～63，N 的值域为 0～1023）内，并且满足 $N > A$。采用吞咽脉冲计数的方式，下式为总分频比，只要 $N > A$，尽管 P 为固定值，但合理选择 N 和 A 的值，D 就能连续可变：

$$D = A(P+1) + (N-A)P = PN + A \tag{2.1.6}$$

此时，f_c 被锁定为

$$f_c = (PN + A)f_r' = \frac{PN+A}{R} f_r \tag{2.1.7}$$

式中，N 的范围为 0～1023，A 的范围为 0～63，$P = 64$（由 MC12022 确定）。

现举例计算 A 和 N 的值。设输出频率 $f_c = 25$MHz，步长 $f_r' = 5$kHz（前面已给出计算过程），有

$$D = PN + A = 25 \times 10^6/(5 \times 10^3) = 5000, \quad 5000/64 = 78 \text{ 余 } 8$$

由此可得 $N = 78$，$A = 8$。

通过此方法可以方便地算出每个频率对应的参数。

3. 软件设计

软件设计的关键是对 PLL 芯片 MC145152 的控制及测频和测幅显示。软件实现的功能如下。

（1）设定频率间隔 $f_r \div R$，即确定调频步进。

（2）设定分频系数 A、N 的值，得到需要的输出频率。

（3）测量输出频率并显示。

（4）显示时间。

（5）控制 ADC0809 的工作。

（6）产生自制音源。

（7）驱动液晶显示器。

1）MC145152 的控制和显示部分的程序设计

相关软件采用 VHDL 硬件描述语言编写。VHDL 是用于逻辑设计的硬件描述语言，已成为 IEEE 标准。利用它，硬件的功能描述可完全在软件上实现；它支持自顶向下和基于库的设计方法，支持同步电路、异步电路、FPGA 及随机电路的设计；其语言的语法比较严格，能给阅读和使用都带来极大的好处。

软件设计流程图如图 2.1.28 所示。选用晶振频率 10.2400MHz，首先确定其频率间隔，对其进行 ÷R 分频，若 R 取 2048，得到频率间隔为 5kHz。这样改变计数方法，使调频步进分别为 5kHz、100kHz 和 500kHz 三挡。选择的挡位不同时，A、N 值的计算可由前述公式完成，但在编程过程中并不是将该算法存入程序，而是了解 A、N 的变化规律，找到简单的计算方法。

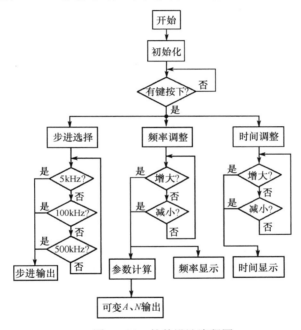

图 2.1.28　软件设计流程图

表 2.1.2 给出了不同步进对应的 A、N 值，限于篇幅，只取其中的一部分，通过观察可发现其变化规律。频率范围为 14～45MHz，A、N 的初始值分别为 16 和 31。参数计算流程图如图 2.1.29 所示。步进分别为 5kHz、100kHz、500kHz 时，A 的值分别增加 1、20 和 36。由于 A 的范围是 0～63，而且必须满足 $N > A$ 的条件，所以当 A 大于 63 时，A 变为 $A-64$。图 2.1.28 中的参数计算规律在如图 2.1.29 所示的参数计算流程图中列出。在程序设计中，不需要将每个变化都存入 FPGA，而使用一个变量 f_a，其值对应不同的步进 1、20 或 36，选择的挡位不同时，f_a 取相应的值即可。这样就节省了系统资源，可根据设定频率确定 A、N 值并送入 MC145152。

表 2.1.2　不同步进对应的 A、N 值

5kHz	A 值	N 值	100kHz	A 值	N 值	500kHz	A 值	N 值
30.0	48	93	30.1	4	94	30.5	20	95
30.005	49	93	30.2	24	94	31.0	56	96
30.01	50	93	30.3	44	94	31.5	28	98

续表

5kHz	A 值	N 值	100kHz	A 值	N 值	500kHz	A 值	N 值
30.015	51	93	30.4	0	95	32.0	0	100
30.02	52	93	30.5	20	95	32.5	36	101
30.025	53	93	30.6	40	95	33.0	8	103
30.03	54	93	30.7	60	95	33.5	44	104
30.035	55	93	30.8	16	96	34.0	16	106
30.04	56	93	30.9	36	96	34.5	52	107
30.045	57	93	31.0	56	96	35.0	24	109
30.05	58	93	31.1	12	97	35.5	60	110

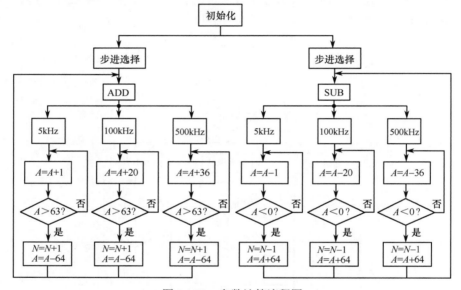

图 2.1.29　参数计算流程图

2）频率测量部分的程序设计

频率测量实时测定并显示设定的输出频率，相关程序利用 VHDL 语言编写。该程序包括 4 个模块：分频器、测频控制器、计数器和锁存器。最终将测得的数据锁存后送到液晶显示屏显示。频率测量原理图如图 2.1.30 所示。利用计数器对被测频率脉冲计数，当时钟周期为 1s 时测得的脉冲个数即为所测频率。由于所用实验小板的晶振频率是 50MHz，因此首先对其分频，得到一个 10MHz 的时钟信号作为测频控制器的时钟信号。测频控制器是为了完成自动测频设计的，它控制计数器的工作，使其计数周期为 1s，1s 后就停止计数，将此时的计数值送入锁存器锁存，同时对计数器清零，开始下一个周期的计数，该计数值就是测得的频率。该控制器产生 3 个控制信号 cnt_en、rst_cnt 和 load，完成测频三步（计数、锁存和清零）。

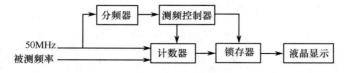

图 2.1.30　频率测量原理框图

3）ADC0809 的控制程序设计

相关程序用 VHDL 硬件描述语言编写。程序设计的目的主要是对 ADC0809 的工作时序进行控制。ADC0809 引脚图和工作时序图如图 2.1.31 所示。ADC0809 是 8 位 MOS 型 A/D 转换器，可实现 8 路模拟信号的分时采集，片内有 8 路模拟选通开关，以及相位通道地址锁存所用的译码电路，转换时间为 100μs。START 是转换启动信号，高电平有效；ALE 是 3 位通道选择地址（ADD_A、ADD_B、ADD_C）信号的锁存信号。当模拟量送至某个输入端（如 IN_1 和 IN_2 等）时，由 3 位地址信号选择，而地址信号由 ALE 锁存；转换启动约 100μs 后，EOC 产生一个负脉冲，以示转换结束；在 EOC 的上升沿，若使输出使能信号 OE 为高电平，则控制打开三态缓冲器，把转换后的 8 位数据结构传输至数据总线。至此，ADC0809 的一次转换结束。

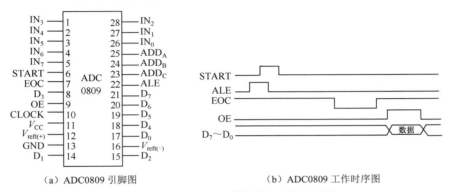

（a）ADC0809 引脚图　　　　　　　（b）ADC0809 工作时序图

图 2.1.31　ADC0809 引脚图和工作时序图

4）液晶显示驱动的程序设计

程序用 VHDL 硬件描述语言编写。利用液晶显示屏来显示设定频率、实测频率、电压峰峰值、时间和自制音源中存储的乐曲。采用的液晶是 MDLS 系列字符型液晶显示模块（LCM），LCM 由字符型液晶显示屏（LCD）、控制驱动电路 HD44780 及其扩展驱动电路 HD44100 等组成，HD44780 有 8 条指令，利用 FPGA 驱动字符型液晶显示模块对这 8 条指令进行控制。利用状态机完成该部分的设计，分为 6 个状态，液晶驱动状态图如图 2.1.32 所示。

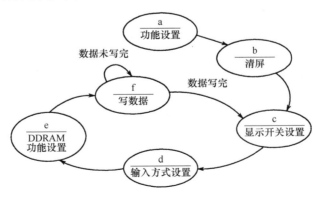

图 2.1.32　液晶驱动状态图

5）自制音源信号的程序设计

如图 2.1.33 所示，乐曲自动演奏分为 4 个模块：分频（Pulse）、乐曲自动演奏（Automusic）、音调发生（Tone）和数控分频（Speaker）。开关接通时即自动演奏存储的乐曲，此时系统工作。由于所用实验板的晶振频率是 50MHz，因此首先对其分频，得到 12MHz 和 8MHz 的脉冲，分别作为 Speaker

和 Automusic 模块的时钟信号。Automusic 模块产生 8 位发声控制输入 index，其中一个进程对基准脉冲进行分频得到 4Hz 的脉冲，以控制每个音阶的停顿时间为 1/4s，即 0.25s；另一个进程存储音乐，将编好的乐曲存入 ROM，本设计存储了 3 首歌曲。Tone 模块产生获得音阶的分频预置值。当 8 位发声控制输入 index 中的某位为高电平时，对应某音阶的数值将从端口 Tone 输出，作为获得该音阶的分频预置值，该值为数控分频模块的输入，对 4MHz 的脉冲分频，得到每个音阶相应的频率，如输入 index 为 00000010，即对应的按键是 2，产生的分频系数是 6809。Speaker 模块的目的是对基准脉冲分频，得到 1、2、3、4、5、6、7 及高低八度音符对应的频率。

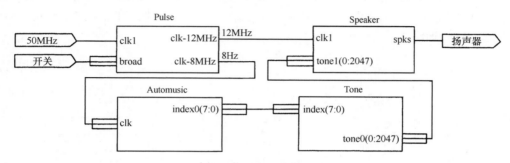

图 2.1.33　乐曲自动演奏原理框图

2.2　正弦信号发生器设计

［2005 年全国大学生电子设计竞赛（A 题）］

1．任务

设计并制作一个正弦信号发生器。

2．要求

1）基本要求

（1）正弦信号的输出频率范围为 1kHz～10MHz。

（2）具有频率设置功能，频率步进为 100Hz。

（3）输出信号频率稳定度优于 10^{-4}。

（4）输出电压幅度：50Ω 负载电阻上的电压峰峰值 $V_{pp} \geqslant 1V$。

（5）失真度：用示波器观察时无明显失真。

2）发挥部分

在完成基本要求任务的基础上，增加如下功能。

（1）增加输出电压幅度：在频率范围内 50Ω 负载电阻上正弦信号的输出电压峰峰值 $V_{pp} = (6 \pm 1)V$。

（2）产生模拟幅度调制（AM）信号：在 1～10MHz 频率范围内，调制度 m_a 可在 10%～100% 之间程控调节，步进为 10%，正弦调制信号频率为 1kHz，调制信号自行产生。

（3）产生模拟频率调制（FM）信号：在 100kHz～10MHz 频率范围内产生 10kHz 最大频偏，最大频偏分为 5kHz/10kHz 二级程控调节，正弦调制信号频率为 1kHz，调制信号自行产生。

（4）产生二进制 PSK、ASK 信号：在 100kHz 固定频率上对载波进行二进制键控，二进制基带序列码速率固定为 10kb/s，二进制基带序列信号自行产生。

（5）其他。

3. 评分标准

类型	项目	满分
基本要求	设计与总结报告：方案比较，理论分析与计算，电路图及有关设计文件，测试方法与仪器，测试数据及测试结果分析	50
	实际制作完成情况	50
发挥部分	完成第（1）项	12
	完成第（2）项	10
	完成第（3）项	13
	完成第（4）项	10
	完成第（5）项	5

正弦信号发生器（A 题）测试记录与评分表

赛区_____　代码_____　测评人_____　　　　　　　　　　　　　　年　月　日

类型	序号	测试项目	项目与指标	满分	测试记录	评分	备注
基本要求	（1）	频率范围	1kHz	24	实测频率____kHz $V_{pp}=$____V		
			10kHz		实测频率____kHz $V_{pp}=$____V		
			100kHz		实测频率____kHz $V_{pp}=$____V		
			1MHz		实测频率____MHz $V_{pp}=$____V		
			5MHz		实测频率____MHz $V_{pp}=$____V		
			10MHz		实测频率____MHz $V_{pp}=$____V		
	（2）	步进	100Hz	5	步进=____Hz		
		频率设置		5	有　　无		
	（3）	频率稳定度	10^{-4}	5			
	（4）	输出电压	1kHz	6	$V_{pp}=$____V		
			100kHz		$V_{pp}=$____V		
			10MHz		$V_{pp}=$____V		
	（5）	波形失真		5			
		总分		50			
发挥部分	（1）	等幅波输出电压	1kHz	12	$V_{pp}=$____V		
			100kHz		$V_{pp}=$____V		
			10MHz		$V_{pp}=$____V		
	（2）	调幅波	调频功能调制度 10%～100%	5			
			调制度步进 10%	3	步进=____Hz		
			调制信号产生	2	有　　无		

续表

类型	序号	测试项目	项目与指标	满分	测试记录	评分	备注
发挥部分	（3）	调频波	调频功能	10	有　无		
			最大频偏 5kHz、10kHz	3	有　无		
	（4）	二进制键控	PSK	5	有　无		
			ASK	3	有　无		
			二进制基带信号产生	2	有　无		
	（5）	其他		5			
	总分			50			

2.2.1　题目分析

要求设计一个正弦信号发生器，它具有如下功能及主要技术指标。

（1）产生一个纯正弦信号，主要技术指标如下。

① 输出频率范围：1kHz～10MHz。

② 具有频率设置功能，频率步进为100Hz。

③ 频率稳定度：优于10^{-4}。

④ 失真度：无明显失真。

⑤ 输出电平及阻抗：$V_{pp}=(6\pm1)\text{V}$，负载为$R_L=50\Omega$，输出功率为90mW。

（2）产生模拟幅度调制（AM）信号，主要技术指标如下。

① 载波频率范围：1～10MHz。

② $m_a=10\%\sim100\%$。

③ m_a的步进为10%。

④ 调制信号为正弦信号（1kHz），并自行产生。

（3）产生模拟调频（FM）信号，主要技术指标如下。

① 载波频率范围为100kHz～10MHz。

② 最大频偏：$\Delta f_{1max}=\pm10\text{kHz}$，$\Delta f_{2max}=\pm5\text{kHz}$，且程控可调节。

③ 调制信号为正弦信号（1kHz），并自行产生。

（4）产生2PSK、2ASK信号，主要技术指标如下。

① 载波频率为100kHz。

② 二进制基带序列码速率固定为10kb/s，且基带信号自行产生。

（5）产生2FSK信号（根据其他要求），主要技术指标如下。

① 载波频率为100kHz。

② 二进制基带序列码速率固定为10kb/s，且基带信号自行产生。

2.2.2　方案论证

正弦信号发生器又称正弦波振荡器。正弦波振荡器种类繁多，其分类如下：

```
                ┌ RC串/并联网络振荡器
         RC振荡器 ┤ 移相式振荡器
                └ 双T形选频网络振荡器
         互感耦合振荡器
                        ┌ 电感反馈振荡器（哈特莱振荡器）
         三点式振荡器     │              ┌ 基本型振荡器（考皮兹振荡器）
正弦波振荡器 （LC振荡器）  └ 电容反馈振荡器 ┤ 克拉泼振荡器
                                      └ 西勒振荡器
                ┌ 串联型晶体振荡器
         石英晶体振荡器                ┌ 皮尔斯振荡器（电容三点式）
                └ 并联型晶体振荡器 ┤ 密勒振荡器（电感三点式）
                                └ 泛音振荡器
         频率合成器
```

　　根据题目基本要求中的第（3）项，输出信号频率稳定度优于10^{-4}。RC 振荡器、互感耦合振荡器、LC 振荡器均不满足这一要求，只有石英晶体振荡器及以石英晶体振荡器为参考频率时采用合成方法构成的频率合成器能满足这一要求。一般的石英晶体振荡器是点频式振荡器，根据基本要求中的第（1）项和第（2）项，点频式石英晶体振荡器不满足输出频率范围为 1kHz～10MHz、步进为 100Hz 的要求。唯有频率合成器能满足基本要求，而频率合成器的种类也很多，选哪种频率合成器要先看其分类，如下所示。

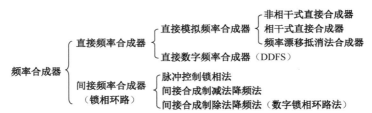

　　根据基本要求中的第（1）项，输出频率范围为 1kHz～10MHz，频率偏低而带宽很宽（4 个 10 倍频程）。显然，采用间接频率合成器（锁相环路）和直接模拟频率合成器均难以满足要求，只有采用直接数字频率合成器才能满足要求。

　　直接数字频率合成器（Direct Digital Frequency Synthesis，DDFS）于 20 世纪 70 年代问世后得到高速发展，现已有多种 DDFS 芯片可供选用，如 AD9850、AD9851、AD9852、AD9854、AD9954 等。

　　根据发挥部分的要求，该系统应具有调幅（AM）、调频（FM）、二进制相位键控（2PSK）调制、二进制幅度键控（2ASK）调制等功能。在 AD985X、AD995X 系列芯片中只有 AD9852、AD9854 等少数几种芯片具有调频（FM）功能，其他芯片不具备 FM 功能。

　　因为 FPGA 功能强大、灵活，因此也可直接利用 FPGA 来构成本系统。

　　综上所述，下面提出三种切实可行的方案。

　　方案一：使用 DDFS 芯片 AD9852 作为产生 1kHz～10MHz 正弦信号及调制信号的核心器件，使用 FPGA 及单片机联合构成系统的控制模块。FPGA 控制 DDFS 芯片（AD9852）的工作，单片机最小系统完成键盘操作及液晶显示。整个系统由控制模块、DDFS 模块、后向调理电路构成，方案一的系统原理框图如图 2.2.1 所示。

　　方案二：基于单片机与 FPGA 相结合的方式。FPGA 作为单片机的一个外设，用单片机作为主要的处理核心，FPGA 负责采集存储控制及显示控制逻辑等功能，FPGA 的控制完全由单片机的控制字来实现，其优点是简单可靠、调试较容易；在保证系统稳定的前提下，同时可以实现很好的人机交互界面。方案二的系统原理框图如图 2.2.2 所示。

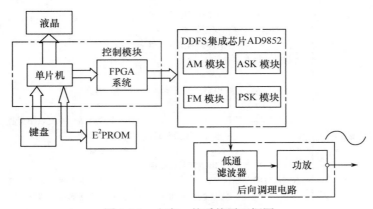

图 2.2.1　方案一的系统原理框图

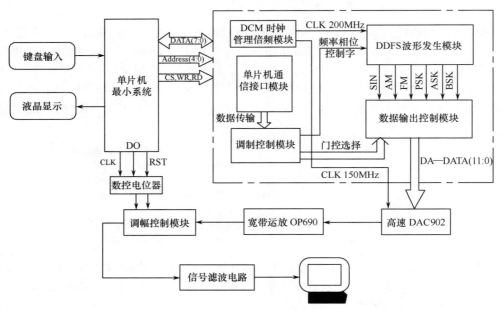

图 2.2.2　方案二的系统原理框图

方案三：基于FPGA的SOPC嵌入式方式。引入SOPC设计方式,利用一块Xilinx的40万门XC3S400 FPGA,最大限度地实现设计的数字化、集成化。在实现过程中,使用 VHDL 把 DDFS 描述封装为 IP,实现 IP 资源复用及柔性配置。通过 Xilinx 公司的 EDK（Embedded Development Kit,嵌入式开发环境）开发工具,在 FPGA 内嵌入 32 位软核处理器 MicroBlaze,实现对整个系统的控制,同时加入其他 IP 核,如液晶驱动、键盘驱动模块,实现系统的高度集成化及复用。本方案设计新颖,具有系统结构紧凑、集成度高、资源利用率高、复用性好、配置性强等特点,可实现功能强大、性能稳定的系统。但是,由于对系统设计能力要求高,故软件调试相应也较前两种方案复杂。方案三的系统原理框图如图 2.2.3 所示。

实验证明,上述三种方案均是可行的。由于篇幅限制,下面只详细介绍方案三。

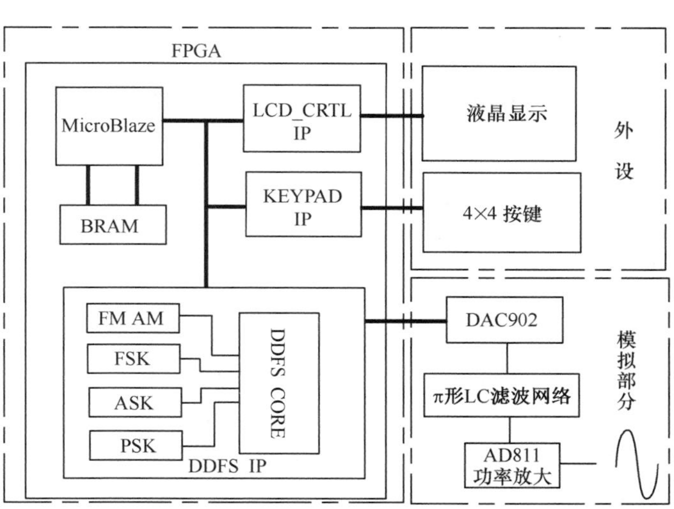

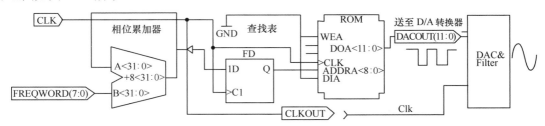

图 2.2.3　方案三的系统原理框图

2.2.3　主要部件原理及参数计算

如何利用 DDFS 生成纯正弦信号？如何产生 AM 波信号、FM 波信号？如何实现 2PSK 调制、2ASK 调制、2FSK 调制？如何产生频率为 1kHz 的正弦波调制信号和码速率为 10kb/s 的二进制基带序列？它们的参数如何得到满足？下面将一一回答这些问题。

1. 采用 FPGA 实现 DDFS

要输出的波形数据（如正弦函数表）首先存入存储单元（如 ROM），然后在系统标准时钟频率 f_c 的作用下，按照一定的顺序从存储单元中读出波形数据，再进行 D/A 转换及低通滤波，就能得到一定频率的输出波形。上述过程可用 HDL（硬件描述语言）对 FPGA 编程实现，采用 FPGA 实现 DDFS 的原理图如图 2.2.4 所示。

图 2.2.4　采用 FPGA 实现 DDFS 的原理图

相位累加器由 N 位加法器与 N 位累加寄存器级联构成。每来一个标准时钟脉冲 f_c，加法器就将频率相位控制字 K 与累加寄存器输出的累加相位数据相加，相加后的结果送至累加寄存器的数据输入端。累加寄存器将加法器在上一个时钟脉冲作用下产生的新相位数据反馈到加法器的输入端，以使加法器在下一个时钟脉冲的作用下继续与频率相位控制字相加。这样，相位累加器在时钟作用下，不断地对频率相位控制字进行线性相位累加。由此可以看出，相位累加器在每个时钟脉冲输入时，把频率相位控制字累加一次，相位累加器输出的数据就是合成信号的相位，相位累加器的输出频率就是 DDFS 输出波形的频率。

根据 DDFS 的原理可知，DDFS 输出波形的频率为

$$f_o = (f_c K) / 2^N$$

最低输出波形的频率为

$$f_{omin} = f_c / 2^N \qquad (2.2.1)$$

最高输出波形的频率为

$$f_{omax} = f_c / 4 \qquad (2.2.2)$$

式中，f_c 为累加时钟频率，K 为频率相位控制字，N 为相位累加器位的数。

在本设计中，$f_c = 100\text{MHz}$，$N = 32$。$K = 2^{32}/10^8 \approx 43$ 时，求得 $f_{omin} = 1\text{Hz}$；$K = 2^8$ 时，求得 $f_{omax} = 25\text{MHz}$。这样，就将正弦信号的频率范围扩展至 1Hz～25MHz。

题目要求频率步进为 $\Delta f_o = 100\text{Hz}$，因此相应频率相位控制字的步进为

$$\Delta K = \Delta f_o 2^N / f_c = 4294.967\,296 \approx 4295$$

可以看出，$\Delta K = 1$ 时可以实现最小频率步进 $\Delta f_{omin} \approx 0.02328\text{Hz}$，即频率分辨率为 0.02328Hz。

DDFS 输出波形的频率稳定度就是累加时钟的频率稳定度，FPGA 内部时钟晶振频率的稳定度为 10^{-6}，优于题中要求的稳定度 10^{-4}。

2. 数字式四象限乘法实现幅度调制（AM）

用调制信号去控制高频振荡器的幅度，使其幅度变化量随调制信号成正比变化，这就是幅度调制。一般来说，该过程可由四象限乘法运算实现。将系统产生的载波和调制信号送入乘法器的两个输入端，相乘后输出得到幅度调制信号。在调制信号中加入直流成分就能得到普通调幅波输出，调节直流成分的大小即可调节调制度 m_a 的值。采用传统方法时，这一乘法运算是在模拟乘法器中进行的。本设计从节省资源、降低成本、提高系统集成度的角度考虑，采用在 FPGA 内进行全数字的乘法运算以取代模拟乘法器。在该方式下，DDFS 核心模块产生两路等点数波形的 4096 级量化数据，并对它们进行有符号数的补码乘法运算，输出的数据送入 D/A 转换器，得到 AM 调幅波，这样就完成了数字式四象限乘法幅度调制。补码乘法器框图如图 2.2.5 所示。

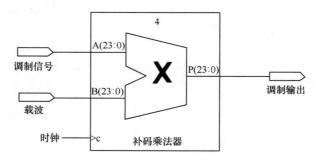

图 2.2.5 补码乘法器框图

FPGA 内的一般乘法运算并不区分符号位，因此无法完成有符号数间的乘法运算。为解决此问题，本设计运用补码乘法实现四象限乘法。将波形数据转换为补码表示，正数和零的补码表示是其机器码，负数的补码表示保持其原码的符号位不变，数值位变反并在末尾加 1。为避免相乘后可能出现的溢出，在做乘法之前要对乘数进行扩展处理。以两个 8 位补码相乘为例：分别将这两个数扩展为 16 位数，即用符号位填充高 8 位（正数填满 0，负数填满 1），原数保留在低 8 位中；接着做两个 16 位数的二进制乘法，得到 32 位的乘积，取其中有效的低 16 位为结果的补码表示。

下面对调制度 m_a 进行计算。我们知道普通模拟调幅波的表达式为

$$v_{AM}(t) = V_{cm} \cos \omega_c t [V_0 + k_a V_\Omega \cos \Omega t]$$
$$= V_{cm} V_0 \left[1 + k_a \frac{V_\Omega}{V_0} \cos \Omega t \right] \cos \omega_c t \tag{2.2.3}$$

式中，k_a 是比例系数，即单位调制信号引起的幅度变化；V_0 是调制信号的直流成分；V_{cm}、ω_c 分别表示载波的幅度与角频率；V_Ω、Ω 分别表示调制波的幅度与角频率，以下类同。若定义

$$m_a = \frac{V_\Omega}{V_0} \tag{2.2.4}$$

则式（2.2.3）可写为

$$v_{AM}(t) = V_{cm} V_0 (1 + k_a m_a \cos \Omega t) \cos \omega_c t \tag{2.2.5}$$

为便于观察和计算，调制度 m_a 又可写成另一种形式。由图 2.2.6 可知

$$V_p = V_{\Omega pp} + V_v \tag{2.2.6}$$
$$V_\Omega = V_{\Omega pp}/2 \tag{2.2.7}$$
$$m_a = \frac{V_\Omega}{V_0} = \frac{V_{\Omega pp}}{2V_0} = \frac{V_p - V_v}{V_p + V_v} \tag{2.2.8}$$

式中，V_p 为调幅波包络的峰值；V_v 为调幅波包络的谷值。在本设计中，V_p 的值设为 2047（量化最大级），通过改变调制波的幅值 V_Ω（$V_{\Omega pp}/2$）来达到 m_a 在 10%～100% 之间、步进 10% 调节的目的。最后可得

$$V_v = \frac{1 - m_a}{1 + m_a} V_p \tag{2.2.9}$$

$$V_\Omega = \frac{m_a}{1 + m_a} V_p \tag{2.2.10}$$

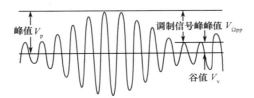

图 2.2.6　普通调幅波示意图

3．模拟频率调制（FM）

用调制信号去控制信号源的频率，使其频率变化量随调制信号成正比变化，就称频率调制。凡是能直接或间接影响频率的元器件或参数，只要用调制信号去控制，就都可完成直接或间接调频，如变容二极管调频等。基于 FM 原理，根据调频信号变化的规律采用数字方式控制 DDFS 正弦信号发生器的频率控制字，直接作用于输出波形的频率值，即实现了对信号源的频率调制。在该方式下，DDFS 调制信号输出波形频率与调制信号频率控制字成正比，而载波信号频率控制字又随调制信号成正比变化，这样就以 DDFS 为核心用全数字的方式产生了模拟频率调制信号。FM 信号生成电路如图 2.2.7 所示。

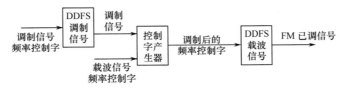

图 2.2.7　FM 信号生成电路

模拟调频波的表达式为

$$v_{FM}(t) = V_{cm}\cos\left[\omega_c t + k_f \int_0^t v_\Omega(t')\,dt'\right] \qquad (2.2.11)$$

$$\Delta\omega_f(t) = k_f v_\Omega(t) \qquad (2.2.12)$$

式中，k_f 为比例系数，即单位调制信号引起的频率变化；$\Delta\omega_f(t)$ 表示瞬时角频率相对于 ω_c 的偏移；$\Delta\omega_f(t)|_{max} = \Delta\omega_f$ 是最大角频偏，

$$\Delta\omega_f = k_f|v_\Omega(t)|_{max} \qquad (2.2.13)$$

写成频率的形式为

$$\Delta f = \Delta\omega_f/2\pi = k_f|v_\Omega(t)|_{max}/2\pi \qquad (2.2.14)$$

依题目的要求，有 $\Delta f_1 = 10\text{kHz}$，$\Delta f_2 = 5\text{kHz}$。此时，

$$f_{FM} = f_{cm} + \Delta f\cos\Omega t \qquad (2.2.15)$$

将 $f_{FM} = (f_c K)/2^N = \lambda K$、$f_{cm} = \lambda K_{cm}$ 代入上式得

$$K = K_{cm} + \Delta f\cos\Omega t/\lambda \qquad (2.2.16)$$

式中，K 为 FM 信号的频率控制字；K_{cm} 为载波信号的频率控制字；Δf 为最大频偏，$\lambda = f_c/2^N$ 是与系统时钟频率 f_c、累加器位数 N 有关的一个常数。这样就可以由调制信号的频率推得 FM 信号的频率控制字。

例如，当载波频率为 1MHz，调制频率为 1kHz，$f_c = 100\text{MHz}$，$N = 32$，取最大频偏 $\Delta f_1 = 10\text{kHz}$ 时，有

$$K = 42949672.96 + 429496.7296\cos(2\pi\times10^3 t)$$

$$= 429496.7296[100 + \cos(2\pi\times10^3 t)]$$

经过适当量化后，即可作为实际使用的频率控制字，用于控制 DDFS 产生 FM 信号。

4. 键控法产生 2ASK 信号

数字信号对载波振幅的调制称为振幅键控（ASK），当数字信号为二进制时，就是 2ASK。图 2.2.8（a）所示为 2ASK 调制产生的波形。可以用乘法器实现，但要用到模拟环形调制器，这会增加复杂度，并且不够精简。本设计采用键控法，最典型的实现方法是用一个电开关键来控制载波振荡器的输出。键控法产生 2ASK 的原理框图如图 2.2.8（b）所示，2ASK 生成的原理图如图 2.2.8（c）所示。

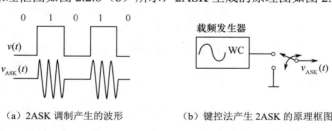

（a）2ASK 调制产生的波形　　　　（b）键控法产生 2ASK 的原理框图

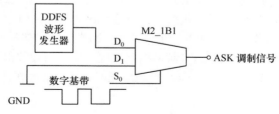

（c）2ASK 生成的原理图

图 2.2.8　2ASK 生成的原理图

通过 HDL 在 FPGA 内数字实现时，数字电路内的 0 和 1 数字基带信号作为选择开关信号对应于键控信号，DDFS 波形发生器对应于载频发生器。

5. 相位选择法产生 PSK 信号

数字相位调制（相移键控）是用数字基带信号控制载波的相位，使载波的相位发生跳变的一种调制方式。二进制相移键控用同一个载波的两种相位来代表数字信号，常分为绝对调相（CPSK）和相对调相（DPSK）。对于二进制而言，CPSK 一般用相位 π 代表 0 码，用相位 0 代表 1 码，波形如图 2.2.9 所示；可由相位选择法产生，即由数字基带信号控制在两路反相信号中选择一路信号，而两路反相信号是由 DDFS 产生的；相对调相，即 DPSK，用载波相位的相对变化来传送数字信号，通常对输入的二进制信息进行逻辑运算，将其转换为二进制相对码，再用这个相对码来绝对调相。绝对码-相对码之间的关系为

$$b_k = a_k \oplus b_{k-1}$$

实现绝对码-相对码变换的原理图如图 2.2.10 所示。此外，利用 FPGA 内部丰富的可编程逻辑资源可以很容易地实现异或逻辑和周期延迟。

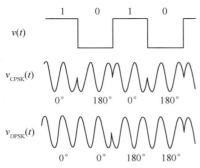

图 2.2.9　$v_{CPSK}(t)$ 与 $v_{DPSK}(t)$ 的波形图

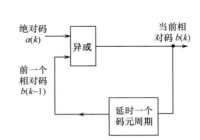

图 2.2.10　实现绝对码-相对码变换的原理图

6. 键控法产生 2FSK 信号

作为发挥，采用 FPGA 产生 2FSK 信号。

频移键控（FSK）用不同频率的载波来传送数字信号，用数字基带信号控制载波信号的频率。二进制频移键控（2FSK）用两个不同频率的载波代表数字信号的两种电平，2FSK 调制的波形示意图如图 2.2.11 所示，2FSK 实现的原理框图如图 2.2.12 所示。

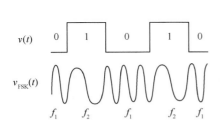

图 2.2.11　2FSK 调制的波形示意图

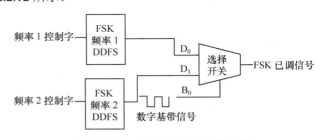

图 2.2.12　2FSK 实现的原理框图

它的两个独立高频信号分别由两个不同频率控制字控制的 DDFS 产生，数字基带信号控制转换开关，选择不同频率信号实现频率键控调制。该方法产生的 FSK 信号频率稳定度很高，并且没有过渡频率，转换速度快，波形好。

7. 数字基带信号序列的产生

产生一个周期为 16 位的循环序列模拟某个数字基带信号。在 FPGA 内用 VHDL 描述一个长为 16 位的循环移位寄存器，序列码可设置。数字基带信号序列产生示意图如图 2.2.13 所示。

　　题目要求在 100kHz 固定频率对载波进行二进制幅度键控（2ASK）和二进制相移键控（2PSK），二进制基带序列码元速率固定为 10kb/s。由此可知，在 2ASK、2PSK 调制方式下，每个码元周期内含有 10 个载波。另外，对于 2FSK 方式下的两个载波频率，采取了灵活的自行设定方式。

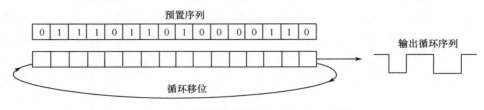

图 2.2.13　数字基带信号序列产生示意图

8．π 形低通滤波器参数的仿真计算

　　为了滤除 DDS 输出信号噪声和外界高频杂波的影响，使输出的波形频率纯正，考虑到题目要求频率范围在 10MHz 内，将滤波器动态范围设置为 0～11MHz，选用 π 形 LC 低通滤波器。选择计算机辅助设计的方式，利用 MultiSim 软件自带的滤波器设计工具，仿真设计得到电路参数。仿真计算原理图如图 2.2.14 所示，低通滤波的幅频特性如图 2.2.15 所示，可见其通带内完全平坦，过渡带也非常陡峭，低通滤波特性完全符合设计要求。

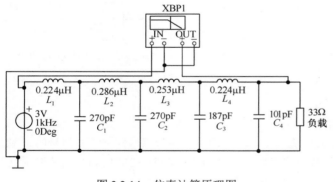

图 2.2.14　仿真计算原理图

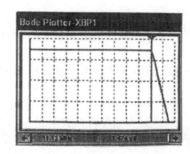

图 2.2.15　低通滤波的幅频特性

2.2.4　系统设计

　　系统包括 FPGA、模拟和外设三部分。由于正弦信号发生及各种调制功能均通过 DDS 方式在 FPGA 内实现，因此模拟部分仅包含高速 D/A 转换、滤波电路及宽带运算放大器部分。同时，由于在 FPGA 嵌入了 32 位 MicroBlaze 软核处理器，因此无单片机也可实现系统的控制。此系统的特色是采用 FPGA 实现片上可编程系统（SOPC）。

　　由 FPGA 实现的 SOPC 是一种特殊的嵌入式微处理器系统。首先，它是片上系统（SoC），即能由单个芯片完成整个系统的主要逻辑功能；其次，它是可编程系统，具有灵活的设计方式，可裁剪、可扩充、可升级，并具备软/硬件系统在线编程功能。IP 资源复用（IP Reuse）是指在集成电路设计过程中，通过继承、共享或购买所需部分或全部智力产权内核（IP Core），进行设计、综合和验证，进而加速流片设计过程的设计方法。对于本设计来说，利用 SOPC 和 IP 的优势，可以使用最少的元器件创建一个易配置、易扩展、易修改、易复用的集成系统。该系统的创建基于 Xilinx 公司提供的 EDK。EDK 自带 MicroBlaze 软核处理器及大量免费 IP，利于构建简易系统。在 EDK 中，CPU 通过 OPB（On-chip Peripheral Bus，片上外设总线）与外设 IP 及外部存储器控制接口相连，通过 LMB（Local Memory Bus，本地内存总线）

与 FPGA 内部自带的 BRAM 线连接，实现单芯片系统，并针对 MicroBlaze 处理器提供 C 语言编译器，使系统的构建及功能实现更加简易。EDK 系统设计流程图如图 2.2.16 所示。

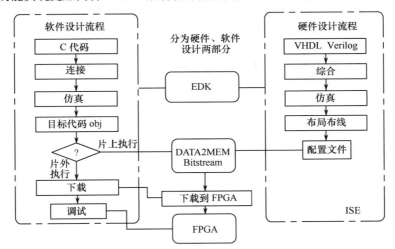

图 2.2.16　EDK 系统设计流程图

1．硬件设计

1）数字部分

本设计的 SOPC 系统框图如图 2.2.17 所示。

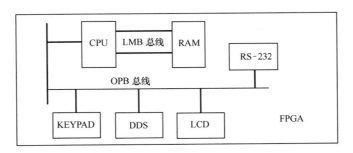

图 2.2.17　SOPC 系统框图

各模块均以 IP 的形式添加到系统中，MicroBlaze 作为本系统的核心部分，负责指令的执行。各种 IP 包括 EDK 自带的和自主编写的 IP，通过相应类型的总线连至 MicroBlaze。其中，RS-232、KEYPAD、LCD 和自主编写 DDS 的 IP 都是通过 OPB 连接的。程序存储器 RAM 则由 FPGA 内部的 Block RAM 实现并通过 LMB 与 MicroBlaze 相连。自主编写的 IP 与总线间的接口符合 IBM CoreConnect 规范，实现了与系统间的无缝结合，方便了数据的读/写及时序控制。下面介绍每个部分的实现方式。

（1）处理器的实现。

本设计采用 EDK 集成的 MicroBlaze 软核处理器。MicroBlaze 是 Xilinx 公司提供的 32 位微处理器 IP Core，其功能强大，并提供专用开发工具 EDK。MicroBlaze 是哈佛结构的 RISC 32 位微处理器，主要由以下部件构成：32 个 32 位通用寄存器、32 位地址总线和 32 位数据总线、三操作数 32 位指令字和两种寻址模式、独立的片内程序 32 位总线和数据总线、片内总线遵循 OPB 标准、通过 LMB 访问片内 Block RAM。MicroBlaze 是一个非常简化但具有较高性能的软处理器内核，它能在性价比很高的 Spartan Ⅲ系列 FPGA 上实现。

MicroBlaze 架构图如图 2.2.18 所示。

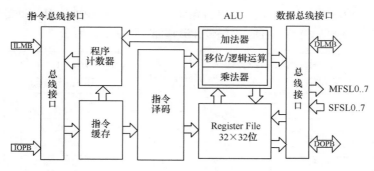

图 2.2.18　MicroBlaze 架构图

（2）DDS 的实现。

运用 VHDL 构建了一个具有标准正弦信号产生及 AM、FM、PSK、FSK、ASK 等多种调制功能的 DDS 模块。这部分设计在 ISE 中综合后的 RTL 原理图如图 2.2.19 所示。可通过 DDS_data 和 DDS mode 端口对其工作模式进行配置，可同时输出各种波形及信号的量化数据，具体实现框图如图 2.2.20 所示。控制核心负责整个模块的运行状态，DDS Core 为 DDS 的核心模块，即相位累加及查找表模块，内部包含一个 1024×12 位的波形表，对应于一个周期的正弦波的 1024 个采样点，采样点的幅度量化为 4096 级，波形表由 FPGA 片内资源 Block RAM 例化而成。FPGA 外部输入系统的时钟频率为 50MHz，通过 DCM 数字时钟管理器对系统时钟频率倍频后得到 100MHz 的时钟，作为累加时钟。累加器的宽度为 32 位，取累加器的高 12 位作为查表地址。

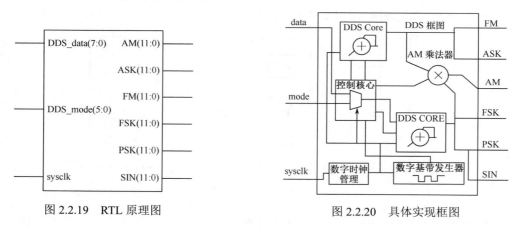

图 2.2.19　RTL 原理图　　　　　　　图 2.2.20　具体实现框图

最后依据 IBM Core Connect 规范，在 DDS 模块外添加了总线接口，作为自定义 IP，并成功地将其挂载到系统总线上，可以方便地对其进行读/写操作，实现 DDS 模块与 CPU 的通信。

DDS IP 的实现方式如图 2.2.21 所示。

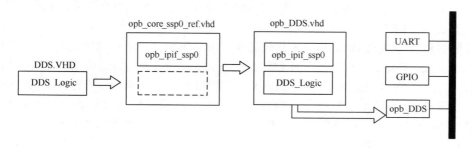

图 2.2.21　DDS IP 的实现方式

DDS 的 VHDL 代码作为子模块与 opb_core_ssp0_ref.vhd 模块共同构成 opb_DDS IP Core,其中 ipif 符合 IBM Core Connect 规范,负责 DDS 逻辑与 OPB 总线之间的通信。在 EDK 中,把 opb_DDS 添加到系统中,并为其分配地址,建立端口连接,此时就可使用该 IP。

(3)人机交互的实现。

通过 GPIO(General Purpose Input Output,通用输入/输出口)口连接 4×4 键盘和 LCD,实现输入与输出。

采用 4×4 键盘,通过 GPIO 口把 4 行与 4 列的连线引入系统,并通过传统的按键扫描程序查询按键的状态,根据液晶显示时序,用 C 语言编写了 240×128 点阵液晶的驱动。

GPIO 的框图如图 2.2.22 所示,由该图可知 GPIO 有多种端口类型,不同的端口类型有着不同的特性,端口的选择必须与实际硬件电路相符。在键盘扫描电路中,选择 4 位的 GPIO_d_out 作为行输出,选择 4 位的 GPIO_IO 作为列输入,并在引脚约束时,约束 4 个列输入引脚接上拉电阻。GPIO 内部挂载于 OPB 总线,可以通过最直接的方式进行读/写操作。对于液晶的数据端口,需要把 GPIO 设定为输入/输出双向端口。

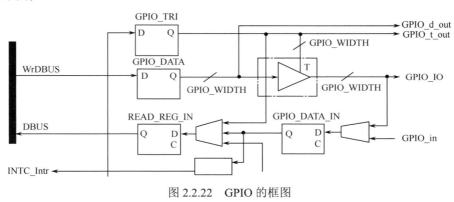

图 2.2.22　GPIO 的框图

2)模拟部分

下面重点介绍其中的三个重要环节。

(1)数模转换电路(DAC)的设计。

由于 DDS 的数据输出频率为 100MHz,所以 DAC 的转换速率必须大于 100Ma/s。设计所用高速 DAC902 的转换速率为 165Ma/s,满足对速率的要求。同时,其有效分辨率为 12 位,转换精度高,输出波形误差小。考虑到 DAC902 为差分电流输出型数模转换器,差分电流的最大值为 20mA,输出端接 100Ω 负载,然后通过电压反馈型运算放大器 OPA690 进行放大,OPA690 的小信号带宽为 500MHz,测试时发现在输出信号频率大于 5MHz 时,幅值有衰减,但在经过后面的 π 形滤波网络时对此部分频率进行了补偿。DAC902 为高速 D/A 转换器,电路布线时应充分考虑到数字地、模拟地及数字电源、模拟电源的隔离问题,有效降低电路系统噪声,使有效信号输出免受干扰。DAC 电路原理图如图 2.2.23 所示。

(2)π 形 LC 低通滤波器网络设计。

以 Multisim 仿真得到的一组 L、C 和 R 参数为理论指导,经过反复尝试,得到如图 2.2.24 所示的 π 形 LC 低通滤波器网络,其实现的低通滤波效果满足设计要求。

(3)末级功率输出设计。

发挥部分要求增加输出电压幅度:在频率范围内 50Ω 负载电阻上的正弦信号输出电压峰峰值 V_{pp} = (6 ± 1)V。输出峰值为 6V,有效值为 2.12V,负载为 50Ω,输出功率约为 90mW。经过器件间的比较,选择高速电流反馈型宽带运算放大器 AD811。AD811 在单位增益时,3dB 带宽为 140MHz。观测产生的各频段正弦波经滤波后的峰峰值，采用两级放大，仔细计算后分别得出两级的放大倍数。这样，在保证接 50Ω 负载时，输出电压峰峰值 $V_{pp} = (6 \pm 1)V$。同时，由于接 50Ω 负载，输出电流会较大，发热较明显，为利于散热，把芯片直接焊到印制电路板上，同时加上散热片和热硅胶进行散热，效果良好。末级功率放大电路图如图 2.2.25 所示。

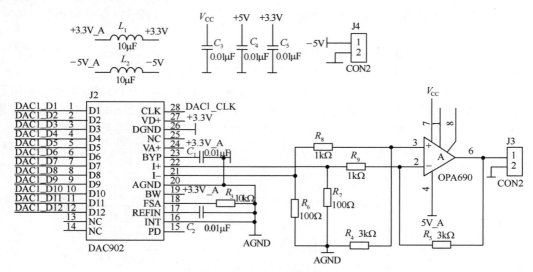

图 2.2.23　DAC 电路原理图

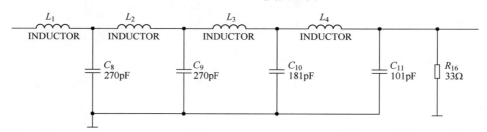

图 2.2.24　π 形 LC 低通滤波器网络

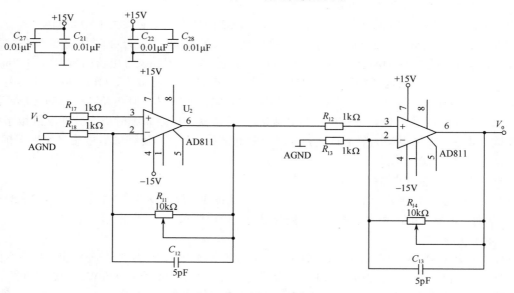

图 2.2.25　末级功率放大电路图

2．软件设计流程

EDK 是一个集成开发环境，能构建一个完整的嵌入式系统。它调用免费的 GNU C 语言编译器，支持标准 C 代码及 EDK 自身提供的 API 函数。完成软件代码的编写后，使用 EDK 集成的 XMD 与 GDB 调试器对代码和目标进行调试，XMD 通过 MDM 模块和 JTAG 口连接目标板。GDB 可对程序进行单步调试或断点设置。利用以上优点，编写了键盘扫描程序及键盘控制液晶显示程序。程序编译后称为 elf 文件，通过 Update bitstream 把程序与硬件配置文件合成为 Download.bit 文件，将此文件下载到目标板后，FPGA 首先根据硬件配置信息建立硬件系统，然后把程序代码下载到片内 RAM，运行程序。

软件设计流程图如图 2.2.26 所示。

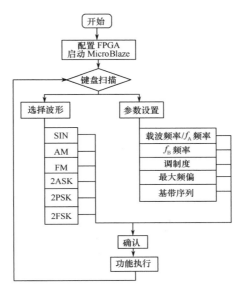

图 2.2.26　软件设计流程图

2.2.5　结论

经过实际组装、调试及测试，全面完成了题目要求的各项功能，并且满足了各项技术指标要求。同时，增加了 2FSK 功能，某些技术指标（如频率范围、稳幅性能、频率稳定度）均大大超过题目要求的技术指标。模拟部分的总原理图如图 2.2.27 所示。

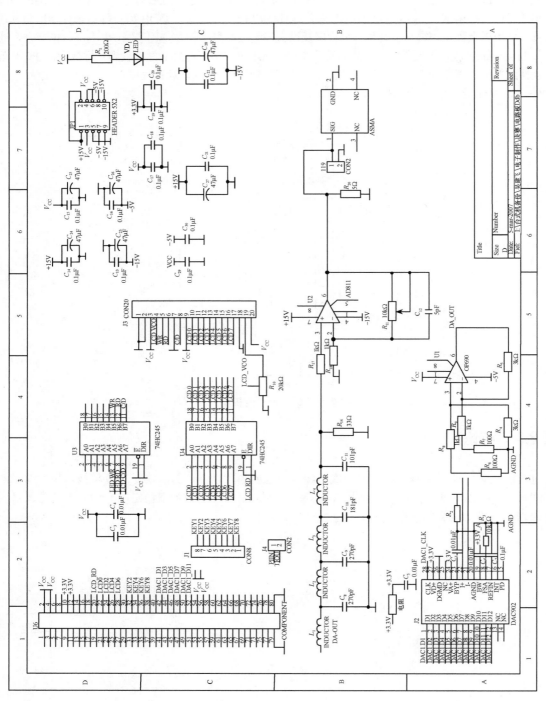

图 2.2.27　模拟部分的总原理图

第 3 章

无线电接收机设计

3.1 调幅广播收音机设计

［1997 年全国大学生电子设计竞赛（D 题）］

1. 任务

利用提供的元器件制作一台中波段广播收音机。

2. 要求

1）基本要求

（1）接收频率范围为 540～1600kHz。

（2）调谐方式为手动电调谐。

（3）输出功率大于或等于 100mW。

（4）测量灵敏度、选择性、镜像抑制比和电调谐特性（测试时用信号发生器的信号作为系统输入信号）；写明测试方法，记录实测值，画出曲线。

2）发挥部分

（1）自动和手动搜索电台并带有存储功能（可用提供的锁相环器件或用其他方法实现）。

（2）可预置电台数量：预置电台数量大于或等于 10 个。

（3）显示预置电台序号。

（4）特色与创新（如提高性能指标，全机用单个+3V 电源供电，节电，显示电台频率等）。

3. 评分标准

类型	项目	满分
基本要求	设计与总结报告：方案设计与论证、理论分析与计算、测试方法与测试数据、对测试结果的分析	50
	实际制作完成情况	50
发挥部分	完成第（1）项	25
	完成第（2）项	5
	完成第（3）项	5
	完成第（4）项	15

4．说明

（1）电调谐特性是指输入信号频率与变容二极管控制电压之间的关系曲线。

（2）提供的元器件清单（其他元器件自备）如下：

① 调幅收音机单片集成电路（带有小功率放大器），型号为 CXA1600P/M。

② 调幅收音机输入回路线圈和磁性天线。

③ 变容二极管，型号为 SVC341。

④ 本振线圈。

⑤ 用于电调谐的锁相环频率合成器集成电路，型号为 LC7218（可选件）。

⑥ 7.2MHz 晶体（可选件）。

（3）在设计报告前面附一篇 400 字以内的报告摘要。

3.1.1 题目分析

本题与其他竞赛题的不同之处：一是主要元器件［见说明中的第（2）项］已提供；二是强调指标（灵敏度、选择性、镜像抑制比和电调谐特性）测量、测试方法及数据整理；三是注重作品的特色与创新。

本题的重点是根据提供的主要元器件设计一台调幅广播收音机，并将它组装、调试好。

本题的难点：① 自动搜索电台并带有存储功能；② 进一步提高整机的性能指标。

本题的方案论证和系统设计必须围绕所提供的元器件清单进行，否则就不符合题意。因为中波调幅自动和手动搜索电台并存储的广播收音机在市面上可以购买到，所以在方案论证和设计之前，必须了解调幅收音机单片集成电路 CXA1600P/M、电调谐锁相环频率合成器集成电路 LC7218 的内部结构、原理、主要技术指标、芯片引脚图等，并测出变容二极管 SVC341 的电容电压特性。

1．CXA1600P/M 集成芯片介绍

CXA1600P/M 的内部框图如图 3.1.1 所示，典型应用电路如图 3.1.2 所示。

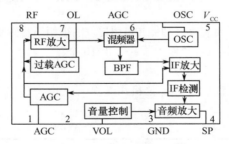

图 3.1.1 CXA1600P/M 的内部框图

由图 3.1.1 可见，CXA1600P/M 已将高频放大器、本振、混频、中频带通滤波器、中频放大、检波、音频放大、音量控制、AGC 电路等全部集成在芯片内。

由图 3.1.2 可见，高放调谐回路接引脚 8，本振回路接引脚 6，音量电位器接引脚 2，AGC 接引脚 1，过载 AGC 接引脚 7，电源（3V）接引脚 5，引脚 3 接地，负载接引脚 4。同时发现中频滤波集成在块内，并未通过引脚外接陶瓷滤波器和声表面波滤波器。

由手册可知，本振频率与天线接收的频率符合规律 $f_{osc}/2 - f_s = f_I = 55\text{kHz}$，其中 f_{osc} 为本振频率，f_s 为射频输入频率。从图 3.1.1 中可知本振信号（f_{osc}）在芯片内部经过二分频后，与射频输入信号（f_s）混频得到 55kHz 的中频信号。

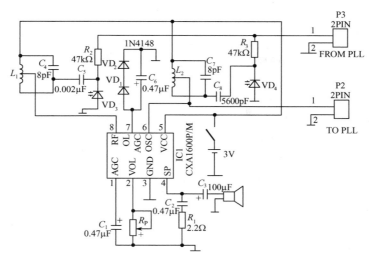

图 3.1.2　CXA1600P/M 的典型应用电路

中频频率由传统的 465kHz 大幅度下降为 55kHz 是该芯片的一大特点。采用这样一个较低的中频后，CXA1600P/M 就能像较早见到的 TDA7000 系列调频收音机芯片那样，将中频滤波以有源滤波器的方式集成在芯片内部，从而使电路抛弃传统的中频变压器，也不需要使用陶瓷滤波器等器件，大大简化了调试过程，节省了外围元器件，减小了体积，提高了可靠性。采用这种低中频可以大大抑制镜像频率干扰，这就是 CXA1600P/M 的最大特色。下面介绍低中频抑制镜像频率干扰的原理。

何谓镜像频率？

外差式调频接收机的中频 $f_I = f_L - f_S = 55\text{kHz}$，其中 f_L 为本振信号频率，f_S 为有用信号（AM 信号）频率。若干扰信号频率为 f_N，且 $f_N - f_L = f_I = 55\text{kHz}$，则称 f_N 为镜像干扰频率，如图 3.1.3 所示。

CXA1600P/M 采用一种新技术来抑制镜像频率干扰，其原理框图如图 3.1.4 所示。设输入信号为 $\cos\omega_S t$，本振信号为 $\cos\omega_L t$，则有

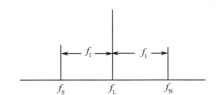

图 3.1.3　镜像干扰频率示意图

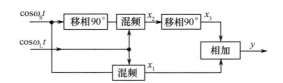

图 3.1.4　抑制镜像频率干扰原理框图

$$x_1 = \cos\omega_S t \cdot \cos\omega_L t$$
$$= 1/2[\cos(\omega_S + \omega_L)t + \cos(\omega_S - \omega_L)t]$$
$$= 1/2[\cos(\omega_L + \omega_S)t + \cos(\omega_L - \omega_S)t]$$
$$x_2 = \sin\omega_S t \cdot \cos\omega_L t$$
$$= 1/2[\sin(\omega_S + \omega_L)t + \sin(\omega_S - \omega_L)t]$$
$$= 1/2[\sin(\omega_L + \omega_S)t - \sin(\omega_L - \omega_S)t]$$
$$x_3 = 1/2[-\cos(\omega_L + \omega_S)t + \cos(\omega_L - \omega_S)t]$$

于是有

$$y = x_1 + x_2 = \cos(\omega_L - \omega_S)t = \cos 2\pi f_I t \tag{3.1.1}$$

设镜像干扰信号为 $\cos\omega_N t$，则有

$$x'_1 = \cos\omega_N t \cdot \cos\omega_L t = 1/2[\cos(\omega_N + \omega_L)t + \cos(\omega_N - \omega_L)t]$$

$$x'_2 = \sin\omega_N t \cdot \cos\omega_L t = 1/2[\sin(\omega_N + \omega_L)t + \sin(\omega_N - \omega_L)t]$$

$$x'_3 = 1/2[-\cos(\omega_N + \omega_L)t - \cos(\omega_N - \omega_L)t]$$

$$y' = x'_1 + x'_3 = 0 \tag{3.1.2}$$

由式（3.1.1）和式（3.1.2）可以看出，这种方法理论上完全能抑制镜像频率干扰，同时能在很大程度上抑制和频，从而突破了中频的下限，使得中频可以很低。从信号处理的角度来说，低频易于处理，特别是混频后的滤波，有源滤波器的过渡带可以做得非常陡峭，这一点正是 IC 集成所需要的。CXA1600P/M 采用的正是低中频（55kHz）技术。

混频后的信号经带通滤波器（BPF）滤波后，仅剩中频信号成分，经过中频放大、检波，送到功率放大器驱动扬声器。音频功放的输出由引脚 2 的对地电阻控制，可通过改变电阻值的大小来改变输出功率。

中频检波后得到的信号一路经过低通滤波器后，其电压平均值作为负反馈信号去控制天线输入射频放大增益和中频放大增益，使系统对接收信号的强弱变化具有自适应性，即所谓的 AGC，能有效防止声音阻塞现象的发生，保持接收效果稳定。当然，由于 AGC 低通滤波电容无法集成在芯片内，故该芯片的引脚 1 用于外接滤波电容。

2. LC7218 集成芯片简介

LC7218 是具有 24 个引脚的电调谐锁相合成器集成芯片，它将晶体振荡器、基准分频器、鉴频/鉴相器、可编程分频器、移位寄锁存器等集成在一块芯片内。

数字调谐系统（Digital Tuning System，DTS）是在 20 世纪 80 年代发展起来的，是微处理技术在音响领域中的成功应用。DTS 面世后发展迅速，日本东芝公司在几年内先后推出了 DTS-6～DTS-12 等专用电路。除东芝公司外，其他公司也纷纷研制了 DTS 专用电路。NEC 公司在 1990 年正式推出了 DTS 单片电路 UPD1715G 系列；三洋公司研制了一系列 DTS 产品，如 LC7010、LC7030、LC7215、LC7217、LC7218、LC7220/7221/7222、LC7225/7226/7227 等。

本题提供的 LC7218 集成芯片完全可以满足 AM 波段的电调谐任务。

3. SVC341 变容二极管简介

SVC341 变容二极管是专门为调幅接收机设计的用于电调谐的器件，其容量大，变化范围宽，实测电容量为 20～400pF，$C_{jmax}/C_{jmin} \geq 20$，完全满足频率覆盖系数 $f_{max}/f_{min} = 1600 \div 540 \approx 2.96$ 的要求。

3.1.2 方案论证

1. 自动搜台和手动搜台方案论证

1）方案一：电压合成方式

电压合成原理框图如图 3.1.5 所示，它采用单向控制的方法，控制信息单向进入控制器，由 D/A 转换器产生一个控制电压，通过变容二极管控制本振和天线回路，并谐振于特定频率，混频后产生稳定的中频信号。在此方案中，变容二极管的非线性导致 $\Delta C/\Delta U$（ΔC 为变容二极管的电容变化量，ΔU 为控制电压的变化量）在一定范围内较大，为保证电路可靠地工作，D/A 转换器的输出必须有足够的精度。

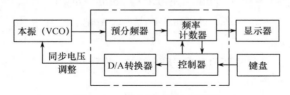

图 3.1.5　电压合成原理框图

2）方案二：锁相（PLL）频率合成方式

锁相频率合成原理框图如图 3.1.6 所示，它采用锁相频率合成技术，控制数据由控制器送入锁相环，形成闭环反馈，控制收音机部分的变容二极管，产生精确的本振频率（N 为可编程分频器的预置数值），为保证精度，参考频率由锁相环内的晶体振荡分频产生。控制信号同时调节天线回路的谐振频率，使得输入信号与本振频率混频产生中频信号，供后续处理。

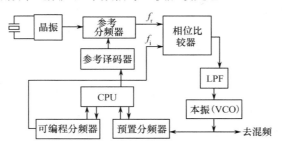

图 3.1.6　锁相频率合成原理框图

方案比较：方案一属于开环模式，是在早期（20 世纪 80 年代）采用的电调谐方案。随着大规模 PLL 的出现，方案一已显得落后，故选用方案二。

2．进一步提高接收机技术指标的方案论证

AM 接收机有哪些技术指标？如何进一步提高这些指标？这是本题的难点之一。下面回答这些问题。

AM 接收机的主要技术指标有接收机灵敏度、双信号选择性、信噪比等。下面结合图 3.1.2 进行讨论。

1）接收机灵敏度

接收机灵敏度是指在给定的音频输出信噪比下，产生标称输出功率所需的最小信号电平。如何进一步提高如图 3.1.2 所示的典型接收机灵敏度？

根据整机的噪声系数的定义

$$N_F = \frac{\text{输入端信噪比}}{\text{输出端信噪比}} = \frac{P_i/P_{ni}}{P_o/P_{no}} \tag{3.1.3}$$

可得

$$P_i = \frac{P_o}{P_{no}} N_F P_{ni} \tag{3.1.4}$$

根据接收机灵敏度的定义，P_o/P_{no} 为定值，且 P_o 为标称功率，若要减小 P_i（提高灵敏度），则要从两个方面想办法：一是减小整机的噪声系数 N_F；二是降低输入端噪声。

如何减小整机的噪声系数 N_F？我们先观察多级放大器的总噪声系数计算公式，即

$$N_F = N_{F1} + \frac{N_{F2}-1}{G_{pa1}} + \frac{N_{F3}-1}{G_{pa1}G_{pa2}} + \frac{N_{F4}-1}{G_{pa1}G_{pa2}G_{pa3}} + \cdots + \frac{N_{Fn}-1}{G_{pa1}G_{pa2}\cdots G_{pa(n-1)}}$$

显然，降低整机的噪声系数的关键是第一级高频放大管，要选取噪声系数特别小、放大倍数大、截止频率高的三极管或场效应管作为第一级高频放大管。还要考虑输入/输出的匹配，调谐回路的 Q 值应尽量提高，且静态工作点的选取应合理。对于混频级，也要选取噪声系数小且增益高的器件作为混频器件。

另外，要降低输入端噪声 P_i，高频放大管级就应选取噪声系数小的阻容元器件。高频头要屏蔽，以防止干扰信号进入接收机的输入端。而且，还要外接定向天线，利用定向天线直接接收有用信号的直达波。

2）双信号选择性

双信号选择性是指接收机在有信号时，对邻近信道干扰信号的抑制能力，它反映了接收机的实际抗干扰性能，故又称有效选择性。如何进一步提高双信号选择性？

双信号选择性与高频头的带通滤波器和调谐回路有关，但关键还在于中放级的带通滤波器（BPF）的性能。

为了抑制镜频干扰和谐波，CXA1600P/M 采用了低中频技术和高质量的模拟乘法器。中频带通滤波器（IFBPF）集成在芯片内，无法改造。为了进一步抑制邻近频道的干扰，只能在无线输入回路和高放调谐回路上想办法。

根据频谱分析，AM 波的频谱图如图 3.1.7 所示。由图 3.1.7 可见，无线输入回路和高放调谐回路的总带通要大于 $B = 2\Omega_m = 2\times15\text{kHz} = 30\text{kHz}$，但又不能太宽，且带内波动要小，矩形系数要好。此时，可采用双回路耦合加以解决。

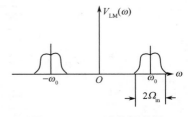

图 3.1.7　AM 波的频谱图

3）信噪比

信噪比是指在一定的输入信号电平下，接收机输出端的信号电压与噪声电平之比，即

$$信噪比 = \frac{S + D + N}{D + N} \tag{3.1.5}$$

式中，S 为有用信号，D 为谐波失真，N 为噪声。

如何进一步提高信噪比？根据式（3.1.5）有

$$\frac{P_o}{P_{no}} = \frac{P_i}{N_F P_{ni}} = \frac{P_i}{N_F P_{ni}} \tag{3.1.6}$$

式（3.1.6）说明，在 P_i 为定值时，输出端信噪比取决于整机的噪声系数 N_F 和输入端噪声。要想提高 P_o/P_{no}，就必须减小 N_F 和 P_{ni}。关于减小 N_F 和 P_{ni} 已在前面讨论过，这里不再重复。但有些接收机在音量关闭的情况下，仍会产生嗡嗡的交流声，这部分噪声是由低频放大器部分引入的，特别是 50Hz 市电的干扰无孔不入。这时，可用示波器观测噪声的基波成分，如果基波成分的频率为 100Hz，则说明电源部分的整流滤波性能欠佳。解决措施是，加大滤波电容，加大接地和电源线的面积，并采取合理的布线措施。如果基波成分的频率主要为 50Hz，则说明 50Hz 市电是通过空间耦合而来的，此时要采取电磁屏蔽的办法方能解决。

4）电源单元方案论证

题目要求系统采用+3V 电源，但由于 LC7218 需要 4V 以上的电压，而变容二极管反偏需要 9V 以上的电压，若采用单 3V 供电，则必须采用开关电源将电压升压至+5V 和+12V。

3.1.3　系统设计

1. 总体原理框图及硬件设计

总体原理框图如图 3.1.8 所示，它由调幅收音电路、控制部分电路等组成。

1）调幅收音电路设计

调幅收音电路图如图 3.1.9 所示，它采用以芯片 CXA1600P/M 为核心的收音电路，该芯片的内部框图如图 3.1.1 所示。图 3.1.9 包括由射频（RF）放大电路、由 LC7218 组成的锁相频率合成电路、由 TDA2822 组成的音频功率放大及由 X9514 组成的数字音量调节电路、实现自动选台功能的电路、由 CXA1600P/M 组成的调幅（AM）收音电路等。

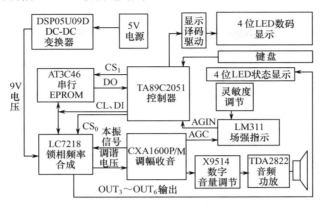

图 3.1.8　总体原理框图

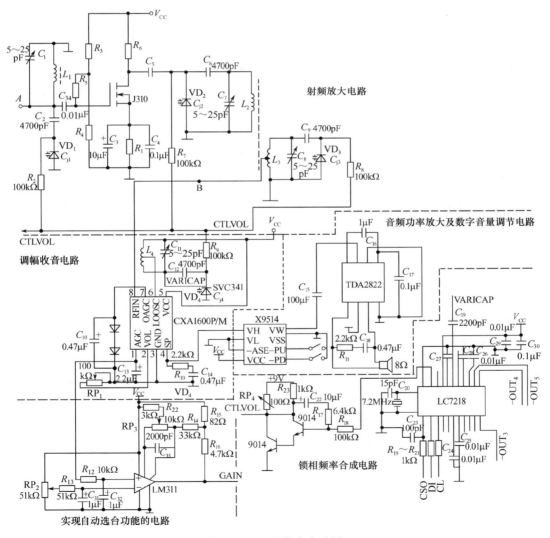

图 3.1.9　调幅收音电路图

（1）射频放大电路。

射频放大电路以低噪声、高跨导场效应管 J310 为放大器件。C_1、VD_1 和 L_1 组成输入天线回路，VD_2、C_7、L_2 和 VD_3、C_8、L_3 组成双耦合调谐回路。增加这一级可以提高系统灵敏度、选择性和信噪比，这恰好体现了本方案的特色与创新之处。

（2）锁相频率合成电路。

系统中的本机振荡器采用锁相频率合成电路，它由 CXA1600P/M 内的 VCO、锁相环集成芯片 LC7218 和两个 9014 构成的环形滤波器组成。频率步进由来自单片机的电压控制，稳频由来自环形滤波器的电压控制。

LC7218 提供的 SPI 总线由引脚 3 的 DI（数据输入）和引脚 4 的 CLK（时钟同步信号）组成，作为与微控制器相连的接口。

根据提供的资料，结合我国调幅广播制式及 CXA1600P/M 芯片的本振频率、RF 输入信号的频率与中频的对应关系，设定 LC7218 工作在 0.5～10MHz 频率范围内。参考频率设定为 1kHz。输出可预置分频器分频比 N 由如下公式计算：

$$N = F_{osc}/f \quad (f = 1kHz)$$
$$F_{osc} = (F_{RF} + 55kHz) \times 2$$

芯片上还提供通用输出引脚，我们使用其中的 4 个来控制点亮系统的工作模式指示灯。

在 DTS（数字调谐锁相环）中，低通滤波器决定锁相环路的频率阶跃响应。对于滤波器时间常数的选取，应考虑锁相环路的捕获时间对整机信噪比的影响。环路捕获性能越好，锁定时间越短，整机的信噪比响应越差，因此滤波器的时间常数 T_1 和 T_2 应兼顾两个方面的特性来选取。我们可以根据以下公式来估算。

取锁相环环路的固有角频率 $\omega_n = 10rad/s$，则有

$$T_1 = (K_v K_p)/(N\omega_n) = R_1 C$$
$$T_2 = (2\xi)/\omega_n = R_2 C$$

取 $C = 10\mu F$，则 $R_1 = 6.4k\Omega$，$R_2 = 100k\Omega$。式中，K_v 为 VCO 灵敏度；K_p 为 PD 灵敏度；N 为分频比；ξ 为阻尼系数；ω_n 为锁相环环路的固有角频率，LC7218 未提供 ω_n 的具体值，按资料推荐选为 10rad/s。

（3）音频功率放大及数字音量调节电路。

音频功率放大及数字音量调节电路如图 3.1.9 所示。在实验中发现 CXA1600P/M 芯片内的功放以 100mW 的功率工作时温升较高，为避免芯片损坏，在外部加了一级功放 TDA2822 并接成 BTL 模式，这样做不仅解决了发热问题，而且使音质有所提高。

在 CXA1600P/M 与 TDA2822 之间串入音量控制电位器。我们采用 Xicor 公司的 X9514 对数特性数字电位器，使得音量控制由两个按键实现，使用方便。该数字电位器的滑动端位置能够自动保存，而且与普通电位器相比，其最大的优点是无噪声。

（4）实现自动选台功能的电路。

为实现自动选台功能，数字调谐的收音芯片一般要提供场强检测输出或 IF 输出计数来判断是否接收到电台信号，但引脚 8 封装的 CXA1600/M 不具备这样的功能。

类似于前面对 CXA1600P/M 内部结构的分析，中频信号通过接在引脚 1 的 AGC 电路产生一个与接收到的信号场强成正比的直流电平，控制射频与中频的增益。接在引脚 1 的电容是一个无法封装到芯片的 AGC 滤波电容，也恰恰是这个电容上的电平间接地指示了接收信号的场强。经实测，AGC 电平在有无电台时的变化范围为 0.59～0.63V，将这一电压与设定的阈值比较，就可判断此频率上有无电台信号。调节电位器 RP_2 可以改变设定的阈值，进而改变自动选台的灵敏度。用户可以选择是只搜索强台的信号还是只要有信号就检出。该部分的电路如图 3.1.9 所示，它由 LM311 及外围元器件构成。

2）控制部分电路设计

控制部分电路图如图 3.1.10 所示，它以 AT89C2051（下面简称 2051）为核心组成。

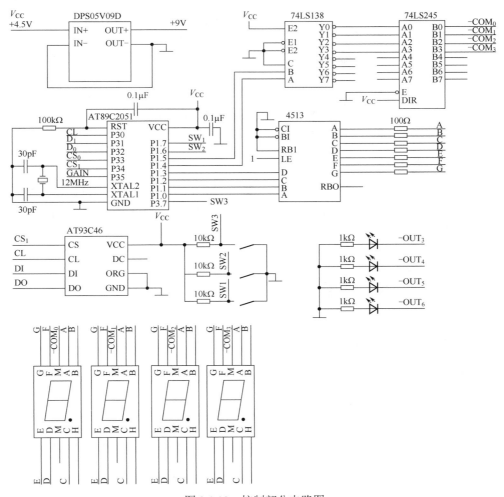

图 3.1.10　控制部分电路图

（1）2051 单片机最小系统。

2051 是与 Intel 8031 内核兼容的单片机，其技术较为成熟，应用广泛，虽然不提供 SPI 总线接口，但该总线能用可编程 I/O 端口仿真，从而控制挂在 SPI 总线上的锁相频率合成器及 AT93C46 串行 E²PROM。此外，该芯片包含 2KB 闪存，不必像 Intel 8031 那样使用外部扩展的 ROM，并且闪存可以多次写入，因此为系统的调试提供了方便。选用 2051 而不选用更常见的 89C51 的原因是，前者的价格目前约为后者的一半，利用 LC7218 提供的通用输出端口进行状态显示后，I/O 端口的资源是足够的。从经济角度考虑，选择 2051。此外，2051 还具有体积小、功耗低等优点，是实现本系统的较优选择。

（2）电台存储电路。

电台存储电路如图 3.1.10 所示。市场上所售的带数字调谐收音功能的随身听或成品数字调谐收音机，其说明书中一般会指出更换新电池的时间必须控制在几分钟内，否则存储的信息将会丢失，而且会指明机器长期不用后要重新设置。之所以有这样的要求，是因为在这类机器中使用静态存储器（SRAM）来保存信息，而 SRAM 必须有电源才能保持数据。此类机器即使关断电源，仍有一部分电路在工作而消耗电能，其中包括 SRAM。换电池时，在电池取出后，存储器将继续消耗机内电源滤波电容上的电能。电容放电到一定程度后，就不能维持 SRAM 保持任何数据，致使所存信息消失。机器长期不用时需要重新设定的理由同样如此。

选择 ATMEL 公司出品的 AT93C46 芯片，充分利用其 E²PROM 的特性，将待存储电台对应的预置分频值通过 SPI 总线存入 E²PROM，以达到非电源支持意义上的存储。因为根据该芯片手册，当写入信息后，数据"掉电"（无维持电源）保存有效时间长于 100 年。我们设计的系统即使长期没有电池供电，事先存储的信息也不会丢失。

我国调幅广播标准规定，电台频率从 540kHz 开始，以 9kHz 为增量，直至 1602kHz。因此，在 E²PROM 中只存储数字 60~178，它是根据公式 $F_{RF} = 9K_i$［其中，F_{RF} 为待接收电台的频率，$K_i \in (60\sim178)$］算得的。这样，存储电台信息只需 1B，容量为 128B 的 AT93C46 一共可存 128 个电台。考虑实际情况，设定该系统能存储电台 21 个，足以覆盖整个频段。

2. 系统软件设计

该机的显示处理采用动态扫描法，而键盘处理采用查询法并注意按键的消抖处理。整个程序按操作流程划分为手动搜索、自动搜索、存储和预置 4 个主要模块。驱动 AT93C46 及 LC7218 的 SPI 总线软件仿真也是一个重要的子模块。程序流程图如图 3.1.11 所示。

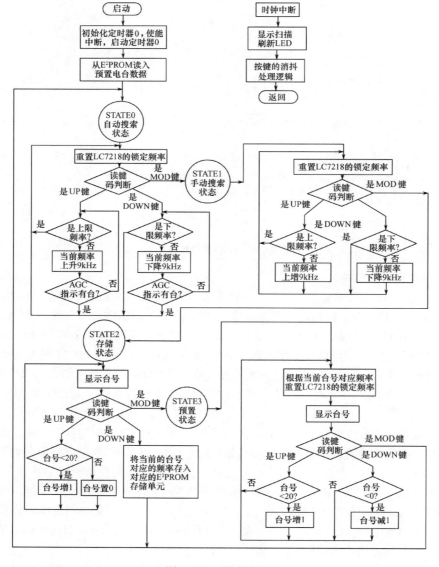

图 3.1.11　程序流程图

数字调谐收音机的软件采用高级语言开发工具 Franklin C51 编写。因此,程序设计逻辑清晰直观、调试简单,基本不需要使用单片机开发器跟踪与调试程序。在竞赛过程中,我们仅用一台编程器烧写 2051 次就调通了整个程序。

3.1.4　系统调试

系统调试分为三个阶段,即硬件调试、软件调试和软/硬件联机调试,其中硬件调试的工作量最大,也是本设计与制作的难点。调试的成败直接关系到整机性能指标的好坏,射频放大器带宽的调试和频率跟踪调试尤为重要,下面只介绍这部分的调试技巧。

在实验过程中,按如下 4 步进行调试。

1．测试变容二极管的压容特性

测试变容二极管 SVC341 的压容特性的电路图如图 3.1.12 所示。改变 V_D 的值,利用扫描仪直接读取频率值,再算出对应的 C_j 值,然后画出 C_j 和 V_D 的关系曲线图,如图 3.1.13 所示。这种测试方法简单可行,虽然误差较大,但会给后续调试带来极大的方便。

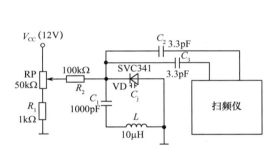

图 3.1.12　测试变容二极管 SVC341 的压容特性的电路图

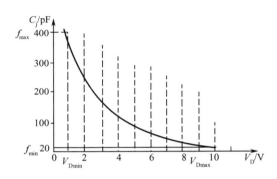

图 3.1.13　C_j 和 V_D 的关系曲线图

2．本振回路调试

VCO 频率计算公式为

$$f_{osc} = f_s + f_I = f_s + 55\text{kHz}$$

因为 $f_s = 540 \sim 1600\text{kHz}$,所以 $f_{omin} = 595\text{kHz}$,$f_{omax} = 1655\text{kHz}$。取 $V_D = V_{Dmin} = 1\text{V}$,将微调电容 C_{11} 调至中间位置,调节 L_4 的磁芯,改变 L_4 的值,使得 $f_{osc} = 595\text{kHz}$。

再取 $V_D = V_{Dmax} = 8\text{V}$,$L_4$ 不变,改变 C_{11} 的值,使得 $F_{osc} = 1655\text{kHz}$。

重复多次上述两步,直至其满足要求为止。

3．射频放大器通频带调试

射频放大器有三个调谐回路,其中输入回路采用单回路,输出回路采用双回路。要保证谐振曲线接近矩形,可以采用三参差调谐的办法。射频放大器调试框图如图 3.1.14 所示。具体做法如下。

(1)求出 AM 波段中心频率和对应点变容二极管 C_{j1} 的反偏电压值。

$$f_{sm} = \frac{540 + 1600}{2}\text{kHz} = 1070\text{kHz}$$

$$f_{oscm} = f_{sm} + f_I = (1070 + 55)\text{kHz} = 1125\text{kHz}$$

在 $f_{oscm} = 1125\text{kHz}$ 时,测出 VCO 静态 C_{j3} 的偏压值,此时,C_{j1}、C_{j2}、C_{j3} 的偏压值相同。

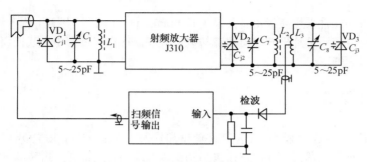

图 3.1.14　射频放大器调试框图

（2）调节 C_1 和 L_1 使输入回路在 1070kHz 上谐振，如图 3.1.15 所示，其幅频特性曲线如图中的曲线 1 所示。采用同样的方法，调节 C_7 和 L_2 使其在 1057kHz 上谐振，调节 C_8 和 L_3 使其在 1083kHz 上谐振。曲线 1、2、3 的合成曲线为曲线 4，其带宽 B 稍大于 (1083-1057)kHz = 27kHz。

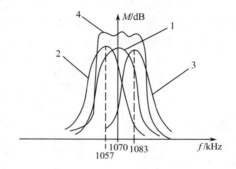

图 3.1.15　射频放大器幅频特性曲线

4．三点跟踪调试

调试示意图如图 3.1.14 所示。完成上述步骤后，对频率高端（f_{smax} = 1600kHz）和低端（f_{smin} = 540kHz）进行跟踪调试。

当 V_D = 8V 时，调节电感 L_1、L_2、L_3，使谐振的中心频率对准 540kHz，幅频特性曲线如图 3.1.15 的曲线 4 那样时，就算低端频率已跟踪。

当 V_D = 1V 时，调节电容 C_1、C_7、C_8，使谐振的中心频率对准 1600kHz，幅频特性曲线如图 3.1.15 的曲线 4 那样时，就算高端频率已跟踪。

重复多次上述步骤，直到满足要求为止。注意，采用三点跟踪法时，4 个变容二极管的反偏电压来自同一个控制电源。

3.1.5　系统性能指标测试与结果分析

1．整机性能测试

根据国家标准，我们对如下参数进行性能测试。

（1）灵敏度。

收音机灵敏度分为噪限灵敏度和有限增益灵敏度，我们对收音机的噪限灵敏度进行测量。在收音机的信噪比为 26dB 时，使其输出标准功率所需的最小输入信号电平为收音机的噪限灵敏度。测试电路如图 3.1.16 所示，灵敏度测试数据如表 3.1.1 所示。

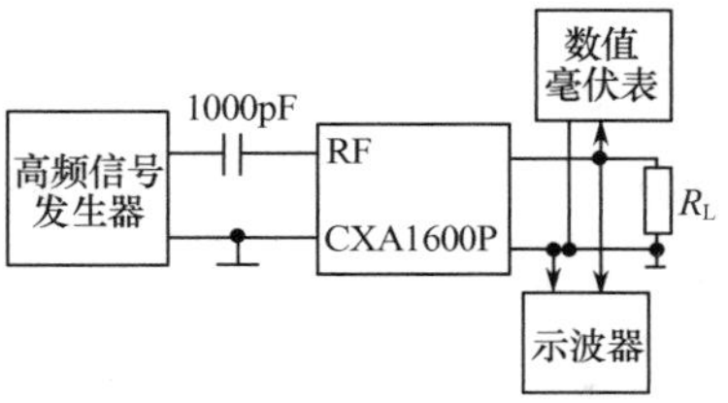

图 3.1.16　测试电路

表 3.1.1　灵敏度测试数据

测试频率/kHz	540	700	900	1070	1300	1400	1500	1600
最小输入幅度/mV	0.9	1.0	1.0	0.9	1.03	1.07	1.07	1.0

用高频信号发生器输出载频 520～1680kHz 的调幅信号，调制信号频率为 1kHz，调制度为 30%。将此调幅信号通过电容耦合至 CXA1600P/M 的 RF 输入端。先使用音量电位器调至信号基本不失真，然后在音频输出端接 8Ω 负载 R_L，并用交流电压表测量音频输出电压。对于每个频点，调节信号发生器的输出电平，使交流电压指示 0.9V 有效值（0.9V 有效值对应于功率大于或等于 100mW），输入信号幅度曲线如图 3.1.17 所示。

（2）选择性。

收音机的选择性是指收音机从干扰信号中分选出有用信号的能力。输入频率为 1000kHz，调制频率为 1kHz，调制度为 30%。将高频输入信号电平调节到实测噪限灵敏度，将收音机音频输出调整到标准输出功率（100mW），然后将高频信号发生器的频率向两边调偏为±9kHz，±18kHz，±36kHz，…。增加输入信号电平，使收音机在各调偏频率点仍保持输出标准功率（100mW）。各调偏频率点的输入信号电平与调谐频率点的电平之差为单信号选择性。测量结果如图 3.1.18 所示。

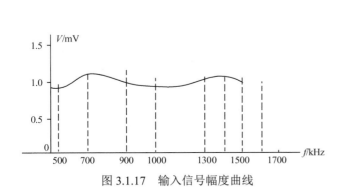

图 3.1.17　输入信号幅度曲线

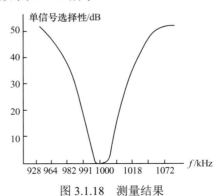

图 3.1.18　测量结果

（3）镜像抑制比。

调谐到某一频率上的收音机，在加入频率等于镜像频率的信号时，产生标准输出功率所需的输入信号电平与该调谐频率的灵敏度电平之差为镜像抑制比。将收音机调谐到 600kHz、800kHz、1000kHz、1200kHz、1400kHz、1600kHz，将输入信号调谐到对应的镜像频率 710kHz、910kHz、1110kHz、1310kHz、1510kHz、1710kHz。测量收音机对镜像频率的灵敏度（方法与前面对灵敏度的测量相同），所绘镜像抑制比曲线如图 3.1.19 所示。

（4）电调谐特性。

电调谐特性是指输入信号频率与变容二极管控制电压之间的关系。测量方法：在 520～1620kHz 范围内，以 100kHz 为步进，调谐收音机的输入频率，在各个频点测量变容二极管上对应的控制电压并绘曲线，结果如图 3.1.20 所示。

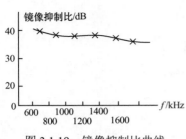

图 3.1.19　镜像抑制比曲线

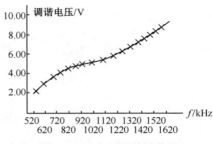

图 3.1.20　电调谐特性曲线

2．测量结果分析

（1）灵敏度。

在整个接收频段范围内，灵敏度有起伏，因为调试采用的方法是三点频率（540kHz、1070kHz、1600kHz）跟踪，在这三个点上的灵敏度要高一些，而偏离这三个频率点时的频率跟踪性能有所下降。

（2）选择性。

选择性较好，原因是射频放大器采用了三参差调谐，使选择性提高不少。

（3）镜像抑制比。

采用低中频技术，射频放大器采用三参差调谐，使镜像抑制比在全频段内均匀且指标较高。

3.2　调频收音机设计

［2001 年全国大学生电子设计竞赛（F 题）］

1．任务

用 SONY 公司提供的 FM/AM 收音机集成芯片 CXA1019 和锁相频率合成调谐集成芯片 BU2614 制作一台调频收音机。

2．要求

1）基本要求

（1）接收 FM 信号的频率范围为 88～108MHz。

（2）调制信号的频率范围为 100～15000Hz，最大频偏为 75kHz。

（3）最大不失真输出功率大于或等于 100mW（负载阻抗为 8Ω）。

（4）接收机灵敏度小于或等于 1mV。

（5）镜像抑制比性能优于 20dB。

（6）能够正常收听 FM 广播。

2）发挥部分

（1）可实现多种自动程序频率搜索（如全频率范围搜索、指定频率范围搜索等）。

（2）能显示接收频率范围内的调频电台载波频率值，显示载波频率误差小于或等于 5kHz。

（3）进一步提高灵敏度。

（4）可存储已搜索到的电台，存储电台数不少于 5 个。

（5）其他（如 3V 单电源整机供电、节能供电、时钟显示等）。

3．评分标准

类型	项目	满分
基本要求	设计与总结报告：方案比较、设计与论证、理论分析与计算、电路图及有关设计文件、测试方法与仪器、测试数据及测试结果分析	50
	实际制作完成情况	50
发挥部分	完成第（1）项	20
	完成第（2）项	5
	完成第（3）项	10
	完成第（4）项	5
	完成第（5）项	10

4．说明

（1）本题提供以下 SONY 公司的集成芯片和元器件。

① FM/AM 收音机集成芯片 CXA1019P/M。

② 锁相频率合成调谐集成芯片 BU2614。

③ RF 输入带通滤波器。

④ 10.7MHz 陶瓷带通滤波器 CF-2。

⑤ 10.7MHz 陶瓷谐振器 CF-3。

⑥ 可调电容器。

⑦ 变容二极管。

⑧ 锁相环所用的 75kHz 晶振。

（2）建议本振线圈与输入回路线圈垂直安装。

3.2.1　题目分析

本题与 1997 年全国大学生电子设计竞赛（D 题）——调幅广播收音机设计、1999 年全国大学生电子设计竞赛（D 题）——短波调频接收机设计属于同一类型。本题与上述两题比较，相同点如下。

① 主要元器件由全国大学生电子设计竞赛组委会提供。

② 基本要求大同小异，需完成的功能也差不多。

不同点如下。

① 调制体制不同。1997 年的 D 题为调幅体制，本题为调频体制。

② 接收机的频率范围不同。1997 年的 D 题为 540～1600kHz，本题为 88～108MHz。

③ 对接收机的技术指标要求和测试要求不同。1997 年的 D 题侧重于技术指标的测试方法和过程，本题侧重于如何从技术上满足所要求的技术指标。

本题与 1999 年的 D 题比较，相同点如下。

① 均为调频接收机。

② 技术指标要求大同小异。

③ 对系统提出的功能要求基本相同。

不同点如下。

① 接收频率范围不同。1999 年的 D 题为短波频段，即 8～10MHz；本题为米波波段，即 88～108MHz，前者低，后者高。

② 接收信号的频率范围和频偏不同。1999 年的 D 题的频率范围为 20～1000Hz，频偏为 3kHz。

本题的频率范围为 100～15000Hz，最大频偏为±75kHz。

③ 对灵敏度的要求不同。1999 年的 D 题对灵敏度的基本要求是小于或等于 5mV，本题的要求是小于或等于 1mV。

由此可见，本题由于接收频率高，个别技术指标也较高，所以对仪器仪表的要求也较高。由于频率高，必须考虑电路分布参数的影响，因此不确定因素增加，技术难度加大。然而，本题接收的频段为 88～108MHz，是我国政府规定的调频广播频段，技术成熟且在市面上容易采购到通用器件。若赛前培训过 1997 年的 D 题和 1999 年的 D 题，则设计本题并不困难。

本题的重点是根据提供的主要元器件设计一台调频接收机。

本题的难点仍然是自动搜索电台并存储电台。

对于进一步提高接收机的灵敏度、选择性、镜像抑制比、输出功率等，根据所提供的器件清单，基本上均能满足要求。

① 提供的接收芯片为 CXA1019P/M，该灵敏度可高达约 10μV，CXA1019P 的输出功率大于或等于 500mW，CXA1019M 的输出功率大于或等于 100mW。

② 镜像抑制比主要取决于高频放大器的选频网络、天线回路和带通滤波器。镜像频率的计算公式为

$$f_N = f_o + 2f_I \qquad\qquad (3.2.1)$$

将 f_o = 88～108MHz 和 f_I = 10.7MHz 代入上式得

$$f_N = 109.4～129.4MHz$$

这说明镜像干扰频率落在所提供的 RF 输入带通滤波器的带通之外，并且能贡献20dB以上的增益，满足题目的基本要求。另外，若高频放大器采用选频网络且调试正常，则选频网络又能获得 10dB 以上的增益，所以镜像抑制比很容易达到 30dB 以上。

③ 双信号选择性主要取决于中频带通。

根据题目要求，调制信号的频率范围为 100～15000Hz，最大频偏为±75kHz，则有

$$B_{min} = 2(f_{\Omega max} + \Delta f) = 2×(15 + 75)kHz = 180kHz$$

全国大学生电子设计竞赛组委会提供的中频陶瓷滤波器的带宽约为 300kHz，完全满足带宽要求。一级带通滤波器对双信号选择性提供 20dB 的增益，二级串联贡献 40dB 的增益，故采用两个陶瓷滤波器串联的办法来提高抗干扰能力。

3.2.2 方案论证与比较

1. 调谐方式的选择与论证

方案一：采用 LC 调谐法，在本振回路中机械调整谐振电路的电容值来改变本振频率，达到调谐的目的。这种调谐方式的电路简单，但频率的稳定性差，且不利于使用单片机进行智能控制。

方案二：数据经 D/A 转换器转换成模拟电压，控制变容二极管两端的电压来改变频率。这种调谐方式的精度取决于 D/A 转换器的精度，电路结构简单，没有锁相环电路中可能产生的噪声；但最大的缺点是谐振电路处于开环状态，温度稳定性差，本振频率会随温度等外界因素的变化而漂移。

方案三：采用 PLL 频率合成方式。PLL 数字频率调谐系统主要由压控振荡器（VCO）、相位比较器（PD）、低通滤波器（LF）、可编程分频器、高稳定晶体振荡器、参考分频器、中央控制器等组成。高稳定度的晶振能极大地提高本振频率的稳定性，而且在单片机控制下能实现频率步进扫描、预置电台、电台存储等多种功能。PLL 频率合成器（BU2614）完全能实现上述功能，所以收音机采用此方案。

2．电台信号的检测及锁定方式的选择与论证

CXA1019 的内部原理框图如图 3.2.1 所示。注意，CXA1019 有两种引脚排列图：一种是 28 个引脚；如图 3.2.1 所示；另一种是 30 个引脚，未画出。这两种引脚不能互换。

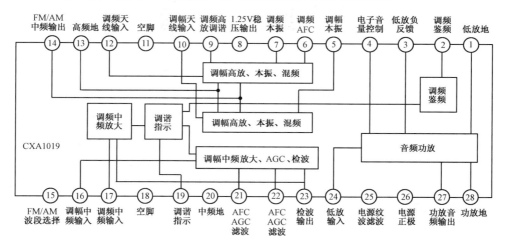

图 3.2.1　CXA1019 的内部原理框图

CXA1019 的引脚⑲为调谐指示输出端，该端的输出电压随输入电台信号的强弱变化，电台信号越强，引脚⑲的电压越低，故对此引脚的电压进行精确判断是准确锁定电台并自动存储电台的关键。实现方案有如下选择。

方案一：直接将此调谐指示输出端的电压送到单片机的 I/O 进行检测，调谐指示输出端的电压值降至低电平以下时，表示可以存储该电台的频率。然而，实际电路测试结果表明，只有在电台（如本地电台）信号极强时才能使调谐指示输出端的电压值达到低电平，而对于其他信号比较弱的电台（如中央台），调谐指示输出端的电压值不能降为低电平，即不能对这些电台进行自动存储。

方案二：使用 V/F 变换器。经实际测试，CXA1019 的调谐指示输出端的电压随输入电台信号的强弱变化，如图 3.2.2 所示，在中心频率 f_0 附近，V_0 基本不变。单片机测量电压较为困难，但测量频率时不必增加硬件，可完全用软件实现，并且通过对频率的计算可以准确地将中心频率 f_0 锁住而不会产生偏差。因而用 CD4046 作为 V/F 变换器，通过判断 CD4046 的输出频率来锁定电台的中心频率。这种自动锁定电台的方法非常准确，因此收音机采用此方案。

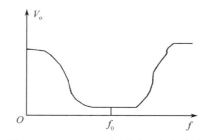

图 3.2.2　CXA1019 调谐电压与频率点

3.2.3　系统设计

1．系统简介

本系统主要由单片机、锁相环（Phase Locking Loop，PLL）频率合成器、收音机三部分构成，系

统原理框图如图 3.2.3 所示。

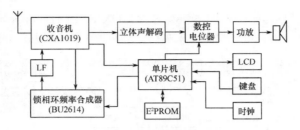

图 3.2.3　系统原理框图

从天线输入的信号经过 88～108MHz 带通滤波器后送入 CXA1019，经过混频、鉴频、立体声解码、音频放大电路，最后还原出音频信号。单片机是整机的控制核心，通过键盘使单片机控制 BU2614 的分频比，从而达到选台的目的。同时，通过键盘经单片机调整音量大小、调整时钟并选择存储电台，各项操作提示和操作结果通过 LCD 显示。

2. 收音机电路

收音机采用 CXA1019 的典型电路制作，如图 3.2.4 所示。因为超外差收音机具有灵敏度高、选择性好、在波段内的灵敏度均匀等优点，所以采用超外差接收方式。中频频率 f_m 选择符合 FM 频段标准的 10.7MHz，本振频率比接收信号频率要高 10.7MHz，所以本振频率（f_{osc}）、中频频率（$f_m = 10.7MHz$）和接收频率（f_{in}）之间的关系为

$$f_{osc} = f_{in} + f_m$$

接收机的带宽为

$$B = \Delta f_{0.7} = 2(1 + m_f + \sqrt{m_f})F_{max}$$

而 $m_f = \Delta f_{max}/F_{max}$。根据题目要求，最大频偏 $\Delta f_{max} = 75kHz$，最大调制频率 $F_{max} = 15kHz$，因此求得带宽 $B = 247kHz$，此时 Q 值最大。中频带通常采用两个 10.7MHz 陶瓷滤波器串联的方式，目的在于进一步提高双信号选择性。

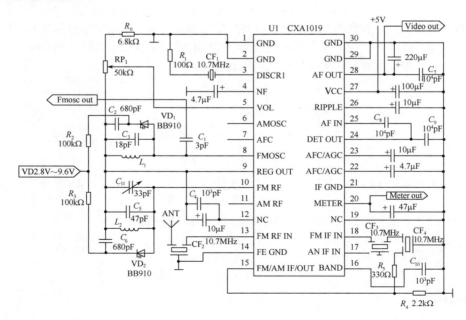

图 3.2.4　收音机电路

对电子线路布线时，要使所有元器件尽量靠近集成电路的引脚，特别是谐振回路的走线要尽量短，并对空白电路采用大面积接地的方法，使得收音机分布参数的影响最小。为了提高镜像抑制比，在调频信号输入端，采用特性很好的声表面波带通滤波器，并仔细调整谐振回路的线圈，在满足带宽要求的情况下使 Q 值尽量大，以提高电路的选择性，达到提高镜像抑制比的目的。

3．锁相环频率合成器

以 BU2614 为核心构成的锁相环频率合成器和环路滤波电路图如图 3.2.5 所示。BU2614 的最高工作频率可达 130MHz，采用串行数据输入控制方式。

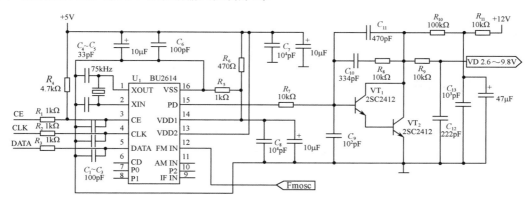

图 3.2.5　锁相环频率合成器和环路滤波电路图

图 3.2.6 是锁相环的原理简图。锁相环的工作原理如下：锁相环路锁定时，鉴相器的两个输入频率相同，即 $f_r = f_d$，本电路中的参考频率 f_r 取 1kHz，主要目的是提高锁定电台的精度。f_d 是本振频率 f_{osc} 经 N 分频后得到的，即 $f_d = f_{osc}/N$，所以本振频率 $f_{osc} = Nf_r$。通过改变分频次数 N，VCO 输出的频率将被控制在不同的频率点上。

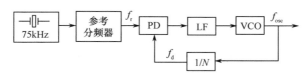

图 3.2.6　锁相环的原理简图

因基准频率 f_r 是由晶振分频得到的，故本振频率的稳定度几乎与晶振频率的稳定度一样高。由于调频信号的载波范围为 88MHz $< f_{in} <$ 108MHz，根据超外差收音机的原理，可知本振频率为 $f_{osc} = f_{in} + f_m$，分频器的分频次数为 $N = f_{osc}/f_r$，选取中频频率 f_m 为 10.7MHz，则本振频率范围为 98.7MHz $< f_{osc} <$ 118.7MHz，故输入 BU2614 的分频次数 N 的范围为 $f_{osc(min)}/f_r < N < f_{osc(max)}/f_r$，即 98700 $< N <$ 118700。

通过单片机将相应的 N 输入 BU2614，即可达到选台的目的。

4．电源电路

由于变容二极管需要 2.6～9.8V 的反向偏置调谐电压，单片机的工作电压为 5V，为满足整机 3V 供电的要求，采用 DC-DC 变换器 MC34063。为提高电压转换效率，用两个 MC34063 分别将直流+3V 电压升至+12V 和+5V。MC34063 的升压输出特性如下：

$$V_{out} = 1.25(1 + R_2/R_1)$$

一个 MC34063 将 3V 电压升至 5V，此时选择 $R_1 = 2.7kΩ$，$R_2 = 8.2kΩ$；另外一个 MC34063 将 3V 电压升至 12V，此时 $R_1 = 4.7kΩ$，$R_2 = 40kΩ$。在大电流条件下，电源效率有所下降，本机工作电

流小，3V 单电源供电时，电流仅为 160mA，效率在 80%以上。具体将+3V 升压为+5V 和+12V 的电路如图 3.2.7 所示。

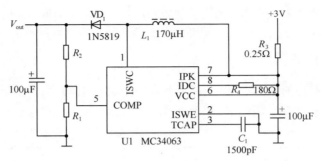

图 3.2.7　电源电路

5．实时时钟电路

为了实现实时时钟功能，本电路采用了 DS1302 芯片，该芯片具有时钟/日历功能，电路中配备了两粒纽扣式后备电池，以保证 DS1302 在外电源中断后正常计时，在收音机开机后，可以通过键盘校准 DS1302 的时间、日历。实时时钟电路如图 3.2.8 所示。

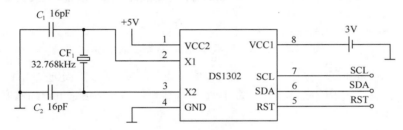

图 3.2.8　实时时钟电路

6．电台锁存电路

自动搜索并存储电台是本收音机最突出的功能之一。为了准确存储电台，仅依靠对 CXA1019 的调谐指示（引脚⑲）输出来识别高低电平是不可靠的。在本电路中，通过锁相环 CD4046 将调谐指示端的电压变换为频率信号。接收到强电台信号时，由 CD4046 构成的压控振荡器在电台信号最强处的输出频率最低，因此通过单片机跟踪 CD4046 的输出频率，在检测到某个调频频率点的 CD4046 的输出频率最低时，就可判断该调频频率点为信号最强点，单片机即可对该调频频率点进行锁存。用 CD4046 组成的 V/F 变换器示意图如图 3.2.9 所示。

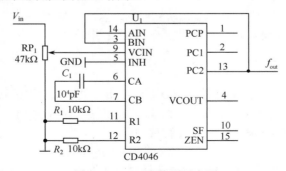

图 3.2.9　V/F 变换器示意图

3.2.4　软件设计

软件设计的关键部分是正确控制锁相环 BU2614，其他部分由于篇幅所限不再详细介绍。BU2614 采用标准的 I²C 总线控制方式，它与单片机的连接只需要 CK、DA、CE 三条线（如图 3.2.10 所示）。根据数据输入时序图，可方便地将分频次数 N 和控制字节输入 BU2614。例如，要接收频率为 100MHz 的电台，则有

$$N = f_{osc}/f_r = (f_{in} + f_m)/f_r = (10^8 + 1.07 \times 10^7)/10^3 = 110700$$

实际输入 BU2614 的数据（分频次数 N 是实际输入数据的 2 倍）：

$$DA = N/2 = 110700(D)/2 = 55350(D) = D836（H）$$

相应的命令字节为 8200(H)。

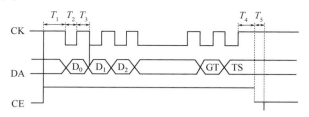

图 3.2.10　数据输入时序图

依据先低位后高位的次序将 DA 和命令字节依次输入 BU2614，即可将接收频率稳定在 100MHz。图 3.2.11 是系统软件流程图。

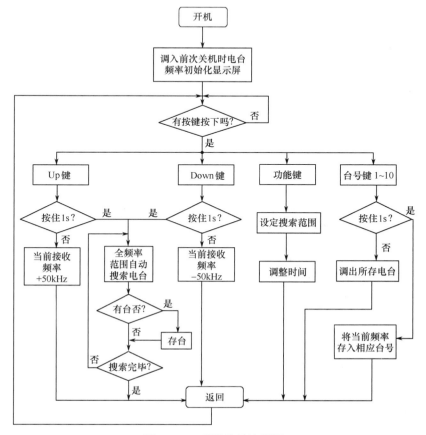

图 3.2.11　系统软件流程图

3.2.5 测试方法与测试数据

1. 指标测试

（1）最大不失真功率测试。

调频信号源的载频分别为 88MHz、98MHz、108MHz，调制频率为 1kHz，频偏为±75kHz 时，接收机分别调谐在频率点 88MHz、98MHz、108MHz 上，改变电位器使负载 R_L（8Ω）两端的电压波形失真最小，记录 R_L 两端的电压 V_o，按 $P = V_o^2/R_L$ 计算最大不失真功率，结果如表 3.2.1 所示。

表 3.2.1　输出功率一览表

频率/MHz	88	98	108
扬声器输出功率/mW	490	490	386

（2）灵敏度测试。

灵敏度测试本应在屏蔽室内无外界电磁干扰的条件下进行，但由于条件受限，只能在达到要求输出功率和输出信号不失真的条件下，测试输入信号的最小幅度。减小信号源的输出幅度，使波形刚好不失真，此时调频信号源输出的电平即灵敏度电平。灵敏度实测数据如表 3.2.2 所示。

表 3.2.2　灵敏度实测数据

频率/MHz	88	98	108
扬声器输出功率/mW	423	423	287
灵敏度电平/μV	399	396.7	576

（3）镜像抑制比测试。

与灵敏度测试方法类似，先测量信号源输出的灵敏度电平，改变频率为各频率点对应的镜像频率，测其灵敏度电平。前后两次调频信号输出电压的 dB 值之差即镜像抑制比，镜像抑制比测试数据如表 3.2.3 所示。

表 3.2.3　镜像抑制比测试数据

载波频率/MHz	100	121.4
灵敏度电平/dB	−74.9	−37.3
镜像抑制比/dB	37.6	

2. 本收音机实现的功能

（1）接收频率范围为 88～108MHz。

（2）可实现全频率范围自动搜索电台。

（3）可在指定频率范围自动搜索电台。

（4）可通过 Up 键和 Down 键手动搜索电台。

（5）自动搜索电台时自动存储电台，也可手动存入相应的台号。

（6）可存储 10 个电台。

（7）按住 1～10 号键中的某个键并持续 1s，可保存当前接收的频率，按键一次可调出相应的电台。

（8）LCD 显示载波频率值、时间、当前台号。

（9）关机后所存电台不丢失，时钟不丢失。

（10）无电台时自动静噪。

（11）立体声输出。

（12）数控音量调节。

3．测试结果及功能分析

最大不失真功率和灵敏度电平在 108MHz 时偏差较大，因为带通滤波器在 108MHz 附近的衰减较大，与理论正好相符。为了提高镜像抑制比，在调频信号输入端采用特性很好的带通滤波器，并仔细调整谐振回路的线圈，使其 Q 值尽量大，以提高电路的选择性，达到提高镜像抑制比的目的。在功能实现方面，使用 V/F 变换器实现了精确锁存电台的功能，DC-DC 电路和 LCD 实现了低电压、低功耗。可以说系统实现了全部功能，而数控电位器和立体声解码器则进一步完善了系统的功能。

3.3　调幅信号处理实验电路

［2017 年全国大学生电子设计竞赛（F 题）］

1．任务

设计并制作一个调幅信号处理实验电路，其结构框图如图 3.3.1 所示。输入信号是调幅度为 50% 的 AM 信号，载波频率为 250～300MHz，幅度有效值 V_{irms} 为 10μV～1mV，调制频率为 300Hz～5kHz。

低噪声放大器的输入阻抗为 50Ω，中频放大器的输出阻抗为 50Ω，中频滤波器的中心频率为 10.7MHz，基带放大器的输出阻抗为 600Ω、负载电阻为 600Ω，本振信号自制。

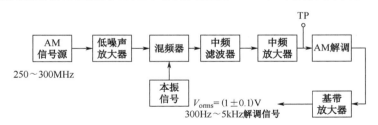

图 3.3.1　调幅信号处理实验电路结构框图

2．要求

1）基本要求

（1）中频滤波器可以采用晶体滤波器或陶瓷滤波器，其中频频率为 10.7MHz。

（2）输入 AM 信号的载波频率为 275MHz，调制频率在 300Hz～5kHz 范围内任意设定，$V_{irms} = 1mV$ 时，要求解调输出信号为 $V_{orms} = (1±0.1)V$ 的调制频率信号，解调输出信号无明显失真。

（3）改变输入信号载波频率为 250～300MHz，步进为 1MHz，并在调整本振频率后可实现 AM 信号的解调功能。

2）发挥部分

（1）输入 AM 信号的载波频率为 275MHz，V_{irms} 在 10μV～1mV 之间变动时，通过自动增益控制（AGC）电路，要求输出信号 V_{orms} 稳定在 (1±0.1)V。

（2）输入 AM 信号的载波频率为 250～300MHz（本振信号频率可变），V_{irms} 在 10μV～1mV 之间变动，调幅度为 50% 时，要求输出信号 V_{orms} 稳定在 (1±0.1)V。

（3）在输出信号 V_{orms} 稳定在 (1±0.1)V 的前提下，尽可能降低输入 AM 信号的载波信号电平。

（4）在输出信号 V_{orms} 稳定在 $(1\pm0.1)V$ 的前提下，尽可能扩大输入 AM 信号的载波信号频率范围。

（5）其他。

3．说明

（1）采用+12V 单电源供电，所需其他电源电压自行转换。

（2）中频放大器输出要预留测试端口 TP。

4．评分标准

类型	项目	主要内容	分数
设计报告	系统方案	比较与选择 方案描述	2
	理论分析与计算	低噪声放大器设计 中频滤波器设计 中频放大器设计 混频器设计 基带放大器设计 程控增益设计	8
	电路与程序设计	电路设计与程序设计	4
	测试方案与测试结果	测试方案及测试条件 测试结果完整性 测试结果分析	4
	设计报告结构及规范性	摘要 设计报告正文的结构 图表的规范性	2
	总分		20
基本要求	完成第（1）项		6
	完成第（2）项		20
	完成第（3）项		24
	总分		50
发挥部分	完成第（1）项		10
	完成第（2）项		20
	完成第（3）项		10
	完成第（4）项		5
	（5）其他		5
	总分		50

3.3.1　题目分析

此题的电路是典型 AM 超外差接收机的实验电路，其主要技术指标如下。

（1）频率范围：250～300MHz（基本要求）；扩展频率范围［发挥部分（4）］。

（2）灵敏度：$10\mu V$～1mV（基本要求）；小于 $10\mu V$［发挥部分（3）］。

（3）中频：10.7MHz。

（4）调制频率范围：300Hz～5kHz。

（5）调幅深度：50%。

（6）输入阻抗：50Ω。

（7）输出阻抗：600Ω。

（8）AGC 增益范围：40dB（基本要求）；大于 40dB（发挥部分）。

（9）失真度：无明显失真。

（10）对邻近频道干扰的抑制能力：大于或等于 20dB（采用一个陶瓷滤波器）；大于或等于 40dB（采用一个石英晶体滤波器或两个串联的陶瓷滤波器）。

（11）镜像抑制比：无严格要求。

（12）其他。

此题的难点是本振的设计和 AGC 的设计，下面只就难点问题进行讨论。

关于本振的分析与设计：由于接收频率范围为 250～300MHz（基本要求），对应的本振频率范围为 260.7～310.7MHz，根据发挥部分，频率范围要做相应的扩展。为实现跟踪信号频率，要求本振能自动扫频、手动变频和定频跟踪。为防止频率漂移，要求本振的频率稳定度和准确度优于 10^{-4}。采用基于 PLL 的频率合成器构成本振是最佳选择。目前，这类集成芯片很多。很多参赛者选择 ADF4351 构建本振，完全满足本题的要求。有关 ADF4351 的详细分析和设计电路见《电子仪器仪表与测量系统设计》一书，这里不再重复。

AGC 在历届电子设计竞赛中已多次出现，我们对 AGC 的工作原理和电路设计并不陌生。下面介绍能完全满足题目要求的两种实用方法。

方法一：基于 AD603 的 AGC 电路。AGC 电路是一种在输入信号幅度变化很大的情况下，使输出信号幅度保持恒定或仅在较小范围内变化的自动控制电路。在当代短波数字通信系统中，接收机的 AGC 电路采用两个 AD603 可变增益放大器结合简单的 AGC 电路来实现，具有较高的增益，动态范围达 70dB，频率宽带为 60MHz，且电路结构简单，完全满足本题的要求。放大器及 AGC 电路图如图 3.3.2 所示，AD603 的内部原理框图如图 3.3.3 所示。

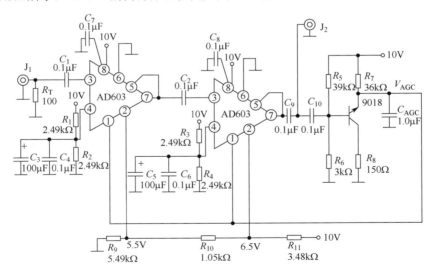

图 3.3.2　放大器及 AGC 电路图

当 AD603 的引脚⑤和引脚⑦短接时，一级 AD603 的增益为 $40V_G+10$(dB)，当 V_G 在范围 $-0.5～+0.5$V 内变化时，增益范围为 $-10～+30$dB。两级 AD603 的增益为 $80V_G+20$(dB)，增益范围是 $-20～+60$dB。

注意：在图 3.3.3 中，两个 AD603 采用顺序级联模式，第一个 AD603 的引脚②的电压是 5.5V，第二个 AD603 的引脚②的电压是 6.5V，两者的电压差为 1V。这种顺序级联模式要求在放大时先启用第一个 AD603 的增益，用尽后再启用第二个 AD603 的增益，以利于控制精度的提高和信噪比的提高。

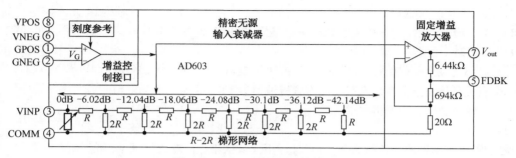

图 3.3.3　AD603 的内部原理框图

无信号输入时，调整 9018 的静态工作点，使发射 PN 结处在近似截止状态，并调整 R_1 的阻值使得 V_{AGC} 为 6.85V，此时两级 AD603 的增益全部开放，即 54dB；有信号输入但信号强度不能使 9018 的发射结导通时，AGC 处于失控状态，输出信号将随输入信号强度的增大而增大；当信号的强度足以使得 9018 的发射结导通时，9018 处于 AGC 检测状态，此时 AGC 起控，V_{AGC} 约以 25mV/dB 的速率下降到 5.1V。对应的两级 AD603 的增益也开始逐渐从 54dB 下降到-16dB，先是第二级 AD603 的增益逐渐从 24dB 下降到-10dB，然后第一级 AD603 的增益开始从 30dB 下降到-6dB。此时，AGC 进入饱和点，输入信号再增加时，AGC 失去控制作用，输出信号又将随着输入信号强度的增大而增大。这就是 AGC 的整个控制过程，即随着输入信号强度的不断增大，AGC 将历经失控、起控、饱和、再次失控的控制过程。

方法二：利用接收机芯片构建 AGC 电路，其系统原理框图如图 3.3.4 所示，中放 AGC 框图如图 3.3.5 所示，中放 AGC 电路图如图 3.3.6 所示。AGC 电路的作用是利用强信号来自动降低前置的增益。信号越强，反馈到前级放大管的直流成分越大，前级放大管的增益越小，从而达到自动控制增益的目的。

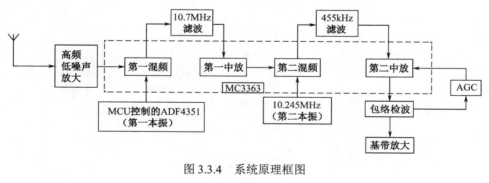

图 3.3.4　系统原理框图

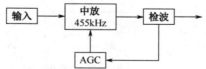

图 3.3.5　中放 AGC 框图

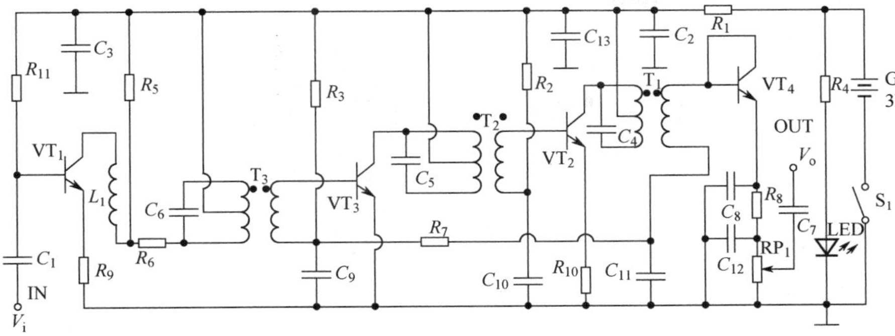

图 3.3.6 中放 AGC 电路图

3.3.2 系统方案论证和选择

本系统主要由高频低噪声放大、混频、滤波、中频放大、自动增益控制（AGC）、基带放大、MCU控制的 ADF4351 等部分组成，其中混频、中频放大集成在一块芯片 MC3363 上，大大简化了电路设计的复杂度。下面论证部分模块的选择。

1．频率变换方案的论证与选择

方案一：选用 MC3363 窄带调频接收电路。由 MC3363 的第一混频引脚 21 输出 10.7MHz 的中频信号，然后经过中频放大和 AD603 进行自动增益控制，经包络检波和基带放大后输出信号。

方案二：选用 MC3363 搭建混频电路。该芯片产生的 10.7MHz 信号由引脚 23 输出，输出的信号经过 10.7MHz 滤波器后再进行第二次混频，与 10.245MHz 本振产生的信号差频，产生 455kHz 的信号，然后接入收音机电路进行中频滤波和包络检波，最终进行基带放大并输出。

方案三：选用芯片 AD834 构建混频电路，然后通过 10.7MHz 滤波器进行滤波。AD834 工作稳定，计算误差小，具有低失真和微功耗的特点，但 AD834 的电路结构比较复杂，在规定时间内比较难以调试。

经过对比，方案一能很好地达到题目控制信号增益的要求，可使输出电压控制在约 1V，所以采用方案一。

2．AGC 电路方案的论证与选择

方案一：使用两个 AD603 构成 AGC 电路，自动增益的控制范围为-16～+54dB，自动增益范围广，能很好地满足自动控制进而使输出保持恒定的要求。

方案二：运用收音机电路的 AGC 电路。该方案操作简单，但自动增益的范围较窄，不能很好地满足题目的要求。

经过对比，方案一能够更好地满足题目的要求，输出电压波动更小，因此采用方案一。

3．包络检波电路

包络检波电路有二极管检波和三极管检波，而在实际运用中，三极管检波的效果往往更好，因此采用三极管检波。

4．系统原理框图

1）系统组成

系统由高频低噪声放大器、MC3363 构成的混频及中频放大、ADF4351 构成的本振电路、10.7MHz滤波器、AD603 构成的 AGC 电路、9018 构成的三极管检波电路和音频放大器组成，系统组成原理框

图如图 3.3.7 所示。

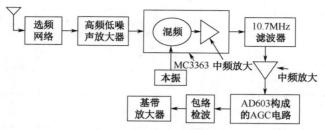

图 3.3.7　系统组成原理框图

2）增益分配

高频低噪声放大器的增益为 20dB，MC3363 的高频放大器和一级变频的增益为 30dB，10.7MHz 滤波器的增益为-20dB，中频放大的增益为 30dB，AGC 的增益为-16～+54dB，包络检波的增益为-20dB，基带放大器的增益可调。

3.3.3　理论分析与计算

（1）低噪声放大器设计。

根据系统总噪声系数公式

$$N_\text{F} = N_\text{F1} + \frac{N_\text{F2}-1}{G_\text{P1}} + \frac{N_\text{F3}-1}{G_\text{P1}G_\text{P2}} + \frac{N_\text{F4}-1}{G_\text{P1}G_\text{P2}G_\text{P3}} + \cdots + \frac{N_\text{F}n-1}{G_\text{P1}G_\text{P2}\cdots G_{\text{P}(n-1)}} \tag{3.3.1}$$

可知，各级噪声系数对总噪声系数的影响是不同的，第一级起决定性作用。第一级放大器的噪声系数 N_F1 要小，增益 G_P1 要大。因此采用 ABA52563 低噪声宽频带 RFIC 放大器，其工作频率范围为 DC～3.5GHz，$N_\text{F1} = 3.3\text{dB}$，$G_\text{P1} = 21.5\text{dB}$。

（2）混频器及中频放大器设计。

采用 MC3363 窄带接收机电路，完成混频、中放等任务。它作为系统的第二级，要求噪声系数小，增益大，$G_\text{P2} = 30\text{dB}$。

（3）本振设计。

由 ADF4351 和单片机构成高稳定度可调本振电路，产生 260.7～310.7MHz 的本振信号（满足基本要求），同时可扩展为 35～4400MHz（满足发挥部分的要求）。

（4）中频滤波器设计。

10.7MHz 中频滤波器是我国颁布的 FM 广播（88～108MHz）专用器件，分为石英晶体滤波器和陶瓷滤波器两种，带通为±100kHz。带外抗干扰抑制性能不同，价格也不同。10.7MHz 陶瓷滤波器的带外抗干扰抑制性能为-20dB，石英晶体滤波器的带外抗干扰抑制性能优于-40dB。两个 10.7MHz 陶瓷滤波器串联后的性能与一个石英晶体滤波器的性能相当。

（5）中放与 AGC 电路设计。

采用两个 AD603 可调增益放大器组成中频放大电路（简称中放）和 AGC 电路。采用直流负反馈控制调整放大器的增益。一级放大器的增益计算公式如下：

$$G_\text{u}(\text{dB}) = 40V_\text{G} + 10 \tag{3.3.2}$$

式中，V_G 为引脚 1 与引脚 2 之间的控制电压，其值域为-0.5～+0.5V。两级 AGC 的增益控制范围为 70dB。

（6）AM 解调电路。

采用三极管检波电路。

（7）基带放大器电路设计。

基带放大器由 TDA2822 集成音频功率放大器电路组成，具有电路简单、音质好、电压范围宽、失真小等特点。

3.3.4　电路设计

1. 本振模块

本振模块电路图如图 3.3.8 所示。单片机通过 ADF4351 的三个控制位使输出信号（由振荡器产生）能够自动跟踪输入参考信号，使它们在频率和相位上保持同步。锁相环未进入锁定状态时，其输出频率和相位均与输入参考信号的不同步，一旦进入锁定状态，输出频率与相位就会与输入参考信号的同步。输出频率与参考频率的关系如下：

$$f_O = \frac{f_{VCO}}{K} = \frac{f_{PFD}(INT+FRAC/MOD)}{K} = \frac{(1+D)(INT+FRAC/MOD)}{K \cdot R \cdot (1+T)} \cdot f_r \tag{3.3.3}$$

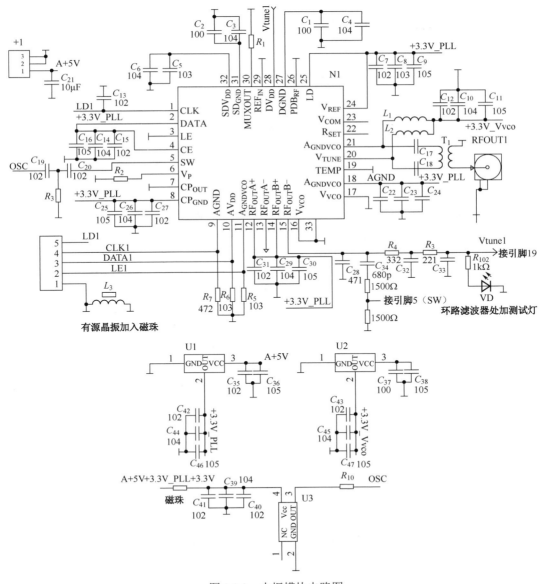

图 3.3.8　本振模块电路图

2. 由 MC3363 构成的混频及滤波模块

混频和滤波电路图如图 3.3.9 所示，其中 MC3363 是完成混频和前级中频放大，然后信号经过陶瓷滤波器进行滤波，再输出给下一级。

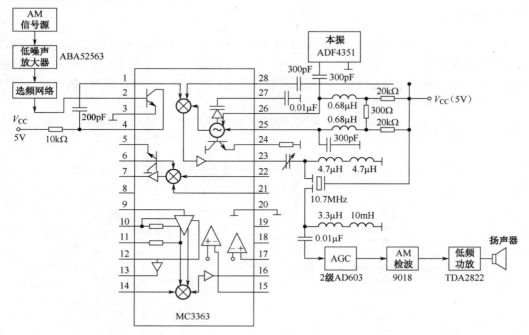

图 3.3.9　混频和滤波电路图

注意，由于篇幅限制，有些电路未画出。为便于培训，特做如下说明：

（1）图中的 AM 信号源属于高频信号发生器，不需要自制。

（2）图中的低噪声放大器由 ABA52563 构成，详见 1.6.3 节。

（3）图中选频网络的频率范围可设计为 250kHz～300MHz，也可设计得更宽，以满足发挥部分的要求。

（4）AGC 电路：由两级 AD603 构成，详见图 3.3.10。

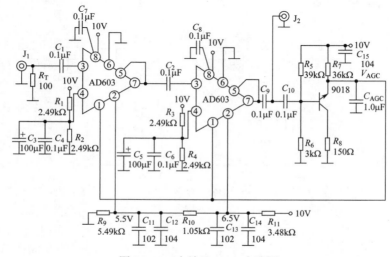

图 3.3.10　中放及 AGC 电路图

（5）AM 检波：采用 9018 检波，详见图 3.3.11。

（6）低频功放：由 TDA2822 构成，可在因特网上查阅其典型应用。

3．中放及 AGC 模块

中放及 AGC 电路图如图 3.3.10 所示。信号经过 10.7MHz 滤波器后，输入由 AD603 组成的中放和 AGC 电路，由 J_2 端子接入由 9018 组成的检波电路。

AGC 与输入信号的关系：从整体上看，输入信号增大时，AGC 模块中 9018 的基极瞬时电流增大，相应的集电极电流也随着增大，导致 R_7 两端的瞬时压降也增大，集电极瞬时电压减小，即滤波后得到的 AGC 也相应减小；同样，输入信号减小时，AGC 增大，即 AGC 与输入信号的强度成反比。

AGC 电路的增益：AD603 的引脚②对地压降固定，引脚①对地压降为 V_{AGC}，从而引脚①与引脚②的电压差 V_{12} 受 V_{AGC} 的控制。AD603 的增益可表示为 $G = 40V_{12} + 10$ (dB)。由此可见，随着 V_{AGC} 的增加，V_{12} 增加，AD603 的增益变大；相反，V_{AGC} 减小，V_{12} 也减小，AD603 的增益变小，从而使两级 AD603 的输出恒定在某个信号强度上。AGC 时间常数的调整可以通过改变 C_{AGC} 的容值来实现。

起控时间：R_6 两端的电压决定了 AGC 的起控时间（9018PN 结导通），$V_{R6} = 10R_6/R_5$，10V 是加在芯片上的电压，比值 R_6/R_5 变大时，起控时间提前；比值 R_6/R_5 变小时，起控时间推迟。

● AGC 起控点与饱和点的选取和计算

AGC 起控点与饱和点的选取应根据具体应用计算。假设要求信号经 AGC 放大后，信号强度稳定在 W (dBm)，AGC 的增益范围为 $G_a \sim G_b$ (dB)，则 AGC 的起控点电平为 $W - G_b$ (dBm)，AGC 的饱和点电平为 $W - G_a$ (dBm)。在应用中，要求信号经两级 AD603 放大后，信号强度基本稳定在 -10dBm，而 AGC 的增益范围为 -16～+54dB，因此 AGC 的起控点电平应为 -10 - 54 = -64(dBm)；AGC 饱和点的电平应为 -10 -(-16) = 6(dBm)。因此，该 AGC 所能处理的信号的动态范围为 -64～+6dBm。

AGC 起控点的调整可通过改变 R_5 的阻值来实现。事实上，改变 R_5 的阻值也就是调整 9018 发射极的 PN 结压降。该 PN 结用于 AGC 检波时，压降被偏置为 500～700mV。假设在工作过程中此 PN 结的瞬时压降为 600mV 时，AGC 开始起控，又假设要求的 AGC 起控点电平为 -30dBm（20mV），那么可通过调整 R_5 的阻值使得此 PN 结的压降偏置为 580mV，则当输入信号电平达到 20mV 时，此 PN 结的瞬时压降为 600mV，AGC 开始起控。以上只是定性的近似分析，在实际电路的实现中，要根据测量结果反复调整 R_5 的阻值，才能满足 AGC 起控点的要求。当然，AGC 的起控点有一个下限。就图 3.3.10 所示的 AGC 电路来说，其 AGC 控制下限取决于 9018 发射极 PN 结压降的调整精度。经实际测量，该值约为 100μV（-76dBm）。

4．检波电路

检波电路如图 3.3.11 所示。

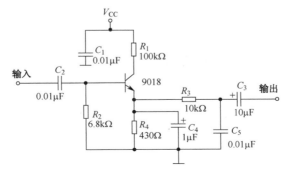

图 3.3.11　检波电路

3.3.5 程序设计

1．程序功能描述与设计思路

（1）采用按键设置扫描方式，本振源模块自动输出 25MHz 信号。扫描时间可调，并可手动扫描，或预置某一频率。

（2）可设置频率上限、下限和步进。

（3）通过键盘输入控制量，控制 PLL 来产生本振频率，用 LCD 液晶屏显示频率。

2．程序流程图

程序图如图 3.3.12 所示，程序流程图如图 3.3.13 所示。

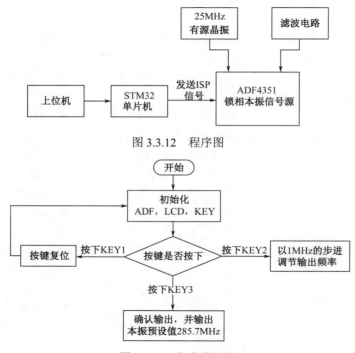

图 3.3.12　程序图

图 3.3.13　程序流程图

3.3.6 测试结果

1．测试方案

（1）硬件测试。

本系统的硬件分为几个部分，测试时分开调试，用信号源模拟输入，将得到的数值与理论值比较并进行调试。

（2）软件仿真测试。

用示波器输出并显示 STM32 的程序，根据显示结果调整程序。

（3）硬件/软件联调。

搭建硬件系统接收信号源的调幅波，用软件输出本振信号，测试各模块的数据及波形，并与之前的硬件数据比较，然后对系统进行相应调整。

2．测试仪器

模拟示波器、数字示波器、万用表、高频信号发生器、12V 直流电源。

3．测试结果

（1）将 AM 信号的频率调制为 275MHz，在调制频率范围 300Hz～5kHz 内输入 1mV 信号，解调信号在 1V 左右时观测，波形无明显失真。

（2）输入 AM 载波频率为 275MHz，V_{irms} 在 10μV～1mV 之间变动，通过 AGC 控制，输出波形约为 1V。

（3）将输入信号的载波频率改为 250～300MHz，步进为 1MHz，并在调整本振频率后，解调音频信号幅值以满足题目要求。

综上所述，本设计达到基本要求和发挥部分的要求。

第4章
通信系统设计

4.1　单工无线呼叫系统设计

[2005 年全国大学生电子设计竞赛（D 题）]

1．任务

设计并制作一个单工无线呼叫系统，实现主站至从站的单工语音及数据传输业务。

2．要求

1）基本要求

（1）设计并制作一个主站，传送一路语音信号，发射频率在 30～40MHz 之间自行选择，发射峰值功率不大于 20mW（在 50Ω 假负载电阻上测定），射频信号带宽及调制方式自定，主站传送信号的输入采用话筒输入和线路输入两种方式。

（2）设计并制作一个从站，其接收频率与主站对应，从站必须采用电池组供电，用耳机收听语音信号。

（3）传送频率为 300～3400Hz 的正弦波信号时，去掉收发天线，用一个功率衰减约 20dB 的衰减器连接主站和从站的天线端子，通过示波器观察从站耳机两端的接收波形，波形应无明显失真。

（4）主站、从站的室内通信距离大于 5m，题中的通信距离是指主站、从站（含天线）之间的最近距离。

（5）主站、从站收发天线采用拉杆天线或导线，长度小于或等于 1m。

2）发挥部分

（1）从站数量扩展至 8 个（实际制作 1 个从站），构成一点对多点的单工无线呼叫系统。要求从站号码可任意改变，主站具有拨号选呼和群呼功能。

（2）增加英文短信的数据传输业务，实现主站英文短信的输入发送和从站英文短信的接收显示功能。

（3）当发射峰值功率不大于 20mW 时，尽可能地加大主站和从站间的通信距离。

3．单工无线呼叫系统（D 题）测试记录与评分表

赛区＿＿＿＿＿　队号＿＿＿＿＿＿　卷号＿＿＿＿＿＿　测评人＿＿＿＿＿＿　　　　　　　　　　年　月　日

类型	序号	项目与指标	满分	测试记录	评分	备注
基本要求	（1）	发射频率为 30～40MHz	5	发射频率 $f=$＿＿MHz		
		发射峰值功率为 5～20mW	5	$V_{opp}=$＿＿V		
				$P_{omax}=\dfrac{V_{opp}^2}{8R_L}=$＿＿mW		
				P_{omax} 在 5～20mW 时为满分，其余酌情扣分		
	（2）	从站必须采用电池组供电	2	采用　未采用		
	（3）	接收的语音信号无明显失真	13	无明显失真（13 分） 轻微失真（9 分） 严重失真（2～4 分） 无 400Hz 信号（0 分）		记录失真波形
	（4）	主站和从站的室内通信距离大于 5m	20	$D=$＿＿m 得分＝4D；$D<5m$ 得分＝2D；$D\geqslant 5m$		
	（5）	工艺	5			
	总分		50			
发挥部分	（1）	从站数量扩展至 8 个	5	主站可呼叫的号码有 8 个即可		
		从站号码可任意改变	4	从站号码可任意改变 8 个即可		
		实现主站拨号选呼和群呼功能	6	通信距离小于 5m 时记录 $D=$＿＿m。 通过改变主站、从站号码，连续实现 1 次选呼和 1 次群呼 选呼错误：有、无 群呼错误：有、无 每出现一次错误扣 3 分		
	（2）	实现主站英文短信的输入功能	3	主站输入功能：有、无		
		实现从站的英文短信显示功能	2	从站显示功能：有、无		
		能够正确传输短信内容	10	通信距离小于 5m 时记录 $D=$＿＿m 连续传输 2 次 10 个字母的短信，每条短信接收正确得 5 分；短信中每传错 1 个字母扣 1 分。1 条短信超过 2 个错误得 0 分 第一条短信传错字母个数 第二条短信传错字母个数		
	（3）	当发射峰值功率不大于 20mW 时，尽可能地加大主站和从站间的通信距离	15	实测 $P_{omax}=$＿＿mW $D=$＿＿m $D\leqslant 5m$ 不得分		
	（4）	其他	5			
	总分		50			

4.1.1 题目分析

题目要求是设计一个单工无线呼叫系统，实现主站至从站的单工语音及数据传输业务。所谓单工，是指主站只管发射信息，从站只管接收信息，单向传输信息，信息不需要返回。

根据要求建立 1 个主站（1 台发射机）和 8 个从站（8 个接收机）。考虑时间限制，只要求制作 1 台接收机，但必须具有单呼和群呼功能。

主站信号系统至少考虑 3 种或 3 种以上的输入：一是话筒输入，话筒型号有多种，一般有高阻和低阻两类，若采用低阻话筒，则其输入阻抗为 600Ω，电平约为 100mV；二是线路输入，根据国家标准，线路输入要求阻抗为 600Ω，电平为 0dBm（0.775V）；三是基带信号输入，其阻抗为 600Ω，电平为±2V。

根据题目要求，发射机输出端接长度小于或等于 1m 的拉杆天线，而测试发射机的功率时却用 50Ω 的假负载。对于长度小于或等于 1m 的拉杆天线，在工作频率为 30～40MHz 时，必须事先算出其阻抗。利用 MATLAB 仿真，得到 $f = 35$MHz、拉杆天线长度为 1m、直径为 3mm 时，天线的阻抗为 $Z_L = R_L + jX_L = (5.44 - j115.1)Ω$。经过多次仿真后，得到的阻抗值并不相同，原因是与周边和实验的情况有关，如与天线的方向、天线距离地面的高度和周边环境有关，但这个数值足以说明天线与发射机输出阻抗严重失配，如不采取措施直接相连，势必导致辐射的功率很小，作用距离短，达不到题目的要求。因此，必须进行阻抗匹配。

对接收机而言，同样存在天线与接收机输入端的阻抗匹配问题。接收机解调后的输出形式多样，对音频部分要做相应处理，对语音信号用耳机监听（功率为 mW 级），对主站呼叫能识别是单呼还是群呼，对英文短信能显示等。

（1）系统功能：

➢ 传送语音信息。

➢ 主站对从站（8 个）具有拨号选呼和群呼功能。

➢ 传送英文短信数据，并能显示短信内容。

（2）技术指标：

➢ 主站（发射机）主要技术指标。

 • 输入信号电平和阻抗，有 4 项技术指标，即

   话筒输入：600Ω，100mV。

   线路输入：600Ω，0dBm（0.775V）。

   基带输入：±2V。

   正弦波输入：300～3400Hz，600Ω，0dBm（0.775V）。

 • 频率范围：在 30～40MHz 内任选一个频率。

 • 发射功率：$P_{VV} ≤ 20$mW（接 50Ω 假负载的情况下）。

 • 负载：拉杆天线（小于或等于 1m）；50Ω 假负载。

➢ 从站（接收机）主要技术指标。

 • 输出音频功率小于或等于 100mW。

 • 天线，长度小于或等于 1m 的拉杆天线（或导线）。

➢ 系统技术指标。

 • 作用距离：大于或等于 5m（基本要求）；大于或等于 10m（发挥部分），越大越好。

 • 失真度：无明显失真（小于 2%）。

 • 频率响应：语音的频率响应为 300～3400Hz；音乐的频率响应为 50～13000Hz（满足发挥部分的其他要求）。

● 发射机和接收机的频率稳定度（满足发挥部分的其他要求）：10^{-5}。

4.1.2　方案论证

弄清题意后就应进行方案论证，即根据题目要完成的主要功能和技术指标进行论证。

1. 调制体制的选择

常采用普通调幅波调制（AM）和调频波调制（FM）来实现语音信号传送；常采用幅度键控（ASK）调制、频率键控（FSK）调制、相位键控（PSK）调制来实现主站对从站（8 个）的拨号选呼、群呼和英文短信数据传送功能。考虑到 FM 比 AM 的抗干扰性强，本方案对语音传送选用 FM 体制，对拨号呼叫、群呼和英文短信数据传送选用 2FSK 调制体制。

2. FM 方案的选择

目前，常采用频率合成技术产生稳定度较高的载波。频率合成技术分为直接频率合成法和间接频率合成法两类。直接频率合成法又分为直接模拟频率合成法和直接数字频率合成法（DDS），间接频率合成法（锁相环法 PLL）又分为脉冲控制锁相法、间接合成减法降频法和间接合成除法降频法。考虑到语音信号（随机信号）和选呼、群呼、英文短信数据的调频，采用间接合成除法降频法会更简单和方便，故选取该方案。

3. 关于传输距离的分析

传输距离是单工无线呼叫系统的综合性能指标。单工无线通信的最大传输距离公式为

$$R_{max} = K\sqrt{\frac{P_t G_t G_r}{S_{min}}} \qquad (4.1.1)$$

式中，P_t 为发射机天线辐射的有效功率；S_{min} 为接收机的最小检测功率；G_t、G_r 分别为发射机天线和接收机天线的增益；K 值在发射频率确定的情况下基本上是一个常量。

若要增大传输距离 R_{max}，则应从以下几个方面考虑。

（1）在发射机端接 50Ω 假负载，在其峰值功率不大于 20mW 的情况下，尽量提高发射机天线辐射的有效功率 P_t。当 $f = 35$MHz 时，$\lambda = 8.5657$m，当拉杆天线长为 1m、直径为 3mm 时，通过 MATLAB 仿真计算可得拉杆天线的等效阻抗 Z_r 为

$$Z_r = R_L - jX_L = (5.44 - j115.1)\ \Omega$$

由此可见，发射机输出端的阻抗与天线阻抗严重失配。为使天线辐射功率最大，如图 4.1.1 所示，必须在天线端口接一个电感 L，使 L 与 C_L 形成串联谐振，抵消 C_L 的作用。同时，要使发射机输出阻抗 $R_o = 50\Omega$ 与 R_L 匹配，中间必须接一个降阻网络。

图 4.1.1　发射部分阻抗匹配示意图

（2）提高接收机灵敏度。由式（4.1.1）可知，提高接收机灵敏度（降低接收机的 S_{min}）与提高发射机天线辐射功率 P_t 对增大传输距离同等重要。因此，接收机采用超外差体制，并调准接收机，使接收机的灵敏度最高。

（3）在接收机输入端和拉杆天线之间必须加装升阻网络，使天线阻抗与接收机输入阻抗匹配，同时加装一个电感，使之与天线等效电容形成串联谐振，接收机高放电路采用低阻抗输入的共基电路。本设计采用的 CXA1238 芯片内部已集成了该电路。如果在天线输入端再加一级低噪声天线放大器，那么会提高接收机灵敏度，进而增大作用距离。

（4）因本设计的收发天线均采用拉杆天线或导线，其长度小于或等于 1m，为提高收发天线的增益，应使拉杆天线的长度等于 1m 或稍小于 1m，并注意在收发信号时使收发天线的极化一致，且方向调在最合适的位置。

（5）当频率为 35MHz 时，波长 λ 为 8.6m，信号按直线传输，中间有障碍物时会产生反射和折射现象，对传输距离有很大的影响。因此，测试应在空旷的位置进行，中间不能有障碍物或屏蔽物。

（6）根据电波传输理论，如图 4.1.2 所示，距离为 $(2n-1)\lambda/4$ 时，磁场强度较弱，电场强度较强；距离为 $n\lambda/2$ 时，情形相反，其中 n 为自然数。进行传输距离测试时，要转动天线方向，使接收效果达到最佳。

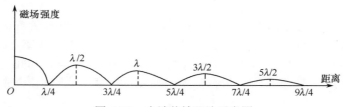

图 4.1.2　电波传输理论示意图

4. 关于尽量减小系统输出信号失真度的分析

输出信号失真度也是单工无线呼叫系统的重要指标，该指标的优劣取决于接收机和发射机。对可能产生波形失真的原因要分析清楚，以便采取有效措施保证系统输出波形无明显失真。

从发射机方面考虑，应该注意以下几个方面：

（1）音频放大部分。音频输入来自两个方面：一是话筒，其输入阻抗为高阻（10kΩ）或低阻（600Ω），电平较低，一般要加低频放大电路；二是线路输入，其阻抗为 600Ω，输入电平为 0dBm（0.775V），一般不需要放大。对于需要放大的低频信号，其放大器应工作在放大器件的线性段，且负反馈深度要大，确保音频信号经过音频放大器后不产生失真。采用低噪声放大器既利于提高整机的信噪比，也有利于改善输出波形失真。

（2）调制器部分。由上述分析可知，收发系统均采用调频（FM）体制，要求调频波的瞬时频率与输入信号（调制信号）$v_\Omega(t)$ 呈线性关系，即

$$\omega(t) = \omega_c + kv_\Omega(t) \tag{4.1.2}$$

而调制器采用 VCO 电路，以变容二极管作为调谐元件。变容二极管的结电容为

$$C_j = \frac{C_{jQ}}{(1 + v/V_D)^\gamma} \tag{4.1.3}$$

式中，γ 为电容变化指数。

若采用变容二极管作为振荡回路的总电容，则瞬时角频率 $\omega(x)$ 为

$$\omega(x) = 1/\sqrt{LC_j} = \omega_c\left[1 + \frac{v_\Omega(t)}{V_D + V_Q}\right]^{\frac{\gamma}{2}} = \omega_c(1 + x)^{\frac{\gamma}{2}} \tag{4.1.4}$$

为使角频率 $\omega(x)$ 与调制信号 $v_\Omega(t)$ 呈线性关系，必须选取 $\gamma = 2$ 的变容二极管。

变容二极管部分接入振荡回路时，应取电容变化指数 $\gamma = 1$。

根据单元电路设计，本方案采用变容二极管部分接入振荡回路的方式，故取 $\gamma = 1$，且将变容二极

管的静态反偏电压取在合适的位置，以便使失真度最小。

从接收机方面考虑，应注意以下几点：

（1）鉴频/鉴相器部分。如图 4.1.3 所示，鉴频/鉴相器的鉴频特性应取其线性部分，线性度要好，且静态工作点应选为图形的中点，最大频偏 $|\Delta f_{max}| < \Delta f_m$，国家标准是 Δf_{max} 为±75kHz。实际工作时应使 $|\Delta f_{max}| \leqslant 75$kHz，这样鉴频/鉴相器导致的波形失真才会最小。

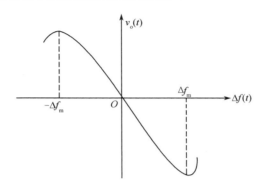

图 4.1.3　鉴频/鉴相器的鉴频特性

（2）音频低放与功率放大器部分。鉴频/鉴相器输出的音频信号很弱，需要经过低频小信号放大和低频功率放大。要注意的是，鉴频/鉴相器到低频小信号放大级之间应防止干扰信号串入，输入线较长时应采用屏蔽线。低放与功放应采用线性放大电路，以确保输出波形失真小。

从系统方面考虑：收发系统要调整正常，两者的频率要对准，直流稳压电源纹波要小，还要防止外部干扰（特别是市电干扰）串入系统。因此，最好能屏蔽发射机音频放大级。

5．基带信号形成器方案论证

主站对从站（8 个）拨号选呼、群呼及英文短信数据的产生（编码）和解码，可在单片机控制下用分立元器件或中小规模集成电路实现，但这种方案的外围元器件太多、调试工作量大。目前市面上可购买到专用基带信号的编码/解码电路，如由 PT2262/2272 组成的编码/解码芯片就能实现上述功能。PT2262/2272 是由 CMOS 工艺制造的具有低功耗、低价位带地址、数据编码/解码功能的一对集成芯片。采用 PT2262/2272 的基带信号编码/解码原理框图如图 4.1.4 和图 4.1.5 所示。

图 4.1.4　采用 PT2262 的基带信号编码原理框图　　图 4.1.5　采用 PT2272 的基带信号解码原理框图

主站对从站（8 个）拨号选呼、群呼编码可采用 4 位二进制编码实现，如表 4.1.1 所示。采用图 4.1.4 可以实现编码功能，采用图 4.1.5 可实现解码功能。但这个方案存在 PT2272 一次只能预置一个地址码的问题。如果预置选呼码，那么不能预置群呼码，反之亦然。为解决这个问题，对每个从站必须采用 2 个 PT2272，一个完成群呼，另一个完成选呼，然后将群呼和选呼通过或门输出。英文短信数据编码可模仿 ASCII 码实现，如表 4.1.2 所示。根据题意，只需发送英文短信，而英文字母只有 26 个，大写与小写共 52 个，6 位编码就够用。

表 4.1.1　选呼、群呼编码表

A	B	C	D	功能
0	1	1	1	群呼
1	0	0	0	选呼从站 0
1	0	0	1	选呼从站 1
1	0	1	0	选呼从站 2
1	0	1	1	选呼从站 3
1	1	0	0	选呼从站 4
1	1	0	1	选呼从站 5
1	1	1	0	选呼从站 6
1	1	1	1	选呼从站 7

表 4.1.2　ASCII 码

$b_3b_2b_1b_0$	$b_6b_5b_4$							
	000	001	010	011	100	101	110	111
0　0　0　0	NUL	DLE	SP	0	@	P	`	p
0　0　0　1	SOM	DC	!	1	A	Q	a	q
0　0　1　0	STX	DC	"	2	B	R	b	r
0　0　1　1	ETX	DC	#	3	C	S	c	s
0　1　0　0	EOT	DC	$	4	D	T	d	t
0　1　0　1	ENQ	NAK	%	5	E	U	e	u
0　1　1　0	ACK	SYN	&	6	F	V	f	v
0　1　1　1	BEL	ETB	'	7	G	W	g	w
1　0　0　0	BS	CAN	(	8	H	X	h	x
1　0　0　1	HT	EM	)	9	I	Y	i	y
1　0　1　0	LF	SUB	*	:	J	Z	j	z
1　0　1　1	VT	ESC	+	;	K	[	k	{
1　1　0　0	FF	FS	,	<	L	\	l	|
1　1　0　1	CR	GS	-	=	M	]	m	}
1　1　1　0	SO	RS	.	>	N	^	n	~
1　1　1　1	SI	US	/	?	O	_	o	DEL

　　根据以上分析，可知地址码占 4 位，数据码占 6 位。采用 1 个 PT2262 和 2 个 PT2272 就能实现选呼、群呼和英文短信数据编码任务。

6．自动控制模块设计方案论证

　　单工无线呼叫系统的自动控制部分直接关系到系统"智能化"与"自动化"的实现。相对而言，单工无线控制部分并不复杂，可采用 FPGA（Field Programmable Gate Array，现场可编程逻辑门阵列）或单片机作为系统的控制核心。考虑到单片机技术非常成熟，开发过程中可供利用的资源和工具丰富，而且价格便宜、成本低，故选择以单片机为核心的控制方案。发射部分（主站）控制框图如图 4.1.6 所示，接收部分（从站）控制框图如图 4.1.7 所示。

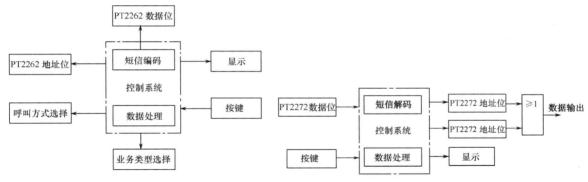

图 4.1.6 发射部分（主站）控制框图   图 4.1.7 接收部分（从站）控制框图

7. 系统方案确定

系统由发射机和接收机两部分构成，经过上述分析和方案论证，发射机和接收机原理框图分别如图 4.1.8 和图 4.1.9 所示。由图 4.1.8 可见，发射机由 FM 调制器、控制与基带信号产生器、功率放大器及阻抗匹配网络、天线、输入信号接口电路等组成。其中，FM 调制器由集成电路 MC145152、MC1648、MC12022、环路滤波器、音频处理器等组成。控制与基带信号产生器由单片机、PT2262、键盘、显示器等组成。调制信号来自由拨号选呼、群呼、英文短信构成的基带信号、正弦波信号（300～3400Hz，600Ω，0dBm）、线路输入信号（600Ω，0dBm）和话筒输入信号（600Ω，100mV）。由图 4.1.9 可见，接收机由接收天线、天线匹配网络、接收芯片及外围电路、音频放大、耳机、基带信号放大及整形、解码片（PT2272）、单片机和显示单元等组成。

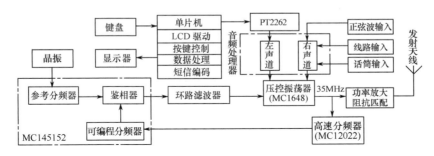

图 4.1.8 发射机原理框图

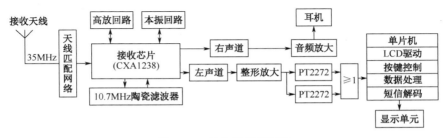

图 4.1.9 接收机原理框图

4.1.3 硬件设计

1. 发射机设计

发射机原理框图如图 4.1.8 所示。它由 FM 调制器、功率放大器、匹配网络、音频处理器、控制与基带信号产生器等组成。

（1）FM 调制器与功率放大器。

采用如图 4.1.10 所示的电路。原理说明见 2.1 节的叙述，这里不再重复。但要强调的是，在第 2 章中，如图 2.1.12 所示的电路是按频率范围 87～108MHz 设计的，根据本题要求，应将频率范围改为 30～40MHz。振荡回路参数 L、C_{12} 和 VD_3 的电容量均按比例增加。因为 VD_3 是部分接入振荡回路的，所以应取电容变化指数 $r = 1$，这样有利于降低收发系统的失真度。

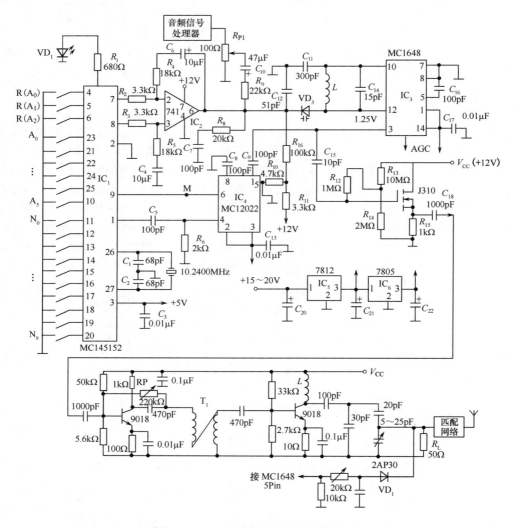

图 4.1.10　FM 调制器与功率放大器电路

（2）音频处理器。

音频处理器电路图如图 4.1.11 所示。由该图可见，运算放大器 A(1) 的作用主要是将平衡输入变为不平衡输出，运算放大器 A(2) 的作用是放大电压。音频处理器的作用是将不同输入阻抗、不同输入电平的各种信号变成基本一样的输出阻抗和 VCO 所需的电平（一般在几百毫伏至几伏之间，视最大频偏而异）。

（3）发射机控制器及主站对从站的选呼、群呼、英文短信数据编码器的设计。

发射机控制器和数据编码器原理图如图 4.1.12 所示。该部分功能主要由单片机 AT89S51 和编码芯片 PT2262 实现。

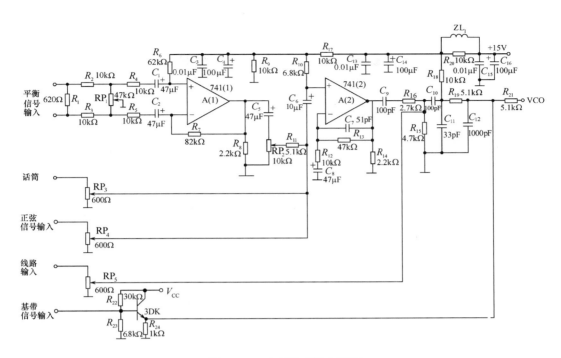

图 4.1.11 音频处理器电路图

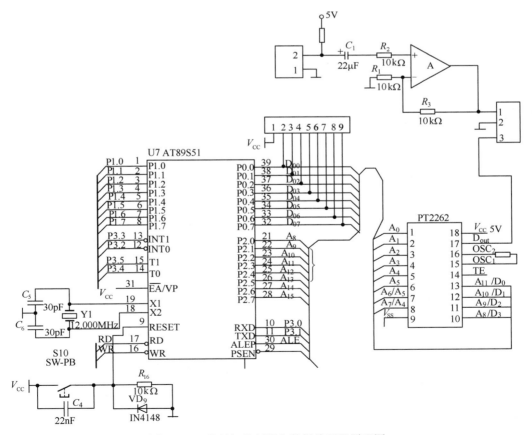

图 4.1.12 发射机控制器和数据编码器原理图

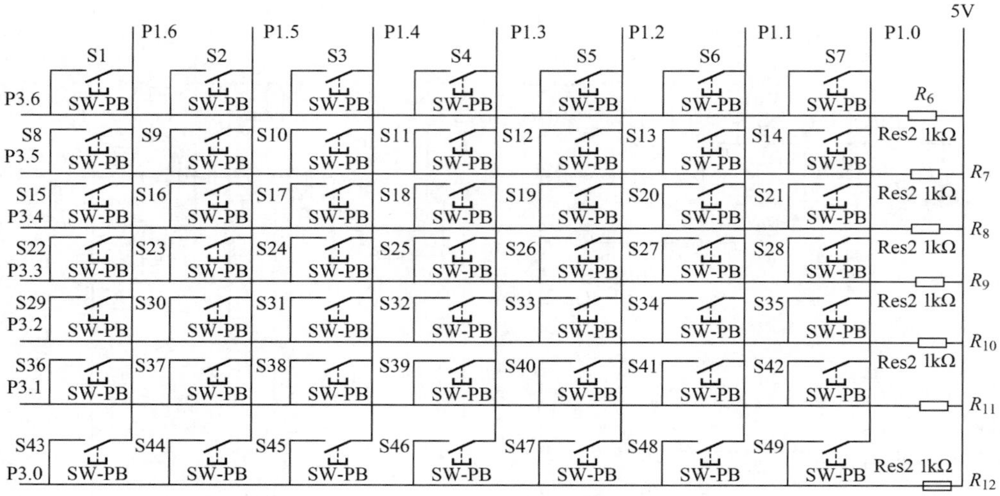

图 4.1.12　发射机控制器和数据编码器原理图（续）

PT2262 具有地址、数据编码功能，PT2272 具有地址、数据解码功能，两者必须配套使用。PT2262 引脚的功能如表 4.1.3 所示。

表 4.1.3　PT2262 引脚的功能

引脚端	功能
引脚 1～6（A_0～A_5）	地址输入端，可编成 1、0 和开路三种状态
引脚 7、8、10～13（A_6/D_0～A_{11}/D_5）	地址或数据输入端，做地址输入时用 1～6，做数据输入时只可编成 1、0 两种状态
引脚 14（TE）	发射使能端，低电平有效
引脚 15、16（OSC_1、OSC_2）	外接振荡电阻，决定振荡的时钟频率
引脚 17（D_{out}）	数据输出端，编码由此引脚串行输出
引脚 9、18（V_{DD}、V_{SS}）	电源+、-输入端

PT2262 地址编码输入有 1、0 和开路三种状态，数据输入有 1 和 0 两种状态，具体由各地址、数据的不同引脚状态决定，编码信号从输出端引脚 17（D_{out}）输出。D_{out} 输出的编码信号调制到载波上，通过改变引脚 15（OSC_1）和引脚 16（OSC_2）之间所接电阻值的大小，可改变引脚 17 输出的时钟频率。6 个数据位（D_0～D_5）和 6 个地址位分别由单片机 P20～P25 与单片机 P00～P05 预置。整个编码和控制均由单片机通过编程实现。

（4）阻抗变换电路设计。

根据 MATLAB 仿真，对于 1m 长的拉杆天线，当 $f = 35\text{MHz}$ 时，其等效阻抗为 $Z = R + jX = (5.44 - j115.1)\Omega$。要使发射机的输出阻抗 50Ω 与天线的阻抗匹配，必须加装降阻匹配网络，又因 1m 长天线为容性阻抗，必须采用串联谐振，使天线辐射的功率最大。本设计采用 L 形 LC 网络来实现阻抗匹配，L 形 LC 网络只有两个元件，因此它的解唯一。下面是 L 形电路的匹配原理和计算方法，如图 4.1.13 所示，R_1、R_2 为待匹配的电阻值。因为

$$\frac{R_1 X_1}{R_1 + X_1} + X_2 = \frac{R_1 X_1 (R_1 - X_1)}{R_1^2 - X_1^2} = \frac{R_1^2 X_1}{R_1^2 - X_1^2} - \frac{R_1 X_1^2}{R_1^2 - X_1^2} + X_2$$

$$= \left(\frac{R_1^2 X_1}{R_1^2 - X_1^2} + X_2 \right) - \frac{R_1 X_1^2}{R_1^2 - X_1^2} = R_2$$

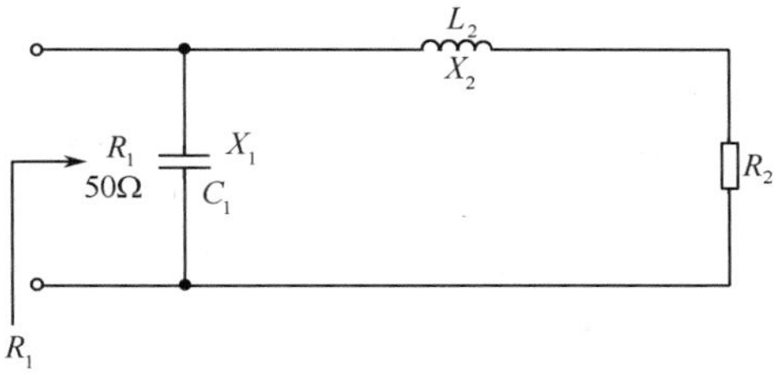

图 4.1.13　L 形 LC 网络

令上式的虚部等于 0，实部等于 R_2，有

$$
\begin{cases}
\dfrac{R_1^2 X_1}{R_1^2 - X_1^2} + X_2 = 0 \\
-\dfrac{R_1 X_1^2}{R_1^2 - X_1^2} = R_2
\end{cases}
$$

解此方程组得

$$
\begin{cases}
|X_2| = \omega L_2 = \sqrt{R_2(R_1 - R_2)} \\
|X_1| = \sqrt{\dfrac{R_1^2 R_2}{R_2 - R_1}} = R_1\sqrt{\dfrac{R_2}{R_2 - R_1}}
\end{cases}
$$

又因为 $|X_1| = \dfrac{1}{\omega C_1}$，$|X_2| = \omega L_2$，于是有

$$
C_1 = \frac{\sqrt{R_1 - R_2}}{\omega R_1 \sqrt{R_2}}, \qquad L_2 = \frac{\sqrt{R_2(R_1 - R_2)}}{\omega}
$$

本设计的阻抗变换采用两节 LC 网络，使得每级的阻抗匹配变换缓慢以换取带宽特性，阻抗变换为 $50\Omega \rightarrow 16\Omega \rightarrow 5.4\Omega$。阻抗变换电路图如图 4.1.14 所示，$R_1 = 50\Omega$，经 MATLAB 计算，天线呈容性，阻抗 $Z = R_L - jX_L = (5.44 - j115.1)\Omega$，输出频率 $f_o = 35\text{MHz}$，采用串联谐振电路，即接一个电感 L_3 抵消天线呈容性负载的影响。计算可得

$$
C_1 \approx 160.8\text{pF}, \quad L_1 \approx 76\text{nH}, \quad C_2 = 281.2\text{pF}, \quad L_2 \approx 13.4\text{nH}, \quad L_3 \approx 523.49\text{nH}
$$

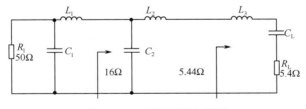

图 4.1.14　阻抗变换电路图

2. 接收机设计

接收机原理框图如图 4.1.9 所示。它由接收天线、天线匹配网络、正常调频接收部分（以 CXA1238 接收芯片为核心，包含高放回路、本振回路、右声道、音频放大等）、接收机控制器及数据解码器（包含左声道、整形放大、PT2272、单片机、显示单元）组成。

调频接收部分可采用如图 4.1.15 所示的收音电路图。

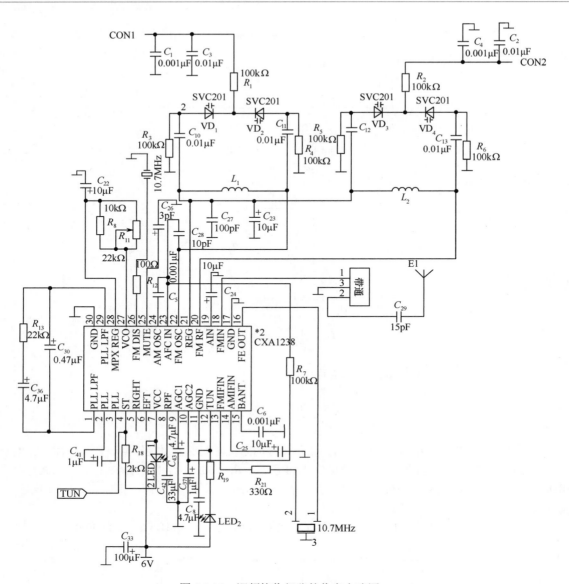

图 4.1.15　调频接收部分的收音电路图

（1）接收机控制器及数据解码器设计。

接收机控制器及数据解码器的原理图如图 4.1.16 所示，它主要由单片机 89C51 和解码芯片 PT2272 组成。

PT2262/2272 是一对带地址的数据编码/解码芯片。发射端采用数据编码芯片 PT2262，接收端必须采用数据解码芯片 PT2272。为方便用户使用，PT2272 的数据输出提供"暂存"和"锁存"两种方式。后缀为"M"称为暂存型，后缀为"L"称为锁存型，数据输出分为 0 位、2 位、4 位、6 位等。例如，PT2272-M6 表示数据输出为 6 位的暂存型无线接收芯片。本设计采用数据解码芯片 PT2272，其引脚功能见表 4.1.4。

从站接收主站信号后，先经过鉴频/鉴相器，音频信号从右声道输出，数据信号由左声道经整形放大后进入数据解码芯片 PT2272 的引脚 14（D_{in}），再经 PT2272 解码后，将串行的地址、数据码转换成并行的地址、数据码，地址码经过两次比较核对后，VT 才输出高电平。

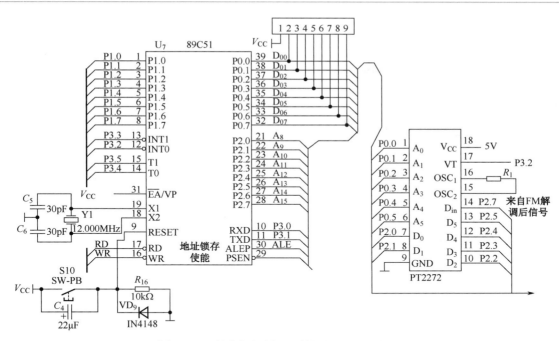

图 4.1.16 接收机控制器及数据解码器的原理图

表 4.1.4 PT2272 的引脚功能

引脚端	功能
引脚 1~6（$A_0 \sim A_5$）	地址输入端，可编码为 1、0 和开路三种状态。要求与 PT2262 设定的状态一致
引脚 7、8、10~13（$D_0 \sim D_5$）	数据输出端，分暂存和锁存两种状态
引脚 14（D_{in}）	脉冲编码信号输入端
引脚 15、16（OSC_1、OSC_2）	外接振荡电阻，决定振荡的时钟频率
引脚 17（VT）	输出端，接收有效信号时，VT 端由低电平变为高电平
引脚 9、18（V_{DD}、V_{SS}）	电源+、-输入端

同时，数据通过 $D_0 \sim D_5$ 传送给单片机，由单片机完成处理任务，最后显示英文短信。

（2）天线匹配网络。

设计天线匹配网络时，要先算出拉杆天线的等效阻抗并测量接收机的输入阻抗。采用 MATLAB 对 $L = 1m$、$D = 5mm$ 的拉杆天线进行仿真，$f = 35MHz$ 时得到其等效阻抗为 $Z = R - jX = (5.44 - j115.1)\Omega$，天线匹配网络电路图如图 4.1.17 所示。拉杆天线阻抗可等效为纯电阻 $R_L = 5.44\Omega$ 和电容 $C_L = 39.5pF$ 的串联。阻抗变换为 $5.4\Omega \rightarrow 16\Omega \rightarrow 50\Omega$。用换算法测接收机输入电阻 R_i 的电路图如图 4.1.18 所示。

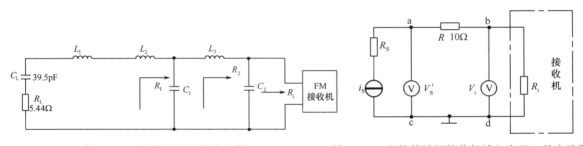

图 4.1.17 天线匹配网络电路图   图 4.1.18 用换算法测接收机输入电阻 R_i 的电路图

设 $R = 10\Omega$，分别测出 V_{ac} 和 V_{bd}，得输入电阻为

$$R_i = \frac{R}{\dfrac{V'_s}{V_i} - 1} \tag{4.1.5}$$

实测 $R_i \approx 50\Omega$，然后根据公式可求得 $L_1 = 523.49\text{nH}$，$C_1 \approx 281.2\text{pF}$，$L_2 \approx 13.4\text{nH}$，$C_2 \approx 160.8\text{pF}$，$L_3 \approx 76\text{nH}$。

3．20dB 衰减器设计

根据 MATLAB 仿真结果，天线等效阻抗为 $Z = (5.44 - j115.1)\Omega$，因此有

$$C_L = \frac{1}{\omega_c X_c} = \frac{1}{2\pi \times 35 \times 10^6 \times 115.1}\text{F} \approx 39.5\text{pF}$$

观察系统的失真度时，在去掉拉杆天线的情况下，接一个 20dB 衰减器。必须考虑天线的等效阻抗。20dB 衰减器电路图如图 4.1.19 所示，采用三级衰减，每级衰减量为 6.02dB，共衰减 18.06dB。

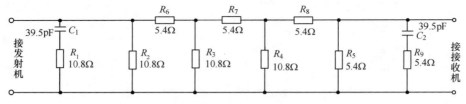

图 4.1.19　20dB 衰减器电路图

4．抗干扰措施

本系统既有低频信号，又有中频和高频信号；既有模拟信号，又有低频基带的数字（脉冲）信号和锁相环生成的各种频率的数字（脉冲）信号。它们互相交调，形成频谱很宽的内部干扰信号。此外，还有外部的各类干扰信号，特别是 50Hz 市电干扰信号。这些干扰信号不仅影响音频信号的传输质量，而且影响主/从站的呼叫、英文短信的传输质量，甚至造成呼叫和英文短信出错。因此，抗干扰措施必须做得很好才能保证语音信号的高质量传送，以及呼叫信号、英文短信的无误传送。本系统采取以下抗干扰措施。

① 屏蔽发射机调制器前的音频输入级，防止 50Hz 市电干扰和数字（脉冲）信号干扰。

② 电源隔离。模拟部分和数字部分的电源单独供电，如果共用一个直流稳压电源，那么必须采用电感和电容去耦合。

③ 地线隔离。地线一般要粗，甚至大面积接地，除元器件引线、电源走线、信号线外，其余部分均作为地线，同时模拟地要与数字地分开。

④ 模数隔离。由于模拟部分受到数字部分脉冲干扰的影响，因此必须将数字部分和模拟部分分开布线，并拉开一定的距离。

⑤ 数数隔离。本系统采用了锁相环，会产生各种频率的脉冲信号。呼叫信号和英文短信也是数字信号，这两类数字信号要相互隔离：前者会干扰后者，造成呼叫或英文短信传送出错；后者会干扰前者导致分频错误，进而影响正确锁定。

⑥ 加装屏蔽线。例如，加线路输入线、话筒输入线。接收机鉴频/鉴相器到音频放大器之间的引线均要加装屏蔽线。

⑦ 凡是用电解电容作为耦合元件的地方，一定要并接一个容量较小的瓷片电容，并要注意电解电容的极性不能接反，否则会产生很大的噪声干扰。例如，如果图 4.1.10 中的电解电容 C_{10}（47μF）的极性接反，那么会使 VCO 输出的噪声大大增加。

4.1.4 软件设计

鉴于单片机技术比较成熟，且开发过程中可以利用的资源和工具丰富、价格便宜、成本低，因此设计采用 C 语言编程并烧录到芯片内部，因为 C 语言表达和运算能力较强，且具有很好的可移植性和硬件控制能力。采用 Keil 51 的 C51 编译器。Keil μVision2 是众多单片机应用开发软件中的优秀软件之一，它支持众多不同公司的 51 构架的芯片，集编辑、编译、仿真等于一体，同时还支持 PLM、汇编和 C 语言的程序设计，它的界面和常用 VC++的界面相似，其界面友好，易学易用，在调试程序、软件仿真方面也有很强的功能。程序分为发射部分和接收部分。

1. 软件设计和硬件设计的关系

硬件设计和软件设计是电子设计中必不可少的内容，为了满足设计的功能和指标的要求，在开始设计时首先要考虑硬件和软件的协调，否则会造成硬件资源的浪费或增大软件实现时的困难性和复杂程度，甚至造成信号的断层，即使硬件和软件能单独使用，也不能使它们组成系统工作。因此，在设计过程中必须考虑软/硬件的处理能力及它们的接口是否兼容，以实现软/硬件的信号过渡。另外，在硬件之间应尽可能减小联系，只需连接必要的信号线。这样做的优点是：首先，调试时可以减少很多不必要的麻烦，因为电路是相对独立的，所以在调整电路参数值时其影响和干扰小，在满足发射和接收模块的要求后可单独对控制模块进行调整；其次，在出现故障时，可缩小检查电路的范围，从而提高排错效率。由于硬件分离，能单独针对控制模块进行软件调试。

2. 发射部分的程序设计

发射部分的主要程序分为按键处理模块、液晶显示模块、数据处理模块和字符转换模块，其流程图如图 4.1.20 所示。

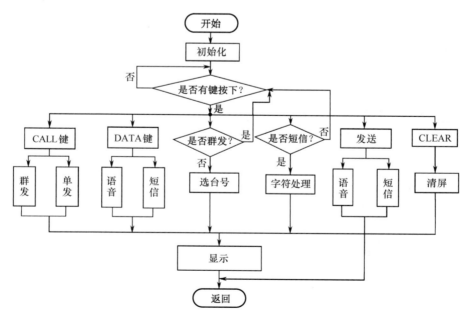

图 4.1.20 发射部分的主要程序流程图

3. 接收部分的程序设计

接收部分的程序主要完成液晶显示、按键处理及台号的转换等功能，其主要程序流程图如图 4.1.21 所示。

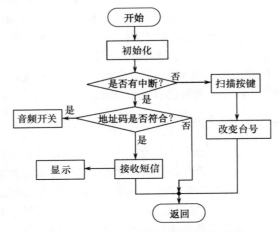

图 4.1.21　接收部分的主要程序流程图

4.1.5　系统调试

系统调试分为软件调试和硬件调试，硬件调试又分为单元电路调试与系统联调。因硬件调试的工作量最大且最重要，故这里只介绍硬件调试。

1. 调试所用的仪器设备

调试所用的仪器设备见表 4.1.5。

表 4.1.5　调试所用的仪器设备

序号	名称、型号、规格	数量	备注
1	DF-1731SC 直流稳压电源	1	宁波中策电子有限公司
2	BT3C-B 频率特性测试仪	1	南京无线电仪表厂
3	GDS-820C 数字存储示波器	1	江苏扬中电子仪器厂
4	GFG-8216A 函数信号发生器	1	江苏扬中电子仪器厂
5	ZQ4121A 失真度测试仪	1	南京无线电仪器厂
6	DF1071 高频信号发生器（带调制信号）	1	上海电子仪器厂
7	UNI-T 数字万用表	1	德利 UNIT-T 有限公司
8	SP-1500A 型系列等精度频率计数器	1	南京胜普电子有限公司

2. 调试步骤与方法

调试分为三步，即接收机电路调试、发射机电路调试、发射机与接收机联调。

（1）接收机电路调试。

根据调频接收机的调试方法，首先将接收机调试正常，然后按如图 4.1.22 所示的方式测试接收机的各项技术指标，特别是接收机的信噪比、实用灵敏度、失真度等项技术指标要达到乙级机以上的水平，即信噪比大于或等于 50dB，灵敏度优于 15μV，失真度小于 2%。

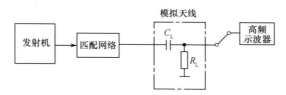

图 4.1.22　调试 FM 接收机原理框图

（2）发射机电路调试。

根据调频发射机的调试方法，首先将发射机调试正常，然后按如图 4.1.23 所示的连接方式测试发射机的基本技术指标。例如，用高频示波器观察载波的波形基本不失真，输出的功率接近 20mW，频率准确度和稳定度均优于 10^{-5} 等。

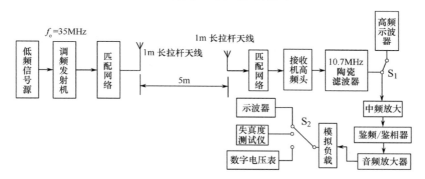

图 4.1.23　调试 FM 发射机连接图

（3）发射机与接收机联调。

发射机与接收机联调示意图如图 4.1.24 所示，调试步骤如下。

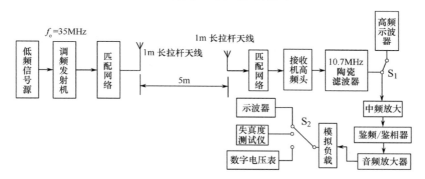

图 4.1.24　发射机与接收机联调示意图

① 将发射机的振荡频率调至 $f_o = 35\text{MHz}$，在不加调制信号时，使载波的峰值功率小于或等于 20mW。然后将 40MHz 以上的高频示波器接在陶瓷滤波器的输出端。反复调节发射机使输出匹配网络。接收机匹配网络及高频头回路，使高频示波器显示的频率为 10.7MHz。

② 将开关 S_2 接至高频示波器。在发射端加 1000Hz 的正弦信号。采用观察法，示波器显示的 1000Hz 正弦波应无明显失真。

③ 调试系统的信噪比、失真度等项技术指标。发现技术指标不符合要求时，应设法解决问题。

4.1.6　指标测试和测试结果

1．发射部分的指标测试和测试结果

发射部分的测试分两步进行。一是观察，这一步是定性测试，即观察输出波形的失真和对称性，所用仪器为 40MHz 以上的 GDS-820 数字存储示波器，正确的观察是测量的前提，因为所有其他的测试都是在输出波形对称且不失真的条件下进行的；二是测量，这一步是定量测试。

（1）输出频率准确度和稳定度的测试。

采用南京胜普电子有限公司的 SP-1500A 型系列等精度频率计数器来测量频率准确度。本设计的标称发射频率 $f_o = 35\text{MHz}$。测试方法是机器运行 5min 后，每隔 30s 测量一次，共记录 6 次，数据记录见表 4.1.6。

表 4.1.6　频率准确度和稳定度测试数据记录

实测频率值/MHz						标称值	平均值	准确度	稳定度
30s	60s	90s	120s	150s	180s	f_o/MHz	$\overline{f_o}$/MHz	$A/10^{-5}$	$B/10^{-5}$
35.00015	35.00017	35.00013	35.00009	35.00004	35.00012	35.00000	35.000117	0.33	0.163

平均值：$\overline{f_o} = \sum_{i=1}^{6} f_i /6 = 35.000117\text{MHz}$。

频率准确度：$A = \left| f_o - \overline{f_o} \right| /f_o = 3.3 \times 10^{-6}$。

频率稳定度：$B = \left| f_{o\max} - \overline{f_o} \right| / \overline{f_o} = 1.63 \times 10^{-6}$。

（2）输出功率的测试。

首先输出 35MHz 的正弦标称信号，使用 +12V 的单直流电源为功率放大器供电，测试电路框图如图 4.1.25 所示，负载为 50Ω 纯电阻，用 TDS1012 型 100MHz 数字存储示波器测出该电阻两端的电压值 $V_{opp} = 2.8\text{V}$。

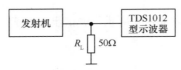

图 4.1.25　测试电路框图

根据公式

$$P = \left(\frac{V_{opp}}{2\sqrt{2}} \right)^2 /R_L = \frac{V_{opp}^2}{8R_L} \tag{4.1.6}$$

算得 $P = \dfrac{(2.8)^2}{8 \times 50}\text{W} = 19.6\text{mW}$。

2. 接收部分的指标测试和测试结果

接收部分的主要指标是接收机的灵敏度、信噪比及其镜像抑制比，接收部分的参数测试结果见表 4.1.7。

表 4.1.7　接收部分的参数测试结果

基本参数	测量条件		测试数据	单位
灵敏度	测量频率：35MHz 频偏：±75kHz 信噪比：30dB（滤基波法）	调谐方法：失真最小 输出功率：标准输出功率 音调：平直位置	10	μV
信噪比	测量频率：35MHz 频偏：±75kHz（去调制法）	调谐方法：失真最小 输出功率：标称有用功率 音调：平直位置	60	dB
镜像抑制比	测量频率：88MHz、108MHz 取指标较差一点的频偏：±22.5kHz	调谐方法：噪声最小 输出功率：标准输出功率 音调：窄带位置	40	dB

（1）接收机的灵敏度。

① 定义：接收机的灵敏度是指在给定的音频输出信噪比下，产生标称输出功率所需的最小信号电平，即

$$N_F = \frac{\text{输入端信噪比}}{\text{输出端信噪比}} = \frac{P_i/P_{ni}}{P_o/P_{no}}$$ （4.1.7）

可得

$$P_i = \frac{P_o}{P_{no}} \cdot N_F \cdot P_{ni}$$ （4.1.8）

② 测试方法：灵敏度、信噪比、镜像抑制比测量框图如图 4.1.26 所示，将 S 固定在位置 2。

图 4.1.26　灵敏度、信噪比、镜像抑制比测量框图

首先将调频信号发生器的载波频率调到 35MHz，调制频率为 1kHz，频偏为±75kHz，接收机的音调电平按失真最小调谐，调节音量，使其输出为标准输出功率。

然后改变输入信号电平及接收机的音量，使输出保持标准输出功率，而用滤波法测得的信噪比达 30dB（相当于失真 3%），此时的输入信号电平就是灵敏度。

测量还可在其他测量频率、频偏及信噪比下重复进行。

③ 提高灵敏度的方法：根据灵敏度的定义，P_o/P_{no} 为定值，且 P_o 为标称功率。要减小 P_i（提高灵敏度），需要从两方面想办法：一是减小系统的噪声系数 N_F，二是降低输入端的噪声。

多级放大器的总噪声系数计算公式如下：

$$N_F = N_{F1} + \frac{N_{F2}-1}{G_{pa1}} + \frac{N_{F3}-1}{G_{pa1}G_{pa2}} + \frac{N_{F4}-1}{G_{pa1}G_{pa2}G_{pa3}} + \cdots + \frac{N_{Fn}-1}{G_{pa1}G_{pa2}\cdots G_{pa(n-1)}}$$ （4.1.9）

显然，要降低整机的噪声系数，第一级高频放大（简称高放）是关键，应选取噪声系数特别小的、放大倍数大的、截止频率高的三极管或场效应管作为第一级高频放大管，还要考虑输入/输出的阻抗匹配，调谐回路的 Q 值要尽量高，静态工作点要合理选取。同时在混频级，必须选择噪声系数小且增益高的器件作为混频器件。

另外，要降低输入噪声 P_i，高频级要选取噪声系数小的阻容件；高频头要屏蔽，以防止干扰信号进入接收机的输入端。

如果在定向天线上再装一个低噪声、高增益的天线放大器，那么可使整机的灵敏度大大提高。这样做可以使整机的灵敏度提高至约 1μV。

（2）镜像抑制比。

① 定义：镜像抑制比是指为产生相同的音频信号输出电压，接收机镜像频率上的输入信号与调制频率上的输入信号之比。

镜像频率示意图如图 4.1.27 所示。外差式调频接收机的中频 $f_I = f_L - f_s = 10.7\text{MHz}$，其中 f_L 为本振信号频率，f_s 为有用信号频率。若干扰信号频率为 f_N，且 $f_N - f_L = f_I = 10.7\text{MHz}$，则 f_N 为镜像干扰频率。

图 4.1.27　镜像频率示意图

② 测量方法：测量框图如图 4.1.26 所示，S 固定在位置 1。

首先让调频信号发生器的载波频率为 35MHz，调制频率为 1kHz，频偏为±22.5kHz，输入电平小于限幅电平，按噪声最小调谐，调节音量，使输出为标准输出功率，记下此时信号发生器的输出电压 V_1。

然后将信号发生器的频率调到镜像频率附近，并微调频率，使接收机音频输出最大，调节输入电平，使接收机的输出仍为标准输出功率，此时信号发生器的输出电压 V_2 和 V_1 之比（单位为 dB）即镜像抑制比。

③ 提高镜像抑制比的方法：要进一步提高镜像抑制比，关键在于高放级的输入前端的带通滤波器的矩形系数。

具体做法是，回路线圈最好采用镀银铜线和漏电流小的回路电容。在天线与高放之间接入 LC 并联谐振回路，它对提高镜像抑制比是有益的。但因输入阻抗低，该回路的 Q 值也较低，如果提高该回路的 Q 值，那么可能难以保证频率的准确度。解决办法有两种：一是与高放级的回路一样，使其变为可调的；二是将带通滤波器改为声表面波滤波器。

（3）信噪比。

① 定义：信噪比是指在一定的输入信号电平下，接收机输出端的信号电压和噪声电压之比，即

$$信噪比 = \frac{S+D+N}{D+N} \tag{4.1.10}$$

式中，S 为有用信号，D 为谐波失真，N 为噪声。

② 测试方法：用去调制法进行指标测试，测试电路如图 4.1.26 所示。

首先让开关 S 置于位置 1，调频信号发生器的载波频率为 35MHz，调制频率为 1kHz，频偏为±75kHz，接收机音调电平按失真最小调谐，调节音量，使输出为标称有用功率相应的电压 V_1。

然后去调制，并将开关置于位置 2。记下噪声输出电压 V_2，V_1 和 V_2 之比（单位为 dB）即信噪比。测量还可在其他输入电平、频偏及不同的音调位置下重复进行。

③ 提高信噪比的方法：信噪比的定义为

$$\frac{P_o}{P_{no}} = \frac{P_i}{N_F P_{ni}} = \frac{P_i}{N_F P_{ni}} \tag{4.1.11}$$

在 P_i 为定值的情况下，输出端信噪比取决于整机噪声系数 N_F 和输入端噪声 P_{ni}。但有些噪声是由低频放大器部分引入的，特别是 50Hz 交流电的干扰无孔不入。可用示波器观测噪声的基波部分。如果基波成分的频率为 100Hz，那么一般说明电源部分的整流滤波性能欠佳，此时可采取加大滤波电容、加大地及电源线的面积并合理布线等措施。如果基波成分的频率主要为 50Hz，那么说明 50Hz 交流电是通过空间耦合而来的，此时可采取电磁隔离的办法。接收部分的参数测量结果见表 4.1.7。

3. 波形观察

波形观察采用 TDS1012 型 100MHz 数字存储示波器，通过 RS-232 串口在 TDSPCS1 软件中截取波形，由于软件本身存在缺陷及串口传送存在数据失真，所以实际显示的波形存在一定的误差。测试波形失真原理框图如图 4.1.28 所示，载波频率的波形图如图 4.1.29 所示，调制后的波形图如图 4.1.30 所示，接收部分耳机处的波形图如图 4.1.31 所示。由图 4.1.31 可知，从站耳机处的接收波形不存在较大的失真。

图 4.1.28　测试波形失真原理框图

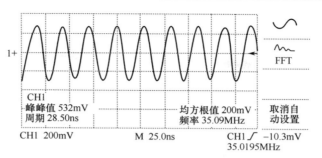

图 4.1.29 载波频率的波形图

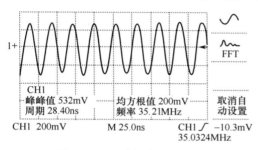

图 4.1.30 调制后的波形图

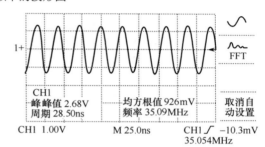

图 4.1.31 接收部分耳机处的波形图

4. 距离测量

在测量传输距离之前，要先对收发系统进行统调。距离测量调试框图如图 4.1.32 所示。调节发射机输出端的降阻网络，使发射端口的输出阻抗（50Ω）下降到约 5.4Ω，并调节降阻网络中的电感值与发射天线的等效电容，以便进行串联谐振。

图 4.1.32 距离测量调试框图

按照上述步骤对接收机的输入端进行调节，再调节接收机的高放回路，使示波器观察到的波形幅度最大，反复调节直至效果最好。然后测量传输距离，实测作用距离大于 90m。

5. 结果分析

在测试过程中，我们遇到了两个难题：一是主站对从站的呼叫和英文短信传输会出现误码；二是传输距离出现了"盲区"。误码主要由干扰信号造成，特别是发射机锁相环产生的脉冲干扰。改进办法是采用抗干扰措施。传输距离在 $\lambda/4$，$3\lambda/4$，…处出现了"盲区"，作用距离大于 70m 以上时这种现象尤其明显。原因是电波在传输过程中，电场与磁场方向是正交的，且随距离变化。改进办法是在"盲区"转动接收天线的方向。

此后，我们又重做了此题，并在接收机和匹配网络之间增加了一级低噪声高频放大器，使接收机的灵敏度达到 2μV，作用距离由原来的 90m 增加到约 200m，测试环境为空旷的平地。

4.1.7 结论

本设计分发射和接收两部分，主站（发射部分）负责发送语音信号、传送数据及选择从站；从站

（接收部分）负责接收语音信号、接收数据并响应主站的群呼或单呼；采用锁相环式频率合成器技术输出 35MHz 的载波信号，频率稳定度和准确度均达到 10^{-5}；超大规模 AM/FM 立体声收音集成芯片 CXA1238 作为接收部分的主体，接收部分的信噪比、灵敏度和镜像抑制比均达到国家标准。采用 PT2262/2272 编码/解码电路实现了数据传输业务和台号选择功能；对增大传输距离和提高系统波形失真进行了仔细的研究与实验，使得这两项技术指标均满足设计要求；音频输入和数据输入可自动转换；液晶显示界面友好，输入采用自制键盘进行，便于操作。系统的实现情况见表 4.1.8。

表 4.1.8　系统的实现情况

序号		具体要求	实现情况
1	基本要求	传送发射频率为 30～40MHz 的一个语音信号，发射峰值功率不大于 20mW，输入采用话筒和线路两种方式	全部完成，发射频率为 35MHz，输出功率为 19.59mW
2		制作一个从站，接收频率和主站的对应，采用电池组供电，用耳机收听语音信号	全部实现，且收听的语音信号清晰
3		传送信号为 300～3400Hz 的正弦波时，去掉收发天线，加 -20dB 衰减器连接主站和从站，观察从站耳机处的接收波形是否失真	全部实现，波形无明显失真
4		主站和从站的距离不小于 5m	实现
5		收发天线采用长度小于或等于 1m 的拉杆或导线	实现，拉杆天线的长度为 0.95m
6	发挥部分	从站扩展至 8 个（制作 1 个），构成一点对多点的单工无线呼叫系统，从站号码可改变，主站具有拨号选呼和群呼功能	全部实现 从站为 8 个（实际制作 1 个）
7		增加英文短信的数据传输业务，实现主站发送、从站接收显示功能	全部实现
8		发射功率不大于 20mW 时，尽可能加大主站和从站之间的距离	发射功率为 19mW 时，发射距离大于 90m
9		其他	接收短信时，有声音提示及 LED 显示；利用 MATLAB 进行仿真，算出天线阻抗

4.2　无线识别装置

［2007 年全国大学生电子设计竞赛（B 题）］

1. 任务

设计并制作一套无线识别装置，该装置由阅读器（也称读卡器）、应答器和耦合线圈组成，其框图如图 4.2.1 所示。阅读器能识别应答器的有无、编码和存储信息。

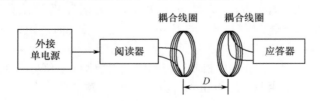

图 4.2.1　无线识别装置框图

该装置中的阅读器、应答器均具有无线传输功能，频率和调制方式自由选定。不得使用现有射频识别卡或用于识别的专用芯片。该装置中的耦合线圈为圆形空心线圈，用直径不大于 1mm 的漆包线或有绝缘外皮的导线密绕 10 圈制成。线圈直径为(6.6 ± 0.5)cm（可用直径约为 6.6cm 的易拉罐作为骨架，绕好后取下并用绝缘胶带固定）。线圈间的介质为空气。两个耦合线圈最接近部分的间距定义为 D。

阅读器、应答器不得使用其他耦合方式。

2．要求

1）基本要求

（1）应答器采用两节 1.5V 干电池供电，阅读器由外接单电源供电。阅读器采用发光二极管显示识别结果，能在间距 D 尽可能大的情况下，识别应答器的有无。识别正确率大于或等于 80%，识别时间小于或等于 5s，耦合线圈间距 $D \geqslant 5cm$。

（2）应答器增加编码预置功能，可用开关预置 4 位二进制编码。阅读器能正确识别并显示应答器的预置编码。显示正确率大于或等于 80%，响应时间小于或等于 5s，耦合线圈间距 $D \geqslant 5cm$。

2）发挥部分

（1）应答器所需电源能量全部从耦合线圈获得（通过对耦合信号进行整流滤波得到能量），不允许使用电池及内部含有电池的集成电路。阅读器能正确读出并显示应答器上预置的 4 位二进制编码。显示正确率大于或等于 80%，响应时间小于或等于 5s，耦合线圈间距 $D \geqslant 5cm$。

（2）阅读器采用单电源供电，在识别状态时，电源供给功率小于或等于 2W。在显示编码正确率大于或等于 80%、响应时间小于或等于 5s 的条件下，尽可能增大耦合线圈的间距 D。

（3）应答器增加信息存储功能，存储容量大于或等于两个 4 位二进制数。无线识别装置断电后，应答器存储的信息不丢失。该装置具有在阅读器端写入信息、在应答器端读出信息的功能。

（4）其他。

3．说明

设计报告正文中应包括系统总体框图、核心电路原理图、主要流程图、主要测试结果。完整的电路原理图、重要的源程序用附件给出。

4．评分标准

类型	项目	主要内容	满分
	系统方案	无线识别装置总体方案设计	6
	理论分析与计算	耦合线圈的匹配理论 阅读器发射电路分析 阅读器接收电路分析	9
设计报告	电路与程序设计	阅读器电路设计计算 应答器电路设计计算 总体电路图 无线识别装置工作流程图	19
	测试方案与测试结果	调试方法与仪器 测试数据完整性 测试结果分析	8
	设计报告结构及规范性	摘要 设计报告正文的结构 图表的规范性	8
	总分		50

续表

基本要求	实际制作完成情况	50
发挥部分	完成第（1）项	21
	完成第（2）项	20
	完成第（3）项	5
	其他	4
	总分	50

4.2.1 题目分析

本题要求设计一套无线识别装置，它由阅读器、应答器和耦合线圈组成。阅读器能识别应答器的有无、编码和存储信息，并能向应答器写入信息。应答器能接收由阅读器发来的信息并将存储的信息发送给阅读器。在供电方面，阅读器由外电源供电。应答器有两种供电方式：由两节 1.5V 的干电池供电（基本要求）；将耦合线圈获得的高频能量转换成直流能量。本系统主要解决能量传输和数据信息传输问题。能量传输属于单工传输方式，数据信息传输采用半双工传输方式。它与手机的原理不同，使用手机时，双方能问能答，而应答器只能答而不能问。

可在市面上购买成品，而且有国际标准可循。下面介绍广州周立功单片机发展有限公司的产品——MF RC500。

1. MF RC500 的基本原理

1）MF RC500 的结构示意图

MF RC500 的工作频率为 13.56MHz，它是无线通信产品中的一个新系列，是集成度很高的读卡芯片。MF RC500 支持 ISO 14443-A 的所有层。图 4.2.2 是 MF RC500 的简化结构示意图。

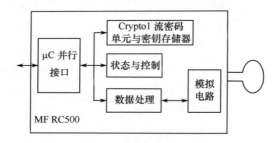

图 4.2.2　MF RC500 的简化结构示意图

MF RC500 具有如下功能：

（1）μC 并行接口能自动检测连接的 8 位并行接口。

（2）数据处理部分将并行数据转换成串行数据。支持检查产品的帧、产生并检查 CRC/奇偶校验及位编码和处理。支持 ISO 14443-A 的所有层，能在完全透明的模式下工作。

（3）状态与控制部分允许对环境影响进行配置，使每个应用获得最好的性能。

（4）Crypto1 流密码单元支持与 MIFARE®CLASSIC（如应答器）产品通信。

（5）一个完全稳定的密钥存储器用于存储 Crypto1 密码组。

（6）模拟电路部分有两个内部的桥驱动输出，操作距离可达 10cm（取决于天线线圈和环境的影响）。此外，内部接收部分允许接收和译码未经过外部滤波的数据。

2）系统配置

MIFARE®读卡器的系统配置基于如图 4.2.3 所示的 MF RC500。用户可以采用两种不同的方式将天线连接到读卡器 IC：50Ω 匹配的天线，或直接匹配的天线配置。

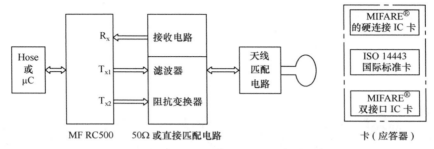

图 4.2.3 MIFARE®读卡器的系统配置

这两种方式的系统元器件大体上相似，都需要以下三部分。

（1）一个接收电路：接收卡（应答器）发送的数据。

（2）一个滤波器和阻抗变换器：滤波器的作用是抑制高次谐波，阻抗变换器使天线辐射的功率最大。

（3）天线匹配电路：使天线获得最大的功率输出。

这两种方式能满足不同的要求，使系统性能最优。

3）MIFARE®RF 接口

MIFARE®Technology 在读卡器和卡之间采用 ISO 14443-A 的射频接口通信。MIFARE®RF 接口概述见表 4.2.1。基本上，MIFARE®RF 接口遵从变压器原理。MIFARE®卡是无源的，卡上没有电池。因此，读卡器模块和卡之间的通信要求有能量传输，而且可以双向发送数据信息。

表 4.2.1 MIFARE®RF 接口概述

能量传输	变压器原理：MIFARE®卡是无源的
工作频率	13.56MHz
通信方式	半双工，读卡器应先发出信号（talk）
数据频率	105.9kHz
数据传输	RWD→卡：双向 100% ASK（幅度调制），Miller 编码
	卡→RWD：副载波负载调制，副载波频率为 847.5kHz，曼彻斯特编码

（1）能量传输。

读卡器天线和无源 MIFARE®卡之间的能量传输采用变压器原理。它要求读卡器安装有天线线圈，MIFARE®卡也安装有天线线圈。变压器基本原理和等效电路图如图 4.2.4 所示。

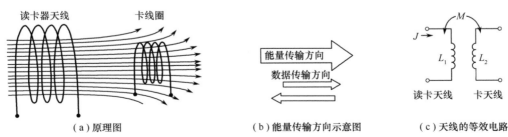

（a）原理图   （b）能量传输方向示意图   （c）天线的等效电路

图 4.2.4 变压器基本原理和等效电路图

RWD（读卡器）天线线圈的电流 i 产生磁通量 Φ。一部分磁通量穿过卡线圈，在卡线圈中感应一个电压。电压被整流滤波，得到一个直流电压，此直流电压将卡的 IC 激活，使卡处于正常工作状态。注意，感应电压会随读卡器天线与卡天线间的距离 D 的不同而变化。由于电压会变化，工作距离 D 受传输功率的限制。

（2）RWD→卡的数据传输。

MIFARE® 采用半双工通信方式在读卡器和卡之间传输数据。读卡器首先发出信号，启动通信。从读卡器到卡的数据传输根据 ISO14443-A 的类型采用 100% 的 ASK（幅度键控）。图 4.2.5 是典型的信号波形。

图 4.2.5 典型的信号波形

由于天线的品质因子为 Q，因此会使发送的信号波形发生变形，如图 4.2.5 所示。这个波形可用于测量天线的调谐。

前面提到 MIFARE® 卡是无源的。能量传到卡后，卡才能和读卡器通信。因此，MIFARE® 采用改良的 Miller 编码，有利于读卡器向卡发送数据。

图 4.2.6 详细介绍了 Miller 编码。

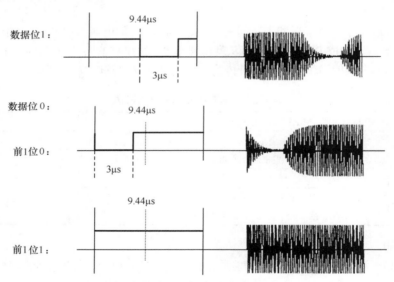

图 4.2.6 Miller 编码

MIFARE® 的数据频率是 105.9kHz，因此 1 位帧的长度是 9.44μs。Miller 编码的脉冲宽度是 3μs。

编码逻辑 1 用 1 位帧中间的脉冲表示。

编码逻辑 0 有两种可能性，由前 1 位决定：

① 如果前 1 位是 0，那么接着的 0 用 1 位帧开始有 3μs 的脉冲表示。

② 如果前 1 位是 1，那么接着的 0 用 1 位帧没有脉冲表示。

（3）卡→RWD 的数据传输。

卡至 RWD 的数据传输采用副载波负载调制原理，其框图如图 4.2.7 所示。此时，卡作为谐振回路的负载消耗读卡器产生的能量。这一能量消耗具有重新激活效应，会使得 RWD 端出现压降。这一效应通过改变卡的 IC 的负载或电阻，将数据从卡发送回读卡器。

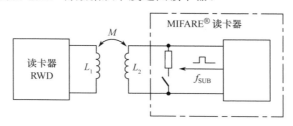

图 4.2.7　副载波负载调制原理框图

MIFARE®读卡器的天线应调谐到振荡频率 f_R = 13.56MHz。实际上，谐振回路在读卡器天线上产生的电压有时会比电源电压高。但由于 RWD 和卡的天线之间只有小的耦合因子，卡的响应要比读卡器产生的电压大约弱 60dB。要检测这个信号，就要求设计一个良好的接收电路。MIFARE®用副载波频率 f_{SUB} 来调制数据，而不采用直接的副载波负载调制。副载波调制的结果是在载波频率 13.56MHz 的周围产生 $\pm f_{SUB}$ 的边频带。副载波负载调制可以简单地检测出来。

MIFARE®RF 接口在副载波负载调制之前，对基带的数据进行曼彻斯特编码。图 4.2.8 是典型的数据编码和副载波负载调制的时域图。首先，数据被内部编码成曼彻斯特码。MIFARE®通信的数据频率无论是从卡到读卡器还是从读卡器到卡都是 105.9kHz，因此 1 位帧的长度是 9.44μs。曼彻斯特用上升沿和下降沿来表示编码数据。

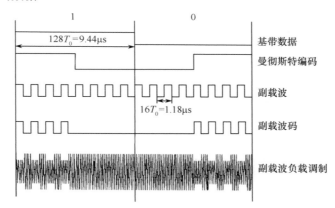

图 4.2.8　典型的数据编码和副载波负载调制的时域图

逻辑 1 用中间的下降沿表示。

逻辑 0 用中间的上升沿表示。

MIFARE®卡的集成电路产生的副载波频率 $f_{SUB} = f_R/16 = 847.5$kHz。时间 T_0 表示工作频率的脉冲周期，$T_0 = 1/f_R = 74$ns。曼彻斯特编码的数据调制到副载波频率。最后，副载波负载调制完成。

结果，副载波负载调制在频域产生两个边频带：高频在 14.4075MHz，低频在 12.7125MHz。数据编码和副载波负载调制的频域图如图 4.2.9 所示。图 4.2.9 一方面显示了数据编码的边频带，另一方面显示了副载波频率到工作频率的边频带。

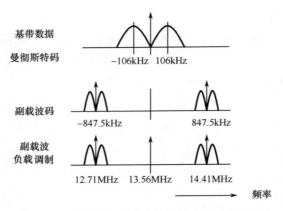

图 4.2.9　数据编码和副载波负载调制的频域图

2．MF RC500 匹配电路和天线设计

1）影响作用距离 D 的因素

MIFARE®系统的作用距离 D 由下面几个因素决定：

- 读卡器的天线大小。
- 给定天线的匹配电路品质因数。
- 读卡器（阅读器）的效率。
- 卡（应答器）的效率。
- 环境的影响。

2）估计最合适的天线尺寸

由上述分析可知，天线的大小直接影响作用距离 D。我们知道，HIFARE®卡由读卡器产生的磁通量供电。卡集成电路获得的能量随作用距离 D 的不同而变化。空心变压器的耦合系数 M 是作用距离 D 和读卡器、应答器的线圈直径的函数。当读卡器天线和卡（应答器）线圈的固定距离等于读卡器天线半径时，可得到最大耦合系数 M，且 M 与空心变压器的圈数无关。图 4.2.10 给出了不同天线的作用距离 D 与天线直径（半径 R）的关系曲线。数据显示，天线直径约为20cm（半径 $R = 10$cm）时，可以获得最大的作用距离。直径再大的天线不能使作用距离 D 更大。

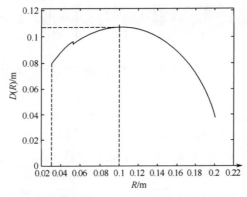

图 4.2.10　不同天线的作用距离 D 与天线直径（半径 R）的关系曲线

关于天线的理论计算这里不详细讨论，因为题目已限定：读卡器和应答器的耦合线圈的直径为6.6cm，匝数为10匝，线径小于或等于1mm。但我们可以粗略地估算出一次侧和二次侧的电感量，计算公式如下：

$$L_1(\text{nH}) = 2 \times l_1(\text{cm}) \cdot \ln\frac{l_1}{D_1} + KN_1^{1.8} \qquad (4.2.1)$$

式中，l_1 为一圈（匝）导线环的长度（周长）；D_1 为线圈的直径；K 取 1.07（环形天线）；N_1 为线圈的匝数；ln 为自然对数。

3）直接匹配天线电路

天线是读卡器的负载，天线匹配电路设计和调试欠佳时，势必影响读卡器的效率，进而影响天线的有效输出功率，最后影响作用距离 D。下面分别介绍 EMC 电路、接收电路和天线匹配电路。

（1）EMC（电磁兼容）电路。

MIFARE® 系统的工作频率是 13.56MHz，它由石英晶体振荡器产生，但它同时也会产生高次谐波。为了符合国际 EMC（电磁兼容）的规定，13.56MHz 中的三次、五次和高次谐波要被良好地抑制。除多层设计外，我们强烈建议使用如图 4.2.11 所示的低通滤波器。低通滤波器由元件 L_0 和 C_0 组成，它们的值见表 4.2.2。

注意：要获得最好的功能，所用电容和电感至少要具备推荐的这些元件的性能与容差。

（2）接收电路。

MF RC500 的内部接收部分使用了一个新的接收概念，即使用了卡响应的副载波负载调制所产生的两个边频带。我们建议使用内部产生的 V_{MID} 电势作为引脚 R_X 的输入电势。为减小干扰，在引脚 V_{MID} 连接一个电容到地。读卡器的接收部分需要在 R_X 和 V_{MID} 引脚之间连接一个分压器。另外，建议在天线线圈和反压器之间串联一个电容。完整的直接匹配天线配置如图 4.2.11 所示，是被推荐使用的接收电路，由 R_1、R_2、C_3 和 C_4 等组成，EMC 滤波和接收电路的值见表 4.2.2。

滤波和接收部分元件 L_0、C_0、R_1、R_2、C_3 的值是固定的。

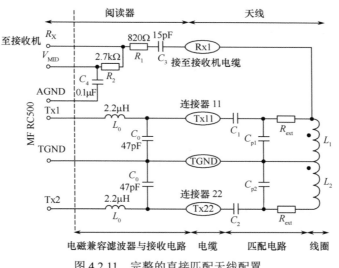

图 4.2.11　完整的直接匹配天线配置

表 4.2.2　EMC 滤波和接收电路的值

元件	值	注释
L_0	$2.2(1 \pm 10\%)\mu\text{H}$	屏蔽的磁场，如 TDK ACL3225S-T
C_0	$47(1 \pm 2\%)\text{pF}$	NP0 材料
R_1	$820(1 \pm 5\%)\Omega$	
R_2	$2.7(1 \pm 5\%)\text{k}\Omega$	
C_3	$15(1 \pm 2\%)\text{pF}$	NP0 材料
C_4	$100(1 \pm 2\%)\text{nF}$	NP0 材料

（3）天线匹配电路。

设计天线匹配电路，首先要设计天线线圈。先根据带宽公式 $B = f_R/Q$ 确定 Q 值，然后算出匹配电容值。

如果天线线径 $D_1 = 1mm$，线圈直径 $d_1 = 6.6cm$，周长 $l_1 = \pi d_1$，匝数 $N_1 = 10$，那么根据式（4.2.1）可以算出 L_1。

根据工作频率 $f_R = 13.56MHz$，带宽 $B = f_{Rmax} - f_{Rmin}$，利用下式可算出 Q 值，即

$$Q = \frac{f_R}{B} \tag{4.2.2}$$

根据

$$2\pi f_R = \frac{1}{\sqrt{L_1 C_1}} \tag{4.2.3}$$

可以算出谐振电容 C_1。

根据

$$R_{EXT} = \frac{2\pi f_R \cdot L_{AMT}}{Q} - R_{ANT} \tag{4.2.4}$$

可以算出外接电阻值 R_{EXT}。

以上计算只能作为参考。必须利用仪器仪表仔细进行调试，才会使作用距离 D 最大。

由以上介绍可知，本题的重点如下：阅读器在单电源供电（功率小于或等于 2W）、应答器无内置干电池的前提下，能正确识别应答器的有无及内存数据信息，并尽量增大作用距离。设计难点如下：一是系统各级的匹配，特别是天线回路的匹配；二是阅读器的效率问题；三是应答器的低压、低功耗；四是副载波负载调制器的设计。

4.2.2　系统方案论证

根据题目要求，系统主要由阅读器、应答器、耦合线圈等组成，系统框图如图 4.2.12 所示。

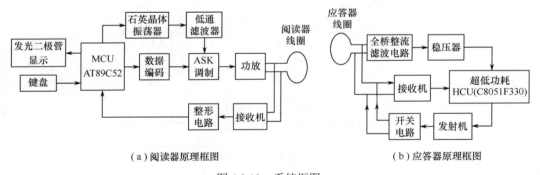

（a）阅读器原理框图　　　　　　（b）应答器原理框图

图 4.2.12　系统框图

1．阅读器的方案论证及比较

1）发射部分

方案一：发射机的载波生成采用 DDS 技术，功放采用桥式，天线谐振回路采用串联谐振回路；平时只发射载波信号，而在识别信号和写数据时采用 2ASK 方式。优点是载波改频容易，容易找到最佳工作频点。由于功放采用桥式，天线回路采用串联谐振回路，效率高。缺点是功放驱动控制电路复杂，短时间难以实现。

方案二：载波生成采用固定石英晶体振荡器，功放采用单管丙类放大，天线匹配回路采用并联谐振回路。优点是硬件及软件设计量小，性价比高，技术成熟，可供利用的资源丰富。缺点是载波改频困难，不易找到最佳工作频点，但在调试时用信号源找频可以克服这一缺点。

基于以上分析，采用方案二。

2）接收部分

方案一：采用 AM 超外差接收机。优点是灵敏度高，抗干扰性强；缺点是成本较高，设备复杂。

方案二：采用直接检波、低噪声放大、波形整形。优点是电路简单，调试方便，成本低；缺点是灵敏度低，抗干扰性较差。

方案选择：根据以上分析，因为接收机输入信号高（约为 20V），使调制深度太浅，$D \geqslant 8\text{cm}$ 时情况尤其如此。因调制深度约为 1%，不需要对射频再行放大，故选择方案二。

2．应答器的方案论证及比较

方案一：电源部分采用倍压整流、滤波、稳压，写接收机采用桥式检波，数据发射部分采用直接负载调制方式，控制器采用低压、低功耗的 MCU。优点是电路简单，调试方便；缺点是负载调制深度太浅，影响作用距离 D 进一步增大。

方案二：电源部分采用桥式整流、滤波、低功耗稳压，写接收机采用桥式检波，数据发射部分采用副载波调制方式，控制部分采用低压、低功耗单片机 C8051F330。优点是克服了方案一的不足，缺点是数据发射部分要复杂一些。

方案选择：选择方案一。

3．理论分析与计算

1）耦合线圈的匹配理论

变压器是利用耦合线圈间的磁耦合来实现能量或信号传递的器件。它通常由两个具有磁耦合的线圈组成：一个线圈与信号源相接，称为一次线圈（也称为初级线圈或原边线圈）；另一个线圈与负载相接，称为二次线圈（也称为次级线圈或副边线圈）。变压器的线圈可绕在铁心上，构成铁心变压器；也可绕在非铁磁材料的心子上，构成空心变压器。前者的耦合系数接近 1，属于紧耦合；后者的耦合系数较小，属于松耦合。根据本题要求，线圈间的介质为空气，且不得使用其他耦合方式，故这里只讨论空心变压器的匹配理论。

图 4.2.13（a）是一个最简单的、工作于正弦稳态下的空心变压器电路的相量模型，图中虚框内的部分是空心变压器的相量模型，它由自感为 L_1 和 L_2、互感为 M 的耦合电感及电阻 R_1 和 R_2 组成，其中 R_1 和 R_2 分别为变压器一次线圈、二次线圈的高频电阻（注意，必须考虑集肤效应的影响）。设一次、二次回路的电流相量分别为 $\dot{I}_1$ 和 $\dot{I}_2$，如图 4.2.13（b）所示，将各互感电压用受控源表示，可列出两回路的 KVL 方程为

$$
\begin{cases}
(R_1 + j\omega L_1)\dot{I}_1 - j\omega \dot{I}_2 = \dot{V}_s \\
-j\omega M\dot{I}_1 + (R_2 + j\omega L_2 + Z_L)\dot{I}_2 = 0
\end{cases}
$$

或简写为

$$
\begin{cases}
Z_{11}\dot{I}_1 - j\omega M\dot{I}_2 = \dot{V}_s \\
-j\omega M\dot{I}_1 + Z_{22}\dot{I}_2 = 0
\end{cases}
$$

式中，$Z_{11} = R_1 + j\omega L_1$，$Z_{22} = R_2 + j\omega L_2 + Z_L$ 分别表示一次、二次回路的自阻抗，由此解得

$$\dot{I}_1 = \frac{\dot{V}_s}{Z_{11} + \frac{(\omega M)^2}{Z_{22}}} \tag{4.2.5}$$

由式（4.2.5）可得空心变压器从初级线圈 a、b 两端看进去的等效阻抗为

$$Z_i = Z_{11} + (\omega M)^2 / Z_{22} \tag{4.2.6}$$

式中，$(\omega M)^2 / Z_{22}$ 称为二次回路对一次回路的反映阻抗或引入阻抗，反映阻抗改变了二次回路阻抗的性质，反映了二次回路通过磁耦合对一次回路的影响。利用反映阻抗的概念，空心变压器从电源看进去的等效电路如图 4.2.13（c）所示，该电路称为一次等效电路。由该等效电路可很方便地计算出一次回路电流。

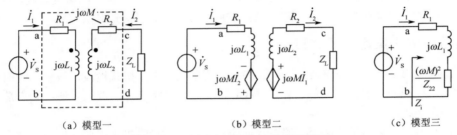

（a）模型一   （b）模型二   （c）模型三

图 4.2.13   空心变压器电路的相量模型

求得一次回路电流 $\dot{I}_1$ 后，由图 4.2.13（b）所示的二次回路可得一次回路的电流 $\dot{I}_2$ 为

$$\dot{I}_2 = \frac{j\omega M \dot{I}_1}{Z_{22}} = \frac{j\omega M}{Z_{11} Z_{12} + (\omega M)^2} \dot{V}_s \tag{4.2.7}$$

应该指出，由式（4.2.5）或图 4.2.13（c）所示的等效电路可以看出，初级回路电流 $\dot{I}_1$ 与同名端无关；而由图 4.2.13（b）中二次受控源的参考方向可知二次回路电流 $\dot{I}_2$ 与同名端有关。

此外，空心变压器电路还可用戴维南定理求解。以图 4.2.13（a）所示的电路为例，cd 端开路时，有

$$\dot{V}_{oc} = j\omega M \dot{I}_o \tag{4.2.8}$$

式中，$\dot{I}_o$ 为二次负载开路时的一次电流，且

$$\dot{I}_o = \frac{\dot{V}_s}{Z_{11}} = \frac{\dot{V}_s}{R_1 + j\omega L_1}$$

用类似的方法可求得 cd 端的等效阻抗为

$$Z_o = Z'_{22} + \frac{(\omega M)^2}{Z_{11}} = R_2 + j\omega L_2 + \frac{(\omega M)^2}{R_1 + j\omega L_1} \tag{4.2.9}$$

式中，$(\omega M)^2 / Z_{11}$ 称为一次回路对二次回路的反映阻抗。

简化等效电路如图 4.2.14 所示。利用此图能方便地求得负载获得的功率，并了解在什么情况下能获得最大功率输出。

2）阅读器发射电路分析

阅读器发射电路的设计既是本题的重点，又是本题的难点。它的作用是：使得待识别应答器的有无信息、写入应答器的数据信息及提供给应答器的能量信号都通过这一电路，最后以无线方式传输给应答器。阅读器发射电路原理框图如图 4.2.15 所示。它主要由单片机 AT89C52、石英晶体振荡器、编码器、调制器、功率放大器（简称功放）和线圈等组成。

AT89C52 主要完成指挥控制。

石英晶体振荡器主要产生一个正弦载波信号，它决定了整个系统的工作频率 f_R。f_R 的选取根据前面对 MF RC500 的介绍进行，建议选为 13.56MHz。但题中已给定线圈匝数（$N = 10$）、线径（$D \leqslant 1mm$）

及线圈直线（$d = 6.6\text{cm}$），且要求密绕制，这说明线圈的电感已确定。在这样的前提下，f_R 选为多大才合适，可通过实验决定。选取原则如下：一是作用距离最大；二是在市面上容易买到。

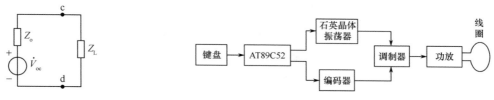

图 4.2.14　简化等效电路　　　　　图 4.2.15　阅读器发射电路原理框图

编码器主要完成二进制编码。MF RC500 内部采用 Miller 编码方式，数据频率为 105.9kHz，详见 4.2.1 节。

调制器主要完成 2ASK 调制，其调制深度最好选为 100%，以便电路容易实现。调制器可采用集成模拟电子开关实现。

功率放大器主要高效完成信号的不失真放大。这部分电路设计的成败关系到整个系统的性能指标。题目要求在单电源供电功率小于或等于 2W 的情况下，使作用距离 D 尽量增大，而功率放大器是消耗功率的主要部件。这里，我们曾考虑两种设计方案。第一种方案采用桥式功率放大，天线线圈与电容串联，形成串联谐振，桥式功率放大器原理图如图 4.2.16 所示。该电路的优点是工作在开关状态，输出效率高；缺点是驱动电路复杂，调试工作量大。第二种方案采用单管共射并联谐振放大电路，单管共射并联谐振放大器原理图如图 4.2.17 所示。该电路工作在丙类状态，导通角为 70 多度，集电极采用串馈方式，其中线圈抽头是为调试天线匹配而设置的。该电路调试方便，外围元器件少，性价比较高，因此选择该电路。

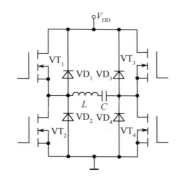 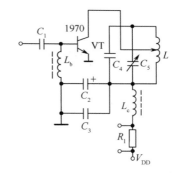

图 4.2.16　桥式功率放大器原理图　　　图 4.2.17　单管共射并联谐振放大器原理图

3）阅读器接收电路分析

设计阅读器接收电路时，必须考虑应答器发射机采用的调制方式。下面提出两种方案，实践证明这两种方案均是可行的。

方案一：应答器发射的调制方式采用直接负载调制方式；阅读器接收部分不采用 ASK 超外差接收体制，而直接将接收信号进行检波、低噪声放大、整形、识别等，其电路图如图 4.2.18 所示。

方案二：应答器发射的调制方式采用副载波负载调制方式，副载波的频率为 847.5kHz，基带信号的传输频率为 105.9kHz，并进行曼彻斯特编码。应答器→阅读器的数据编码、副载波调制、副载波负载调制波形（时域）和频谱（频域）分别如图 4.2.8 和图 4.2.9 所示。阅读器接收机采用超外差接收体制，其原理框图如图 4.2.19 所示。

优点：灵敏度高，抗干扰性强。缺点：电路复杂，并且要求天线回路的带宽较宽。

综合考虑：最后选取方案一。

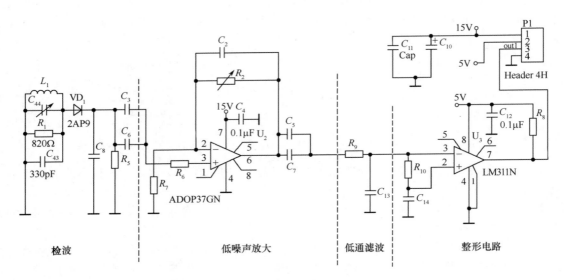

图 4.2.18　阅读器接收电路方案一电路图

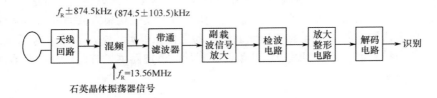

图 4.2.19　阅读器接收机方案二原理框图

4.2.3　电路与程序设计

1. 阅读器电路设计计算

阅读器由发射机电路、接收机电路和控制显示电路组成，安装在同一块电路印制板上。发射天线与接收天线共用一个天线线圈。

1) 发射机电路设计计算

发射机电路图如图 4.2.20 所示，它主要由 13.56MHz 的石英晶体振荡器、无源低通滤波器、ASK 键控开关和功率放大器等部分组成。石英晶体振荡器产生频率 $f_R = 13.56MHz$ 的正弦波，作为整个系统的工作频率。由于石英晶体振荡器产生的正弦波频率不纯，因此加了一级低通滤波器（R_{23}、C_{23}），以防止高次谐波进入系统的各个部分。截止频率选择为 15MHz。VT$_1$（1970）是电子开关，读脉冲到来时，控制 VT$_1$ 的开断。读脉冲是经过编码的，它由单片机 AT89C52 提供。平时 VT$_1$ 处于截止状态，不影响系统的能量传输。当有控制信号时，对编码的控制信号进行 100% 的 ASK 调制。VT$_2$（1970）、线圈 L_3、电容 C_{43} 与 C_{44} 等构成功率放大器。下面计算该放大器的参数。

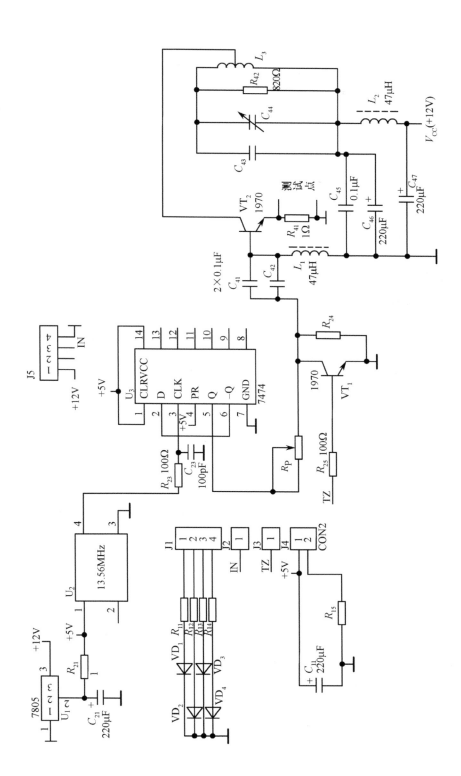

图 4.2.20 发射机电路图

已知 L_3 的圈数为 10，线径 $D = 1\text{mm}$，线圈半径 $R = 6.6/2 = 3.3\text{cm}$，周长 $l = 2\pi R = 2\pi \times 3.3\text{cm} = 20.74456\text{cm}$，求 L_3 的值。根据式（4.2.1）可得

$$L_3 = 2 \times l \times \ln\frac{l}{D} + KN^{1.8}$$

$$= 2 \times 20.74 \times \ln\frac{20.74}{0.1} + 1.07 \times 10^{1.8}\text{nH} \approx 291\text{nH}$$

$$C = C_{43} + C_{44} = \frac{1}{\omega^2 L_3} = \frac{1}{(2\pi f_R)^2 L_3} = \frac{1}{(2\pi \times 13.56 \times 10^6)^2 \times 291 \times 10^{-9}}\text{F} \approx 473\text{pF}$$

取 $C_{43} = 330\text{pF}$，$C_{44} = (473 - 330)\text{pF} = 143\text{pF}$，取回路品质因素 $Q = 35$，则有

$$B = 2\Delta f_{0.7} = \frac{f_R}{Q} = \frac{13.56}{35}\text{MHz} = 0.387\text{MHz}$$

而要求的带宽为 $f_{max} - f_{min} \leqslant 2 \times 105.9\text{kHz} = 212\text{kHz}$，必须满足要求

$$R_{eq} = Q\omega_0 L = 35 \times 2\pi \times 13.56 \times 10^6 \times 291 \times 10^{-9}\Omega = 867\Omega$$

故取 $R_{42} = R_{eq} = 820\Omega$。

2）接收机电路设计计算

接收机电路图如图 4.2.18 所示。VD_1、C_8、R_5 构成检波电路，其中 $\frac{1}{R_5 C_8} = (3 \sim 5) \times 105.9 \times 10^3\text{Hz}$，以便使得载波信号滤得干净，并使得基带信号（矩形波）的失真不至于太大。C_3、C_6 是隔直耦合电容。IC_1（ADOP37GN）属于低噪声集成运算放大器，该级是由低噪声放大器构成的电压串联负反馈电路，其电压放大倍数为

$$\dot{A}_{uf} = 1 + \frac{R_2}{R_7} \tag{4.2.10}$$

调节 R_2 可改变该级的电压放大倍数。

IC_2（LM311N）组成脉冲整形电路，使得基带信号恢复为矩形波，以便于信号识别，最后送到单片机进行识别处理。

3）控制显示电路设计

阅读器控制显示电路图如图 4.2.21 所示。该电路主要由 AT89C52 单片机控制。S_1 为系统启动开关，$S_2 \sim S_5$ 为 4 位数据输入按键开关。Y_1 为石英晶体，与单片机内部电路构成时钟发生器电路。$VD_1 \sim VD_4$ 为发光二极管，用以显示应答器的有无及应答器内存的编码信息。

2. 应答器电路设计计算

应答器电路图如图 4.2.22 所示，它由稳压电源、控制电路、接收机电路、发射机电路 4 部分组成。

1）稳压电源

由阅读器传过来的高频信号（频率为 f_R）在应答器感应线圈中产生感应交流电压，经过桥式整流、滤波和稳压，得到一个稳定的直流电压，激活单片机（也称芯片）C8051F330。这部分设计要注意如下几点：

（1）滤波电容 C_3 和 C_4 的容量要取得大一些，采用 2200μF 的电解电容，且 C_3 的耐压要高，取 C_3 的耐压值在 25V 以上。

（2）稳压电源尽管处于线性工作状态，但在距离 D 最大时线圈感应的电压很小，这就要求该稳压器压降在约 1V 时也能正常工作。

（3）稳压器应该与发射部分电路隔离，VD_3 就起这一作用。

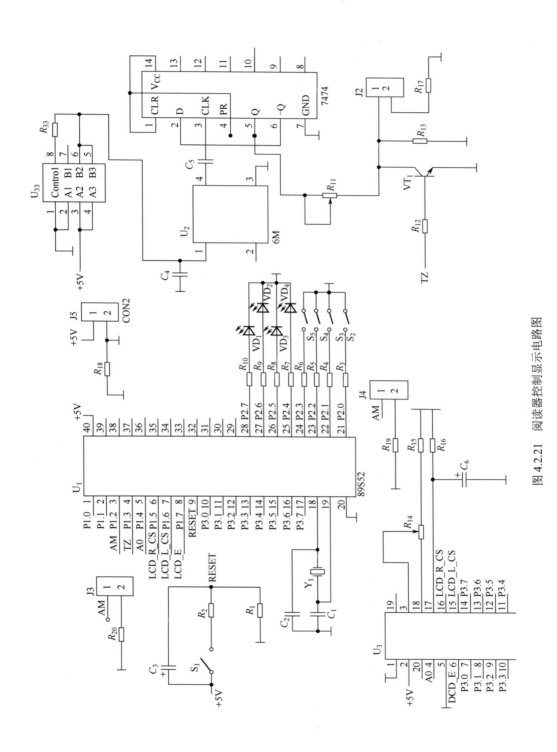

图 4.2.21 阅读器控制显示电路图

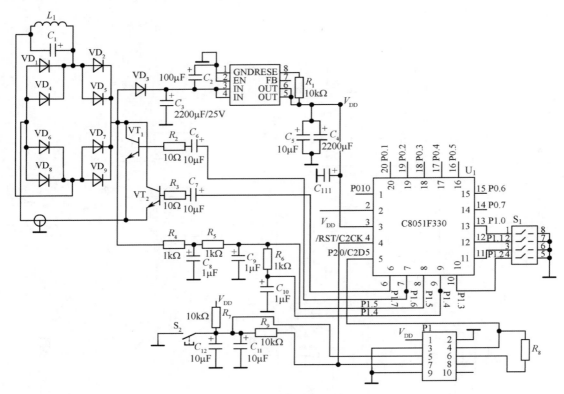

图 4.2.22　应答器电路图

2）控制电路

控制电路主要由 C8051F330 组成，它是应答器消耗能量的主要部分。C8051F330 属于低压、低功耗单片机，用在此电路中是最佳选择方案，它在睡眠时发 0，在工作时发 1，发 1 的脉冲宽度较窄，因此更能节省能量。这一方案的实施使得系统的作用距离扩大了许多。由于采用单片机作为应答器的控制部件，因此识别应答器的有无、编码预置和写信息存储变得非常简单。将单片机的 4 位内存地址码作为应答器的有无编码，将数据存储在对应的内存中，以便读出和写入。S_1（4 位开关）就是供应答器的数据预置用的。

3）接收机电路

应答器的接收机电路很简单，它利用桥式电路直接进行检波，经 R_4、R_5、R_6、C_8、C_9、C_{10} 进行高频滤波，取出 2ASK 包络信号。由于信号较强，因此不需要经过信号放大和整形，只需直接进入应答器控制器进行处理。

4）发射机电路

该电路采用负载调制方式。它不经过副载波调制，而直接进行负载调制，利用单片机休眠状态作为 0 信号，利用单片机工作状态作为 1 信号。1 信号的脉宽很窄，约为 3μs，因此能大大降低单片机的消耗。以待发信息直接控制电子开关，在阅读器天线回路上形成负载调制波。

3．总体电路图

总体电路图由两部分构成：一是阅读器，它由接收机、发射机和控制显示器三部分构成，其电路图分别如图 4.2.18、图 4.2.20 和图 4.2.21 所示，三部分电路装在同一块电路印制板上；二是应答器，其电路图如图 4.2.22 所示。

4．识别装置工作流程图

识别装置工作流程分为读卡过程和写卡过程,读卡流程图如图 4.2.23 所示,写卡流程图如图 4.2.24 所示。

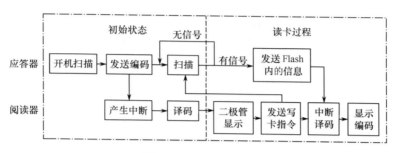

图 4.2.23　读卡流程图

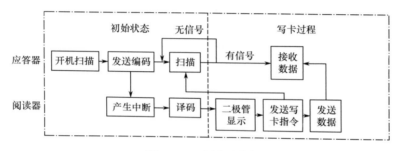

图 4.2.24　写卡流程图

4.2.4　测试方案和测试结果

1．测试仪器

测试仪器有数字示波器 Tektronix TDS2022、DDS 信号发生器 SUING TFG3150、直流稳压电源 YB1732A3A、游标卡尺、三用表。

2．调试方法

调试步骤如下:

① 通电前,检查线路是否焊错,检查各元器件是否焊错,是否存在虚焊、假焊现象;如有错误,应立即排除。

② 通电后,对分机进行调试,包括阅读器的发射机部分、接收机部分、控制器部分,应答器的能源部分、发射机部分、接收机部分、控制器部分等。

③ 系统联调。

④ 软件调试。

⑤ 系统各项指标测试。

系统指标测试原理框图如图 4.2.25 所示。

3．测试数据整理

整理后的系统功能、性能指标测试数据见表 4.2.3。

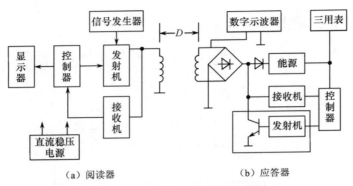

图 4.2.25　系统指标测试原理框图

表 4.2.3　系统功能、性能指标测试数据

类型	具体要求	实现情况
基本要求	阅读器用外接单电源供电。阅读器采用发光二极管显示识别应答器的有无。识别正确率大于或等于 80%，识别时间小于或等于 5s，耦合线圈间距 $D \geqslant 5cm$	实现
	应答器编码预置功能，阅读器正确识别并显示。正确率大于或等于 80%，响应时间小于或等于 5s，耦合线圈间距 $D \geqslant 5cm$	实现
发挥部分	应答器所需能量从耦合线圈获得，阅读器能正确读出并显示预置编码。显示正确率大于或等于 80%，响应时间不小于或等于 5s，耦合线圈间距 $D \geqslant 5cm$	实现。正确率大于或等于 90%，响应时间小于或等于 2s
	阅读器在识别状态时，在电源供给功率小于或等于 2W、显示编码正确率大于或等于 80%、响应时间小于或等于 5s 的条件下，尽可能增加耦合线圈间距 D	实现。耦合线圈间距 $D \geqslant 9cm$
	应答器增加信息存储功能，容量大于或等于两个 4 位二进制数。装置断电后，应答器存储的信息不丢失。无线识别装置具有在阅读器端写入、读出应答器存储信息的功能	实现
	其他	应答器设计简洁、清晰

4．结果分析

由表 4.2.3 可见，各项功能、技术指标均达到题目要求，只有 D 还有潜力可挖。就本方案而言，应答器发射机采用直接负载调制，而阅读器接收机采用直接检波方式。此方案不是最优方案，它存在两个问题：一是灵敏度不高，直接影响 D 的进一步提高；二是抗干扰性不强，直接影响系统的识别率，进而影响识别 D 的提高。若该系统应答器采用副载波负载调制，阅读器采用超外差接收机，则 D 会更大，但估计最大不会超过 15cm。

若耦合线圈改为螺旋天线（圈数、线径、圈的直径可以不变）结构，工作频率提高到 800～1000MHz，各部分器件改为微波器件，则估计 D 会超过米数量级。

4.3　无线环境监测模拟装置

［2009 年全国大学生电子设计竞赛（D 题）］

1．任务

设计并制作一个无线环境监测模拟装置，实现对环境温度和光照信息的探测。该装置由一个监测终端和不多于 255 个探测节点（实际制作 2 个）组成。监测终端和探测节点均含一套无线收发电路，要求具有无线传输数据功能，收发共用一副天线。

2．要求

1）基本要求

（1）制作两个探测节点。探测节点有编号预置功能，编码预置范围为 00000001～11111111。探测节点能够探测其环境温度和光照信息。温度测量范围为 0℃～100℃，绝对误差小于 2℃；光照信息仅要求测量光的有无。探测节点采用两节 1.5V 干电池串联的单电源供电。

（2）制作一个监测终端，用外接单电源供电。探测节点分布示意图如图 4.3.1 所示。监测终端可以分别与各探测节点直接通信，并能显示当前能够通信的探测节点编号及其探测到的环境温度和光照信息。

（3）无线环境监测模拟装置的探测时延不大于 5s，监测终端天线与探测节点天线的距离 D 不小于 10cm。在 0～10cm 距离内，各探测节点与监测终端应能正常通信。

2）发挥部分

（1）每个探测节点增加信息转发功能，节点转发功能示意图如图 4.3.2 所示。也就是说，探测节点 B 的探测信息，能自动通过探测节点 A 转发，以增加监测终端与探测节点 B 之间的探测距离 $D + D_1$。该转发功能应自动识别完成，而无须手动设置，并且探测节点 A、B 可以互换位置。

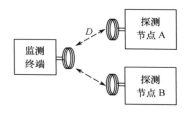

图 4.3.1　探测节点分布示意图

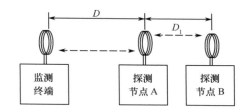

图 4.3.2　节点转发功能示意图

（2）在监测终端电源供给功率小于或等于 1W、无线环境监测模拟装置探测时延不大于 5s 的条件下，使探测距离 $D + D_1$ 达到 50cm。

（3）尽量降低各探测节点的功耗，以延长干电池的供电时间。各探测节点应预留干电池供电电流的测试端子。

（4）其他。

3．说明

（1）监测终端和探测节点所用天线为圆形空心线圈，用直径不大于 1mm 的漆包线或有绝缘外皮的导线密绕 5 圈制成。线圈直径为 (3.4 ± 0.3)cm（可用 1 号电池作为骨架）。天线线圈间的介质为空气。无线传输载波频率低于 30MHz，调制方式自定。监测终端和探测节点不得使用除规定天线外的其他耦合方式。无线收发电路需要自制，不得采用无线收发成品模块。光照有无的变化采用遮挡光电传感器的方法实现。

（2）发挥部分必须在基本要求的探测时延和探测距离达到要求的前提下实现。

（3）在测试各探测节点的功耗时，采用如图 4.3.2 所示的节点分布图，保持探测距离 $D + D_1 = 50$cm，通过测量探测节点 A 的干电池供电电流来估计功耗。探测节点电流测试电路如图 4.3.3 所示。图中电容 C 为滤波电容，电流表采用 3 位半数字万用表直流电流挡，读取正常工作时的最大显示值。若 $D + D_1$ 达不到 50cm，则项目不进行测试。

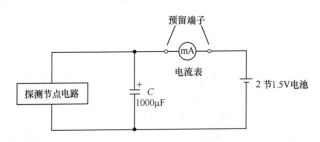

图 4.3.3 探测节点电流测试电路

（4）设计报告正文中应包括系统总体框图、核心电路原理图、主要流程图、主要测试结果。完整的电路原理图、重要的源程序用附件给出。

4．评分标准

类型	项目	主要内容	满分
设计报告	系统方案	无线环境监测模拟装置总体方案设计	4
	理论分析与计算	发射电路分析 接收电路分析 通信协议分析	6
	电路与程序设计	发射电路设计计算 接收电路设计计算 总体电路图 工作流程图	9
	测试方案与测试结果	调试方法与仪器 测试数据完整性 测试结果分析	6
	设计报告结构及规范性	摘要 设计报告正文的结构 图表的规范性	5
	总分		30
基本要求	实际制作完成情况		50
发挥部分	完成第（1）项		20
	完成第（2）项		15
	完成第（3）项		10
	完成第（4）项		5
	总分		50

无线环境监测模拟装置（D 题）测试记录与评分表

赛区_____ 代码_____ 测评人_____   年 月 日

类型	序号	项目与指标	满分	测试记录	评分	备注
基本要求	（1）	探测节点编号预置范围为00000001B～11111111B	2	可以（　）；不可以（　）		
		温度测量范围为0℃～100℃，绝对误差小于2℃	6	环境温度：_____℃ 探测节点 A 显示温度：_____℃ 探测节点 B 显示温度：_____℃		
		光照有无测量功能	4	有（　）；无（　）		
		探测节点采用两节 1.5V 干电池组成单电源供电	4	是（　）；不是（　）		

续表

类型	序号	项目与指标	满分	测试记录	评分	备注
基本要求	（2）	监测终端，用外接单电源供电	2	是（　）；不是（　）		
		仅探测节点 A 存在时，监测终端可与其直接通信并正常显示	6	可以显示探测节点号（　） 可以显示温度（　） 可以显示光照信息（　）		
		探测节点 A、B 同时存在时，监测终端可以分别与其直接通信并正常显示	6	可以显示探测节点号（　） 可以显示温度（　） 可以显示光照信息（　）		
	（3）	装置的探测时延 t 不大于 5s	5	≤5s（　）；5s<t≤10s（　）		
		收发天线的最大间距	10	$D=$ _____（cm）		
		工艺	5			
		总分	50			
发挥部分	（1）	探测节点具有信息的转发功能	20	探测节点 A 可转发探测节点 B 信息（　） 探测节点 B 可转发探测节点 A 信息（　）		
	（2）	监测终端电源供给功率小于或等于 1W，时延不大于 5s，要求 $D+D_1=50cm$	15	监测终端的供电电源电压： $V=$ _____ V 监测终端的供电电流： $I=$ _____ A $P=VI=$ _____ W $D=$ _____ cm $D_1=$ _____ cm		
	（3）	$D+D_1=50cm$，探测节点 A 的电池供电电流	10	$I=$ _____ mA		
	（4）	其他	5			
		总分	50			

无线环境监测模拟装置（D 题）测试记录与评分表说明：

（1）此表仅限赛区专家在测试制作实物期间使用，每题的测试组至少配备 3 位测试专家，每位专家独立填写一张此表并签字；表中判断特定功能有、无的项目以打"√"表示；指标性项目需如实填写测量值，有特色或有问题的项目可在备注中写明，表中栏目如有填写缺项或不按要求填写的，全国评审时该项按零分计。

（2）无线收发电路必须自制，不得使用专用成品模块和收发频率大于 30MHz 的通信电路。如果违反，那么制作成绩计零分。

（3）监测终端和探测节点必须是单电源供电，不得采用除题目规定外的其他电源，如果违反，那么制作成绩扣 20 分。

（4）基本要求（1）需要考核两个探测节点的制作完成情况，如仅实现一个，则分数减半，并在备注中说明。温度测量误差超过 2℃ 不得分。

（5）基本要求（2）第一项、第二项，每完成一个显示功能得 2 分，共 6 分。

（6）基本要求（3）第一项，探测时延可通过遮挡探测节点的光电传感器开始计时，监测终端显示光照变化时，计时结束来测量。要求连续测量 3 次，记录其最大值。5s<t≤10s 得 3 分，超过 10s 不得分。

（7）基本要求（3）第二项，无论两副天线怎样摆设，均以两副天线最接近的两点距离作为探测距离 D。在此探测距离内，各探测节点与监测终端均可正常通信。得分公式如下：

$$\begin{cases}(5+D/2)\text{分}; & D\leq10cm\\10\text{分} & ; & D>10cm\end{cases}$$

应特别注意因制作不良而产生的近距离通信盲区。如果发现盲区存在，那么应在备注中记录，并扣除本项成绩的 50%。

（8）发挥部分必须在基本要求的探测时延小于 5s 及探测距离达到 10cm 的前提下测试。不满足条件，不进行发挥部分测试。

（9）发挥部分（1）第一项第一步，先将探测节点 A 置于最大探测距离 D 处，再将探测节点 B 由远及近地接近探测节点 A，直到监测终端通过探测节点 A 的转发而与探测节点 B 通信成功，表明探测节点 A 可以转发探测节点 B 信息。然后交换两个节点的位置进行第二步测试。每步 10 分。

（10）发挥部分（2）记录上一项中 $D+D_1$ 最大的情况。得分公式如下：

$$\begin{cases} 0.3(D+D_1)\text{分}； & (D+D_1) \leqslant 50\text{cm} \\ 15\text{分} & ； (D+D_1) > 50\text{cm} \end{cases}$$

测试中，电源供给功率若超过 1W，则必须调整电压或负载使其满足要求。若不满足小于或等于 1W 的要求，则该项目不进行测试，同时该项目成绩计零分。

（11）发挥部分（3），赛区电流最小的作品给满分，其他作品酌情给分。若 $D+D_1$ 达不到 50cm，则此项目不进行测试，计零分，并在备注中说明。

4.3.1 题目分析

无线环境监测模拟装置就像气象台（站）的一个模拟装置。例如，省气象台有一个中心气象台，一般设在省会城市，或设在省内的某座高山上，下设 n 个气象站，包括省内各中小城市、县城和旅游景点等的气象站。省气象台要向全省进行天气预报，必须根据各气象站提供的当天气象信息（包括光照、温度、湿度、气压、风力、风向、云层厚度、云层高度、云团运动方向及速度等）和历史气象信息进行综合分析、计算与处理，进而对各地的气象进行预报。气象台要进行一次信息综合处理，必须采集同一个时刻或某个时段的气象信息，因此要求时间同步。信息的传递方式一般采用微波无线传递（考虑各高校不一定都有微波测试仪器仪表，因此将频率改为 30MHz 以下）。因为无线电波是直线传播的，考虑到地形复杂、发射功率有限，距离气象台较远的气象站的信息难以接收，故需要转发。

又如，采用短距离无线通信的系统模型。短距离（一般在几十米之内）无线通信技术广泛用于车辆监控、遥控、遥测、小型无线网络、无线秒表、门禁系统、小区呼叫、工业数据采集系统、无线标签、身份识别、非接触 RF 智能卡、小型无线数据终端、安全防火系统、生物信息采集、机器人控制等领域。

短距离无线通信技术的特征是低功耗、低成本和对等通信等。

目前几种主流的短距离无线通信技术有高速 WPAN 技术；UWB 高速无线通信技术，包括 MB-OFDM、DS-UWB；Wireless USB 技术；低速 WPAN 技术和 IEEE 802.15.4/ZigBee。

本系统可视为一个短距离无线通信系统的模型。根据题目任务和要求不难构建系统总体框图（如图 4.3.4 所示），其探测节点分布示意图如图 4.3.5 所示。

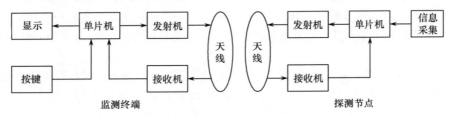

图 4.3.4 系统总体框图

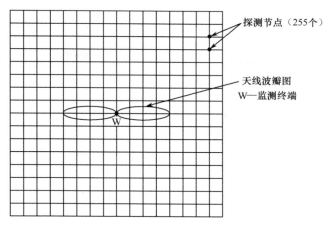

图 4.3.5　探测节点分布示意图

　　本题的重点和难点有两个：一是通信协议的制定；二是低压、价廉、低功耗收发系统的设计。下面就这两个问题进行讨论。

1．通信协议

　　根据题目的任务与要求，监测终端应能监测探测节点的存在，并能接收探测节点信息（直接或通过其他探测节点转发而来）。无论是监测终端还是探测节点均有一套收发系统，且共用一副天线（天线是特制的）。天线的方向性很强，波瓣很窄，而且探测节点分布在监测终端的周围，示意图如图 4.3.5 所示。下面讨论各种通信协议。

　　方案一：探测节点主动发送、监测终端被动接收方案。探测节点主动向监测终端方向发射地址和数据信息（直接或转发均可），监测终端被动接收。若监测终端的天线和探测节点天线波瓣方向一致，则能够完成信息采集任务，但成功的概率极小，此方案不可行。

　　方案二：监测终端发出同步信号，所有探测节点根据自己的地址码依次在不同的时隙发送信息，中继由探测节点自行搜索判断。这个方案也不可行，因为监测终端只有一套收发装置，包含一副天线。在同一时刻只有数量不多的探测节点可以收到同步信号，绝大多数探测节点无法收到同步信号。除非在监测终端安装多套收发系统，能向四面八方辐射，或安装一套收发系统，但天线是全方位的。这些都与题意不符，故不能采用此方案。

　　方案三：应答式通信方式。由监测终端主动发起所有传输过程，监测终端的天线可以旋转，依次轮询每个可能的探测节点编号来收集信息，信息的转发由监测终端主动发送命令给探测节点来启动。这种方案是可行的，因为探测节点的地理位置和地址码是设计者事先安排好的。如图 4.3.5 所示的探测节点分布示意图是假设的，实际的探测节点分布示意图也可绘出。监测终端的天线每旋转一个方位，其天线照射区域的探测节点数和地址码均是已知的，呼叫的探测节点数有限，而不盲目地采用点名方式，因此采集信息花费的时间不会太长。

　　部分参赛者未能考虑天线具有极强的方向性和系统的可行性，因此论证通信协议时出现了差错并影响了工作流程图和主程序。实际的设计、制作、调试和测试过程均在天线照射的局部区域内进行，虽然不会影响测试成绩，但会影响报告成绩。

2．收发系统方案

　　（1）调制方案考虑。

　　由于传输的对象是地址码和数字信息，因此调制方式采取 2ASK、2FSK 和 2PSK 均可。实验证明，此题采用 2ASK 最方便、省事，而且采用 100% 调制度的 2ASK 时，发射机的效率最高，接收机的灵敏度最高。

（2）收发系统设计考虑。

根据通信协议论证得知，通信方式采用应答式 TDMS（时分多址复用）与 CDM（码分多址复用）相结合的通信方式。由于收发系统共用一副天线，收发以同一频率进行，因此收发必须隔离，一般采用时分方法。为缩短呼叫时间，终端发射功率可以远大于探测节点发射功率。根据通信方程得知，终端发射功率增加 4 倍，作用距离 D 增加 2 倍，即

$$D = K\sqrt{\frac{P_t G_t G_r}{S_{min}}} \tag{4.3.1}$$

式中，P_t 为发射机天线端辐射的有效功率；S_{min} 为接收机的最小检测功率；G_t、G_r 分别为发射机天线和接收机天线的增益；K 值在发射频率确定情况下基本上是一个常量。

若监测终端呼叫功率足够大，充分利用监测终端收发系统总功率小于或等于 1W 的条件，使每个探测节点均能接收到呼叫信息，则呼叫传输时间将大大缩短。

另外，尽量提高接收机的灵敏度。根据通信方程得知，提高接收机的灵敏度和提高发射机的功率对提高作用距离的贡献是一样的。用提高探测节点的发射功率来提高转发距离不是一种好办法，因为在发射机效率一定的条件下，提高发射功率必然会增加探测节点消耗的功率，不利于满足节能的要求。

关于收发系统电路的设计，平时训练过"单工无线呼叫系统"（2005 年全国大学生电子设计竞赛 D 题）和"无线识别装置"（2007 年全国大学生电子设计竞赛 B 题）的同学，对设计该收发系统电路不会感到困难，可用分立元器件搭建，也可用以专用编码/解码芯片（PT2272/PT2262）为核心构建收发系统电路。但必须指出，PT2272/PT2262 的工作电压为 5V，不满足 3V 供电的要求，必须将 3V 电压通过 DC-DC 变换成 5V 电压，对其具体电路不再赘述。

本题属通信方向题，涉及的知识面广、技术难度大、工程性强。出题专家为了让学生容易制作和测试方便，对天线的制作做了具体规定。实践证明，这种天线的波瓣较窄，具有较强的方向性。从系统设计的可行性、设备的复杂性、系统性价比考虑，该系统监测终端的天线应能旋转，而探测节点的天线应定向固定安装。假如探测节点天线也能旋转，势必带来天线捕捉目标的难度，就像用筷子打飞行的蚊子时，打中的概率极低那样。当然，为实现准确捕获，可采用自动控制系统，这样的一个复杂系统采用自动控制系统也是不太现实的。

作为考生而言，必须弄清题意，根据题意考虑总体方案并制定通信协议，否则后续工作将变得毫无意义。这一点对走向工作岗位的工程师尤为重要。

编者估计，选中此题的考生不会太多，优秀作品很少，能完全弄清题意并制作的优秀作品几乎没有。下面列举两个作品，其论证过程中难免有不足之处，但为保持论文的完整性，编者对其未做修订。

4.3.2　采用 OOK 调制方式的无线环境监测模拟装置

来源：华中科技大学　郑欢　张潇雨　黄永侃（全国一等奖）

1. 方案设计与论证

（1）主控芯片。

在整个系统中，监测终端（简称终端）和探测节点（简称节点）都需要一个主控芯片进行处理，主要考虑以下三个方案。

方案一：选用 FPGA。FPGA 资源丰富，可以实现灵活的调制，但是功耗大，性价比低。

方案二：选用 C8051F 系列单片机。C8051F 的功耗较 FPGA 的低，速度很快。

方案三：选用 MSP430 系列单片机。MSP430 拥有业界最低的功耗，其中 F5438 系列是最新产品，可以工作在 25MHz 以下，因此在性价比、功耗、速度上都有优势。

由于节点对功耗有较高要求，MSP430 可设置为低功耗模式，功耗比 C8051F 至少低一个数量级，内部还集成有温度传感器，所以选择方案三。

（2）信号调制方案。

终端和节点间的数据通过电磁波的耦合进行传播，可考虑下列调制方案。

方案一：采用 OOK（On-Off Keying，开关调变）调制方案。OOK 调制方式是 100%调制度的 ASK，电路非常简单，解调电路容易、简单，但抗干扰能力不强。

方案二：采用 FSK 调制方案。FSK 调制方式的抗干扰能力很强，但调制电路及解调电路比较复杂，需要不断发射载波。

方案三：采用 PSK 调制方案。PSK 调制方式的抗干扰能力非常强，传输距离远，可以降低发射功率，但解调复杂，实施解调的成本和功耗大。

根据系统的要求和对主控芯片的分析，选择 OOK 调制方案。因为 OOK 调制方式特别适合电池供电的便携式设备使用，系统在发送"0"时无须发送载波，因而可以极大地节省功率。

（3）高频功放方案。

在本系统中，由于节点之间需要通信，因此在距离及功耗的要求下需要较高的效率。

方案一：采用现有集成运算放大器制成甲、乙类放大器。这种方案的稳定度高，需要调整的参数少，但效率较低，不能满足本系统对功耗及传输距离的要求。

方案二：使用缓冲器 74HC24X 提供较大的电流，然后通过输出电路的匹配谐振，达到较高的电压。

方案三：采用分立元器件自制戊类放大器，使用 NEC 公司的三极管 2SC3355 作为功放管。采用分立元器件的高频电路时，主要具有受分布参数影响大、不易调整的缺点，但一旦调谐，就能实现较高的效率、较大的发射功率，且性价比很高。

由于本系统需要较高的效率、较大的发射功率，而 NEC 公司的 2SC3355 的性能优良，比 74HC34X 更节省功耗，所以采用方案三。

（4）通信协议方案选择。

通信协议十分重要，通常有以下几种方案。

方案一：由节点主动发起传输过程，终端收集节点发送的信息，信息的转发由节点互相协商完成。这种方案的通信带宽利用率高，节点可以根据需要休眠，消耗的功率很低，但软/硬件比较复杂。

方案二：由终端发起所有的传输过程，依次轮询每个可能的节点编号来收集信息，信息的转发由终端主动发送命令给节点来启动。这种方案的软/硬件简单，工作可靠，但节点数目增长后探测时延也会线性增长，节点无法休眠，电流很大。

方案三：由终端发起一次信息同步传输过程，所有节点根据自己的编号在不同的时隙发送信息。中继由节点自行搜索判断。这种方案的硬件比较简单，终端只负责同步，通信带宽利用率高于方案二，并且节点可以根据自己的编号休眠，电流较小，可以支持题目中 255 个节点的要求。

权衡考虑软/硬件复杂度和实际效果，选择方案三。

（5）总方案确定。

系统总体框图如图 4.3.6 所示。

综合考虑，最终采用 MSP430 作为终端和节点的主控芯片，光照探测由光敏电阻实现，温度由 MSP430 内部自带的温度传感器得到。数据的调制、接收采用串口通信。使用 I/O 端口控制天线的收发模式。

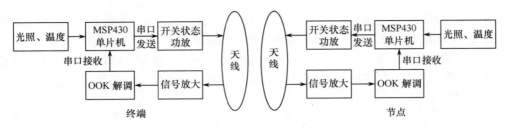

图 4.3.6　系统总体框图

2. 理论分析与计算

（1）发射机电路分析与设计。

在短波段，有现成的固定频率谐振器、滤波器和中频变压器（如 5.5MH、6.5MHz 和 10.7MHz 的中频器件）。为方便使用标准 10.7MHz 的中频器件，选取 10.7MHz 频点。

本地振荡采用由 10.7MHz 谐振器与 74HC00 构成的皮尔斯振荡器，同时通过门级电路增大对后级丙类功放的驱动功率，而串口也可通过与非门调制信号。

实际测量 5 匝直径为 3.4cm 的线圈，在 10.7MHz 下测得电感为 1.553μH，Q 值为 156。因为 $Q = \dfrac{\omega L}{r}$，所以 10.7MHz 时的损耗电阻为

$$r = \frac{\omega L}{Q} = \frac{2\pi \times 10.7 \times 106 \times 1.553 \times 10^{-6}}{156}\ \Omega$$

得 $r \approx 0.669\Omega$，在并联谐振下的等效电阻为 $R_P = Q^2 r = 16.3\text{k}\Omega$。由于负载匹配时的发射效率最高，因此在发射终端需要进行负载匹配。

（2）开关状态功放输入/输出匹配。

为降低功耗，在节点上采用高效率的开关状态功放，终端也可使用戊类放大。设输出功率为 0.1W。首先计算 C3355 的输出阻抗，假设 C3355 的输出功率为 0.1W，根据功放的最佳负载计算得到电源电压为 $V_{CC} = 3\text{V}$，设 $V_{CE} = 0.1\text{V}$，输出功率 $P_O = 0.1\text{W}$，计算得出最佳输出电阻 $R = \dfrac{(V_{CC} - V_{CE})^2}{2P_O} = \dfrac{(3-0.1)^2}{2 \times 0.1} = $

42Ω，根据 C3355 的数据表，由三极管的输出可以得到集电极的输出电容，现假设输出电容是 15pF，因此阻抗可等效为一个 42Ω 的电阻与一个约 15pF 的电容并联。C3355 开关状态功放电路图如图 4.3.7 所示。

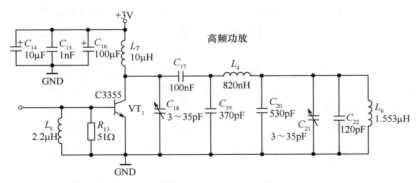

图 4.3.7　C3355 开关状态功放电路图

然后进行初步的阻抗匹配及滤波。为便于后级匹配，集电极馈电线圈兼作输出的谐振回路，以抵消输出电容的影响。馈电电感太小时，电感的 Q 值较低，损耗较大；馈电电感较大时，由于高频功率管在低频时的增益非常大，因此又容易产生低频振荡。综合考虑，取馈电电感为 10μH，此时所需的

谐振电容为 22.12pF，所以还要在集电极和地之间接入一个 22.12～10pF 的电容。为便于调谐，采用一个 5/35pF 的可调电容，这样三极管的输出为 42Ω 纯电阻，然后经过一个 42～16.3kΩ 的三阶低通滤波器实现阻抗变换，并且使输出波形平滑（滤掉载波的高次谐波），这个低通滤波器的设计借助 Filter Solution 软件进行了仿真模拟。

由于在输出端接了一个 100nF 的隔直电容，使得输出不再是 42Ω 纯电阻，所以经过 PSpice 仿真和校准后，得到最终的具体参数。

（3）接收机解调电路分析。

由于本系统采用的是 OOK 调制，所以采用灵敏度高的倍压检波。当终端与节点的距离较远时，天线上耦合得到的信号非常小，为提高接收灵敏度，使用了两级放大，从而在距离较远时也能正常检测到信号。考虑到要在近距离时使用，在天线线圈接收处加上了限幅电路，在第一级放大后也加上了限幅电路，这样便保证了在近距离和远距离时都能接收到信号。然而，实际上由于在距离很远时接收到的信号很小，导致随着距离的变化需要改变比较器的参考电平，因此采用一个 RC 积分保持电路，将 RC 值取得较大，以便能检测到最大的峰值，然后分压便能得到包络检波后峰值电压的一半，这样就实现了自适应比较，使得接收经比较器输出的波形占空比基本上保持不变，从而在远距离时串口依然能够正确识别信号。

为实现天线的复用，使用一个开关电路来切换收发模式，这个开关电路使用单片机 I/O 端口来控制高速二极管的导通与关断，进而实现切换目的。

（4）通信协议分析与设计。

通信协议采用的方式是：终端发起同步传输，各个节点根据终端的同步信息同步自己的时钟，然后在自己编号所分配的时隙内依次传输。

信息的交换采用帧交换，每帧由 4 字节组成，数据帧格式如图 4.3.8 所示。每次发送或接收都以帧为单位，其中数据的低 7 位直接表示 0℃～100℃的温度，最高位表示光照的有无，1 为有，0 为无。

整个通信过程如图 4.3.8 所示。终端不断发起同步传输，每个同步传输分为信息同步发送和中继同步发送两个阶段。信息同步发送阶段收到终端同步信号的节点，在分配给自己的时隙内发送数据。中继同步阶段没有收到终端同步信号的节点，在收到相邻节点回复给终端的信息后，在本阶段自己的时隙内发送中继请求，目的 ID 为监听到的节点中的任意一个，由选中的节点在下一个信息同步发送阶段代替自己发送信息给终端。

命令	发送 ID	目的 ID	数据

图 4.3.8　数据帧格式

协议的性能可通过分析两个节点的情况来得到，因为多个节点消耗的时间和两个节点消耗的时间相同。假设终端为 X，两个节点为 A 和 B，节点 A 为转发节点，节点 B 为被转发节点。性能最好的情况是，节点 B 在发送中继请求之前改变了数据，然后通过中继发送数据给了节点 A，节点 A 在下一个信息同步发送阶段代替节点 B 发送信息给终端，那么时延为半个同步传输周期。性能最坏的情况是，节点 B 发送中继请求后改变了数据，然后在第二轮同步传输的中继发送阶段发送信息给节点 A，最后在第三轮同步传输的信息发送阶段，节点 A 代替节点 B 发送信息给终端，时延为一个半周期。

为解决各个节点定时不够精确的问题，需要在每个帧之间加入保护间隔，在本协议中设计为发送一字节的时间，即发送 1 帧数据需要 5 字节的时间。因此，可以计算得到满足要求的最低波特率。按照最坏情况计算，共需 256×3 个时隙，每个时隙在 5 字节之间，每字节 10 位，所以波特率要大于 256×3×5×10/5 = 7680b/s。这里为了留出余量，将波特率设置为 9600b/s。

3．电路设计与软件设计

（1）发射电路分析与设计。

发射机电路图如图 4.3.9 所示。选用能在 3V 电压下工作的 MC74HC00，它集 10.7MHz 载波产生、信号调制和功放驱动于一体。

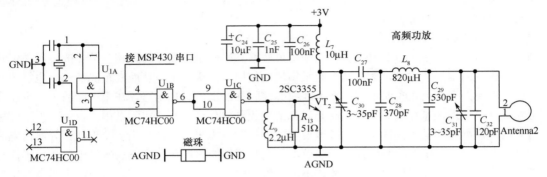

图 4.3.9　发射机电路图

功放激励输入是方波，因此功放工作在开关状态。功放的额定输出功率是 0.1W。参数设计详见理论分析与计算。

（2）接收电路设计。

接收机电路图如图 4.3.10 所示。接收机的前端采用限幅电路，在一个很小的电容（22pF）后面通过接两个方向相反的二极管到地，保证在收发天线很近时，接收到的电压被限制在 0.25V（1N10 的压降），经过后级的谐振放大、限幅和再放大后，信号强度较大，这时就能很好地进行包络检波。

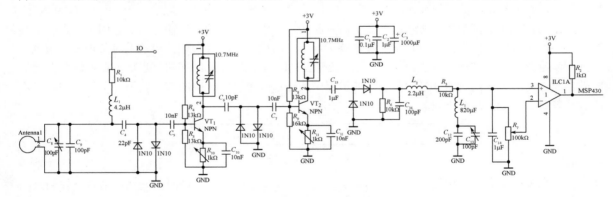

图 4.3.10　接收机电路图

在放大倍数太大时，电路会出现自激。适当旋转中周使调谐回路失谐，或在调谐回路上并联一个 10kΩ 的电阻，可消除自激。

控制收发的开关电路由两个反向串联的 1N4148 和一个 4.7mH 电感串联一个 5.6kΩ 电阻到单片机的 I/O 端口组成。

（3）工作流程图。

终端软件的重要任务是发送同步信号，等待节点返回的数据，并在液晶上显示。节点的任务是定时采集数据，在收到同步信号或探测到其他节点时发送数据，并在收到中继请求后提供中继服务。软件流程图如图 4.3.11 所示。

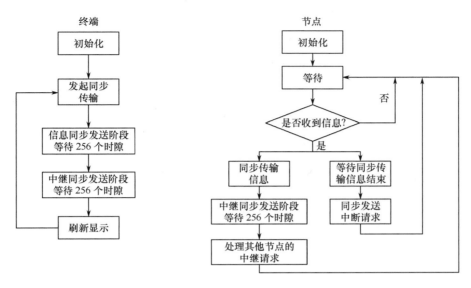

图 4.3.11 软件流程图

4．测试方法与数据

（1）测试方法和过程。

下列测试均在终端由 5V 供电、节点由两节干电池供电、室温为 26℃条件下进行。

① 终端与节点的通信距离测试。将终端、节点放在同一水平面内，在保证两天线对准的情况下，将距离分别设为 1cm 和 9cm。将节点 A 和 B 分别放在终端两侧，距离为 10cm，测试温度、光照、编码预置功能，测试结果见表 4.3.1。

所有终端均有预置编码的功能，探测时延小于 3s。

表 4.3.1　终端与节点的通信距离测试结果

距离	节点 A	节点 B
1cm	全部成功	全部成功
9cm	全部成功	全部成功
20cm	全部成功	全部成功
35cm	全部失败	全部成功

② 中继节点转发测试。将终端与节点 A 的距离设为 50cm，两者不能正常通信，将节点 B 插入两者中间，测试终端能否正常识别两个节点，然后将 A、B 两个节点互换，测试能否正常识别。测试结果见表 4.3.2。

表 4.3.2　中继节点转发测试结果

A 为中继节点	B 为中继节点
全部成功	全部成功

再次测试最大转发距离。当 A 作为转发节点时，最大转发距离为 66cm；当 B 作为转发节点时，最大转发距离为 80cm。

③ 节点功耗测试：保持 $D_1 + D_2 = 50cm$，测试转发节点。

实测发现，当两个节点都作为中继节点时，最大电流为 3mA，平均电流为 2.4mA。

（2）测试仪器及测试结果分析。

测试仪器包括 TDS20/4B 模拟四通道示波器；AFG3102 任意信号发生器；GBG-3D 高频 Q 表；MT4090、LCR 测试仪；FLUKE 17B 数字万用表；1731SL1A7A 直流稳压电源。

温度、光照测量：由于采用芯片内集成的温度传感器测量温度，因此可用温度计对温度准确度进行测试。经过算法补偿，在 23℃～40℃范围内，温度准确度在 2℃以内。终端与节点的通信距离最远可达 35cm。节点实现了中继转发功能。节点的电流非常小，在 3mA 以内。基本要求和发挥部分的指标均已达到。

4.3.3　低频载波的无线环境监测模拟装置

来源：电子科技大学　王康　胡航宇　耿东晓（全国一等奖）

1．方案论证与比较

（1）调制方案选择。

方案一：采用 FSK 调制，优点是具有较强的抗干扰能力，缺点是解调部分的硬件较为复杂。

方案二：采用 ASK 调制，优点是调制和解调的电路相对简单，缺点是抗干扰能力较差。通过在干扰较小的频段选择合适的载频，并通过窄带滤波能够消除大部分干扰，所以本作品选择 ASK 调制方案。

（2）解调方案选择。

方案一：对 ASK 信号进行放大与窄带滤波后，进行包络检波，再通过门限判决的方法解调。该方案的优点是成本低；缺点是抗干扰能力很差，窄带滤波器容易偏频，难以调试。

方案二：对 ASK 进行信号放大后，采用调谐式解调器进行解调，解调器本身是个窄带锁相环，能够省去窄带滤波器，且其抗干扰能力较强。本作品采用该方案。

（3）多点通信方案选择。

多个节点间共用同一个通信信道，因此在主机及多节点之间涉及信道复用问题。对比以下方案。

方案一：采用时分机制的信道复用，如主从式的轮询点名或令牌环网络。考虑到数据转发功能的实现必然要有多台主机，主从式网络只允许一台主机显然不合适，而令牌环网络在节点随机离开后也会出现令牌无法传递的问题，并且在节点编号未知时，依次搜索 255 个节点的耗时很长。

方案二：基于碰撞侦测机制的信道复用，如 ALOHA、CSMA（Carrier Sense Multiple Access，载波侦听多路访问）等方式。优点是网络中的每个节点都可以作为主机，随时能主动发送数据到任何其他节点。缺点是数据包可能因随机碰撞而丢失，且通信延迟不可预计。但题目中要求的 5s 较为宽裕，而被传输的信息都是缓变量，允许进行多次重发。其中 CSMA 方式在发送前进行载波侦听，不会出现 ALOHA 在信道拥挤时将信道完全阻塞的现象，所以选择 CSMA 方式进行信道复用。

系统总体框图如图 4.3.12 所示，每个节点都采用低功耗的 MSP430 单片机对环境参数进行采集和换算。用该单片机内部的分频器对时钟分频产生载波，将串口数据流作为基带信号，用门电路进行调制，再通过丙类放大器谐振放大后发射。线圈接的信号通过两级三极管放大器进行 60dB 放大后，送入调谐式解调器进行解调，还原为基带信号，送至单片机串口，完成数据收发。

2．理论分析与参数计算、电路设计

（1）收发电路分析。

① 载波频率的选择：电磁波能量分为磁场分量与电场分量两部分，线圈（环形天线）对其中的磁场分量敏感，而对电场分量不敏感。虽然理论上振荡频率越高，电磁波越容易被发射，但考虑到实

际的测试环境中存在各种磁场干扰，如中波电台 500kHz～1.6MHz 和短波电台 1.8～29.7MHz 占据了题目所限定频率范围的高端，因此要选择 500kHz 以下的频率。又考虑到工频设备 100Hz 磁场及开关电源的磁场干扰在数十千赫兹至百赫兹，因此要取 250kHz 的频率作为载波，以避开环境中可能的大部分干扰源。

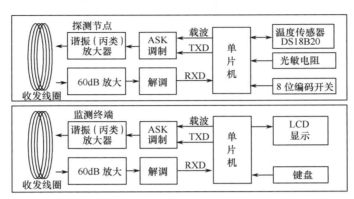

图 4.3.12 系统总体框图

② 发射电路分析：在该系统中，信息通过磁场耦合，而线圈发射的磁场强度正比于线圈中的电流。线圈内阻很小，如果直接给线圈施加大电流激励，那么系统功耗很大且能量几乎全部浪费在限流电阻上。为了以较小的功耗获得较大的线圈电流，采用谐振（丙类）放大器。经测量，3.5cm 直径、5 匝空心线圈的电感 L_0 为 1.87μH，当谐振频率 f_0 = 250kHz 时，与之并联的谐振电容 C_0 的容量为

$$C_0 = 1/(2\pi f_0)^2 L_0 = 0.21\mu F$$

③ 接收电路分析：对于接收放大器来说，线圈是一个低阻抗的信号源，不要求放大器具有高输入阻抗。ASK 解调对信号失真度要求也不严格，为了降低成本可采用三极管放大器，通过两级放大约为 60dB。放大后的信号通过解调后还原成基带信号（数据流）送至单片机串口。

（2）通信协议分析。

① 通信速率选择：因为 250kHz 载波频率较低，所以限制了通信速率。考虑到调谐解调器 LMC567 至少用 20～100 个载波周期才能实现可靠的检测，又考虑到串口采用每个比特中间时刻判决，需要留 2 倍裕量，最后以载波频率的 1/200 即 1200b/s 的速率进行通信。

② 信道复用分析：多点通信采用 CSMA 方式，载波侦听可以通过数据接收来实现。通过查询单片机引脚 RXD 在一个字符时间内是否发生变化，来判定附近是否有其他节点正在发送数据。为了减小碰撞的概率，协议上尽可能采用短帧。每个节点采用随机时间作为发送间隔，若在发送前侦测到信道已被占用，则放弃本次发射，等待下一次发射窗口。发射间隔在 0.25～1s 内随机变化，采用 8 字节数据帧，以 1200b/s 的速率发送一帧需要 60ms，在两个节点的情况下，每个节点碰撞发生的概率约为 60ms/[(1000 + 250)/2] = 1/10；而在 5s 内平均有 8 次发射窗口，数据连续 5s 被阻塞的概率仅为 1×10^{-8}。当节点数量增加时，平均传输延迟变长，但每个节点一定能遇到发射窗口。

③ 转发协议分析：为了实现自动转发功能，每个节点内部都保留一定的存储空间，用于存储它所收到的所有其他节点的数据。连续运行一段时间后，每个节点内都存储有该节点所在连通域内的所有节点的数据。监测终端只要访问任一节点，即可获得该连通域内的所有节点的数据。为了判别节点的离开，每个数据都附加有生命周期，生命周期结束后，该数据会被删除。通信协议帧格式如图 4.3.13 所示，每个节点发送自身的物理地址（拨码开关编号）、环境参数，并且附带转发它所接收到的其他节点的数据；帧尾添加 CRC 校验。

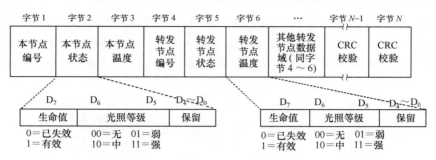

图 4.3.13　通信协议帧格式

（3）无线收发电路设计。

无线收发电路图如图 4.3.14 所示，主要分为发射和接收两部分。利用 MSP430F1232 单片机的时钟分频输出功能，将晶振（2MHz）8 分频后输出 250kHz 的载波。串口发送数据通过与非门进行 250kHz 调制，再驱动 VT_5 和 L_1、C_1 构成的谐振放大器，通过线圈 L_1 发射出去。当数据停止发射时，VT_5 截止，发射部分自动断开，不影响接收部分的工作。

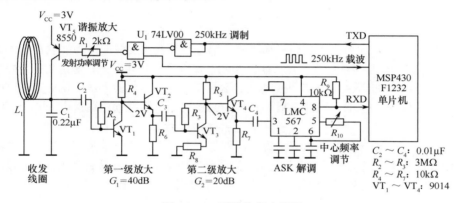

图 4.3.14　无线收发电路图

接收部分首先将线圈上感应出的电压放大。经实测，要达到大于 25cm 的通信距离，至少需要 60dB 的增益。为降低功耗和成本，采用三极管放大器。为达到所需的增益，采用两级放大，其中第一级放大约为 40dB，第二级放大约为 20dB，级间通过射极跟随器（VT_2、VT_4）进行隔离。放大后的信号通过 LMC567 进行解调。调节 R_{10} 使 LMC567 的本振频率为载波频率的 2 倍（500kHz）。解调出的基带信号就是接收到的数据流，直接送入单片机串口。

（4）传感器电路设计。

温度测量选用数字温度传感器 DS18B20，在 0℃～100℃ 范围内，误差最大为 1℃，满足题目精度要求且无须校准。采用 CDS 光敏电阻作为光强检测元件，与固定电阻分压后被单片机 ADC 采样，扩展了亮度等级显示功能。传感器电路图如图 4.3.15 所示。

（5）软件设计。

探测节点的软件包含通信模块和环境参数测量模块；监测终端软件包含通信模块和显示模块。一个监测终端和两个节点在网络中完全等价，因此三者的通信模块程序相同，通信模块软件流程图如图 4.3.16 所示。

通信模块软件由三个中断服务程序构成。用 MSP430F1232 单片机定时器产生一个随机间隔的中断，作为 CSMA 的随机数据发送间隔，在每次发送前侦听 2ms（约为 2 字节的发送时间），若能收到数据，则说明有其他节点占用了信道，放弃本次发射窗口，并产生一个随机数作为下一次唤醒的时间间隔；若侦听发现信道空闲，则测量环境参数并与本节点已备份的其他节点数据一并发出。若串口接收到数据帧，则说明附近存在其他节点，解析该数据帧，并将其他节点的数据保存在一个列表中，同时赋予生命周期值 64。在系统 1/32s 定时中断内对生命周期递减，若超过 2s 未收到该节点的数据，则生命周期会递减至 0，将其删除。

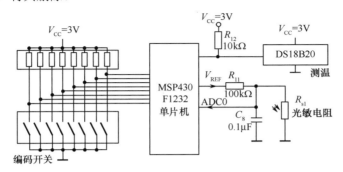

图 4.3.15　传感器电路图

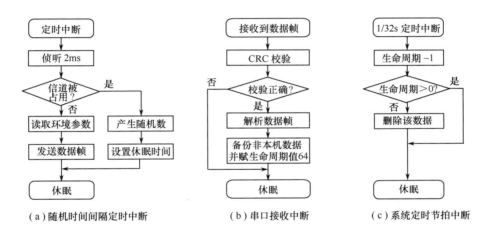

图 4.3.16　通信模块软件流程图

采用该方法实现多节点自组织通信的优点是，每个节点内都备份与之连通的所有节点的数据，实现方法简单。缺点是，如果节点数增加，那么内存开销和通信帧长度将增加。在本题中只有一个终端和两个节点，效率较高，且单片机大部分时间处于休眠状态，功耗低。

3．系统测试与数据分析

（1）测试仪器。

测试仪器：2m 卷尺、AC97 型 3 位半数字万用表、手电筒、遮光罩、电吹风和秒表。

（2）测试方法及结果。

测试方法有以下 4 种。

① 单机通信距离测试。测试方法：如图 4.3.17 所示，固定监测终端，移动单机探测节点找到两机能够正常直接通信的最远距离，记录从开启节点电源至监测终端接收到数据的时延，并记录两个线圈的实际距离，测试结果见表 4.3.3。

测试结果：根据数据可知，最远通信距离为 75cm。

② 多机网络测试。测试方法：如图 4.3.18 所示，固定监测终端，将两个探测节点同时接入网络，不采用中继转发功能，将各个节点移动到能够通信的最远处，同时开启两个节点电源，记录从机均正常收到数据的时延，并记此时节点与监测终端的距离，测试结果见表 4.3.4。

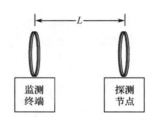

图 4.3.17　单机通信距离测试

表 4.3.3　单机通信距离测试结果

次数	1	2	3	4	5	6	7	8
距离/cm	1	5	10	20	40	60	70	75
时延/s	0.45	0.40	0.54	0.39	0.51	0.40	0.51	掉线

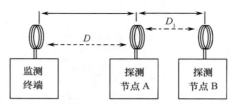

图 4.3.18　多机网络测试

表 4.3.4　多机网络测试结果

次数	1	2	3	4	5	6	7	8
距离/cm	1	5	10	20	40	60	70	75
时延/s	1.49	1.58	1.73	1.38	1.19	1.20	1.29	掉线

测试结果：根据数据可知，最远距离为 70cm。

③ 自动转发测试。测试方法：固定监测终端，移动第一个探测节点到与监测终端能够正常通信的最远处，此时将第二个探测节点从远离监测终端的方向接入网络，移动该节点到此机信息能够显示在监测终端上的最远处，打开远离监测终端节点的电源，使其处于连续发射状态，此时开启中继节点，记录监测终端均收到两个节点的信息的延时，并记录此时较远节点与终端线圈的距离，测试结果见表 4.3.5。

表 4.3.5　自动转发测试结果

次数	1	2	3	4	5	6	7	8
D/cm	1	5	10	20	40	60	70	75
D_1/cm	1	5	10	20	40	60	70	75
时延/s	1.10	1.16	2.80	1.57	1.07	2.67	2.37	掉线

测试结果：最远转发距离为 140cm。

④ 系统功耗测试。监测终端和探测节点稳定工作且距离 $D + D_1 = 50$cm 时，用 3 位半万用表测量测试节点的电流，观察 30s 并记录期间的最大值，测试结果见表 4.3.6。

测试结果：监测终端功耗远小于 1W，探测节点实现低功耗。

表 4.3.6　系统功耗测试结果

功耗	节点		
	监控终端	检测节点 1	检测节点 2
电流/mA	41.35	17.23	15.39
功耗/mW	124.05	51.69	46.17

（3）总结。

本作品实现了题目中的所有功能和指标，并且扩展了光强指示功能。在超过题目要求通信距离 2 倍的前提下，通过间歇工作实现了低功耗；通过采用分立器件作为放大电路，降低了成本。节点间通信采用 CSMA 方式共享信道，以 CRC 校验作为检错机制，采取存储转发机制实现自动转发。经测试，通信稳定可靠。该作品的不足是，通信载波频率较低，限制了通信速率，且 CSMA 方式对信道采取随机抢占手段，当节点数目增加时，网络拥塞和延迟比较严重。

4.4　红外通信装置

［2013 年全国大学生电子设计竞赛（F 题）］

1．任务

设计并制作一个红外通信装置。

2．要求

1）基本要求

（1）红外通信装置利用红外发光二极管和红外接收模块作为收发器件，以定向传输语音信号，传输距离为 2m，如图 4.4.1 所示。

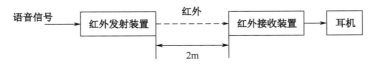

图 4.4.1　红外通信装置框图

（2）传输的语音信号可采用话筒或 ϕ3.5mm 的音频插孔线路输入，也可由低频信号源输入；频率范围为 300～3400Hz。

（3）接收的声音应无明显失真。当发射端输入语音信号改为 800Hz 单音信号时，在 8Ω 电阻负载上，接收装置的输出电压有效值不小于 0.4V。不改变电路状态，减小发射端输入信号的幅度至 0V，采用低频毫伏表（低频毫伏表为有效值显示，频率响应范围低端不大于 10Hz、高端不小于 1MHz）测量此时接收装置输出端的噪声电压，读数不大于 0.1V。如果接收装置设有静噪功能，则必须关闭该功能进行上述测试。

（4）当接收装置不能接收发射端发射的信号时，要用发光管指示。

2）发挥部分

（1）增加一路数字信道，实时传输发射端的环境温度，并能在接收端显示。数字信号传输时延不超过 10s，温度测量误差不超过 2℃。语音信号和数字信号能同时传输。

（2）设计并制作一个红外通信中继转发节点，改变通信方向 90°，延长通信距离 2m，如图 4.4.2 所示。语音通信质量的要求与基本要求中的第（3）项相同。

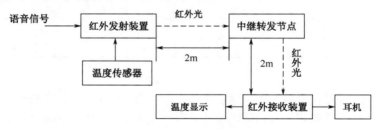

图 4.4.2　红外通信中继转发装置框图

中继转发节点采用 5V 直流单电源供电，其电路如图 4.4.3 所示。串接的毫安表用于测量直流电流。

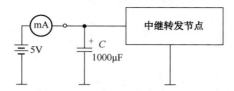

图 4.4.3　中继转发节点供电电路

（3）在满足发挥部分第（2）项要求的条件下，尽量减小中继转发节点的供电电流。

（4）其他。

3．说明

（1）本装置的通信信道必须采用红外信道，不得使用其他通信装置。发射端及中继转发节点必须采用分立的红外发光二极管作为发射器件，安装时需外露红外发光管，以便检查。不得采用内部含有现成通信协议的红外发射芯片或模块。

（2）中继转发节点除外接的单 5V 供电电源外，不得使用其他供电装置（如电池、超级电容等）。

（3）测试时，自备 MP3 或录音机及音频连接线。

4．评分标准

类型	项目	主要内容	满分
设计报告	系统方案	红外通信装置总体方案设计	4
	理论分析与计算	通信原理分析，提高转发器效率的方法	6
	电路与程序设计	总体电路图 程序设计	4
	测试方案与测试结果	测试数据完整性 测试结果分析	4
	设计报告结构及规范性	摘要 设计报告正文的结构 图表的规范性	2
	总分		20

续表

基本要求	完成第（1）项	25
	完成第（2）项	5
	完成第（3）项	15
	完成第（4）项	5
	总分	50
发挥部分	完成第（1）项	10
	完成第（2）项	10
	完成第（3）项	25
	其他	5
	总分	50

4.4.1　题目分析

分析题中的基本要求和发挥部分的要求后，系统要完成的功能和技术指标归纳如下。

1．系统功能

（1）利用红外发光二极管和红外接收模块作为收发器件，定向传输语音信号（基本要求）。

（2）当接收装置不能接收发射端发射的信号时，要用发光管指示（基本要求）。

（3）增加一路数字信道，实时传输发射端的环境温度，并能在接收端显示，语音信号和数字信号能同时传输（发挥部分）。

（4）增加一个红外通信中继转发节点，以改变通信方向（发挥部分）。

2．系统技术指标

（1）传输距离为 2m（基本要求），增加中继转发节点，延长传输距离 2m（发挥部分）。

（2）语音信号频率范围为 300～3400Hz。

（3）驱动负载电阻为 8Ω。

（4）发射装置输入 800Hz 单音信号时，接收装置输出电压有效值 0.4V 且无明显失真；发射装置输入 0V 信号时，接收装置输出噪声电压有效值小于或等于 0.1V。

（5）数字信号传输时延为 10s，温度测量误差不超过 2℃（发挥部分）。

（6）中继节点采用 5V 直流单电源供电，并尽量减小供电电流（发挥部分）。

3．系统设计难点

通过分析，本设计的难点是实现语音信号和数字信号同时传输及中继转发节点的功耗问题。

4.4.2　系统方案

1．系统组成框图

基本的红外语音传输系统主要由信源（语音+数字信号）、信源编码、信道编码、红外信道、信道解码、信源解码和信宿（语音+数字信号）7 部分组成。信源包括语音和数字信号。信源编码实现语音信号与数字信号之间的转换。信道编码实现多路信号复接、同步并提高抗噪声的能力。本系统以红外为信息载体将信息传输到接收端，进行解扰码、解复接的信道解码、信源解码，最终实现红外通信，如图 4.4.4 所示。

图 4.4.4　红外语音传输系统框图

根据设计要求，对系统进行方案设计。

方案一：采用单片机作为控制核心，实现整个红外通信系统。让单片机产生 PWM 波，调整语音数据信号，通过串行通信方式实现红外语音传输。但考虑到同时传输温度数据，仅用单片机编程比较困难，且传输效率较低。

方案二：采用 FPGA 作为控制核心，结合 PCM（Pulse Code Modulation，脉冲编码调制）编码器对语音信号进行数字编码，并利用单片机对环境温度进行采集和处理。FPGA 的功能强大，处理速度快，可实现语音数据和温度数据的复用，完全满足多路数据的传输处理，在发送端通过信道编码，产生适合红外数据发送的数据码流，通过高效红外发射装置，将数据发送到中继节点，并透明地转发到接收端。在接收端，采用 FPGA 实现数据的信道解码复用，恢复语音信号和温度信息。

综合考虑以上两个方案，本系统采用方案二。按照题目要求，将红外通信系统具体分为三部分进行设计：发射端、中继端和接收端。每部分的电路框图如图 4.4.5 所示。

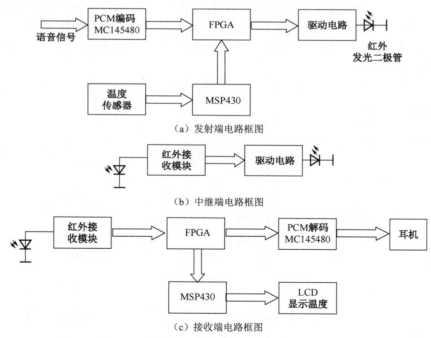

（a）发射端电路框图

（b）中继端电路框图

（c）接收端电路框图

图 4.4.5　发射端、中继端和接收端的电路框图

2. 语音信号的预处理方式

方案一：采用模拟信号直接传输。

红外传输数据时，不存在无线电传输时的天线尺寸问题，理论上可将语音信号用低噪声输入阻抗高的运算放大器进行前置放大，信号调制发光二极管两端的电压，发光二极管的发光强度与模拟电压信号强度正相关。接收端接收到变化的光照强度，转换成模拟电压或电流信号。但是，输入的语音信号非常微弱，极易被噪声淹没，语音失真大。

方案二：采用 AD 芯片。

将语音信号进行一定的前置放大和滤波处理，进行高精度 AD 采样，将模拟量数字化，进而在通信系统中传输，但本方案模拟部分的实现较为复杂。

方法三：采用 PCM 编/解码器。

作为最典型的语音信号数字化方式，PCM 编/解码器将语音数字化并限制频带，量化信噪比大。常见的 PCM 编/解码器内含精确基准电压，并带有预采样滤波器和重构滤波器，既可用于同步传输的设计中，又可用于异步传输的设计中。

经讨论、分析、对比，最终选择方案三即 PCM 编/解码器，芯片选型为 MC145480，采用 A 律压扩。

3．温度采集模块

方案一：选用模拟式温度传感器 LM135 或 AD590，它具有实际尺寸小、使用方便、灵敏度高、线性度好、响应速度快等优点。

方案二：选用数字温度传感器 DS18B20，它将敏感元件、A/D 转换单元、存储器等集成在同一个芯片上，直接输出反映被测温度的数字信号，使用方便。

在-55℃～+125℃范围内，误差精度为 0.5℃，符合题目精度要求且无须校准，故选用方案二。

4．红外发射模块

考虑系统对语音传输速率的要求，选择高速红外发光二极管 TSFF6410 作为发射器件。使用红外发光二极管时，驱动电路的设计十分重要，好的设计能提高红外的发光效率，且延长使用寿命。这里采用数字非门 74LS04 作为驱动电路，不仅简单有效，而且能降低功耗。

5．红外接收模块

方案一：用分立元器件搭建接收电路。

红外接收管接收到光信号并将其转换成电信号，电信号的幅值与接收到的光强成正比。接收信号经放大处理，同时噪声也被放大，接入 FPGA 进行判决处理，但判决误差大。

方案二：选用红外接收模块。

红外接收集成芯片的灵敏度高，同时其内部集成有运算放大器、滤波器，能对接收到的信号进行放大和滤波处理，能有效地消除噪声干扰。

根据指标要求，红外接收端选择方案二，即采用红外接收模块 TFDU4100 实现红外信号的接收。其与红外发光二极管 TSFF6410 匹配，可以直接和一个做脉冲调制的 I/O 端口连接，简单且效率高。

6．信道编解码方式

方案一：采用 DSP（Digital Signal Processing，数字信号处理）芯片。

DSP 的运算速度快、通用性强，可与串行设备如编解码器或串行 A/D 转换器直接通信，同时还可提供 A 律和 μ 律压扩。

方案二：采用 FPGA。

FPGA 可实现信道多路复用，并可同步传输语音数据和温度数据，产生适合红外信道传输的高速脉冲。它集成了多个成熟的 IP 核，其功能强大、编辑简洁、语法易懂、处理速度快，满足实时传输的要求。若加入串扰码，还可提高信息传送的可靠性。在接收端，FPGA 实现信道解复用、解码，恢复语音和温度两路数据。

方案三：采用单片机。

将前端输出连接到单片机的外部中断，结合定时器判断外部中断间隔的时间，从而获取数据，将采集到的数字信号进行编码，产生 PWM 波调制信号。该方案的成本相对较低，但传输速率低，难以实现语音信号与温度信号的并行同步处理。

考虑到实际情况，结合手边资源，最终采用 FPGA EP3C10E144C8N 和 EP2C8Q208C8N 实现。

4.4.3　理论分析与计算

1．脉冲编码调制（PCM）

语音的 PCM 编码是指将模拟语音信号转变为数字语音信号，它是语音数字化的第一步，也是语音压缩的基础。使用该方法传输语音信号的抗干扰能力强，易于加密，且无噪声累积。脉冲编码调制解调框图如图 4.4.6 所示。

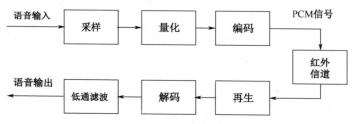

图 4.4.6　脉冲编码调制解调框图

对于音频信号（频率范围为 0.3～3.4kHz），用 8kHz 的抽样频率采样，即对信号每秒取样 8000 次；每次取样为 8 位，共 64kb/s。采用 A 律 13 折线的分段方法量化，共 128 个量化级，加 1 位极性码，共 8 位二进制码，因此语音信号数字编码速率为 64kb/s。选取 MC145480 实现 PCM 编码和解码，其内部自带滤波电路，用其进行语音编码通信，通信质量良好且抗干扰能力强。

2．红外发送距离和接收功率

信号传输距离与发射管的发光强度、方向及接收管的灵敏度有关。光照强度（简称照度）与距离之间的关系为 $E = I/R^2$，其中 I 为光照强度，R 为发射端与接收端之间的距离，光照强度 E 决定发射管的发射功率 P_t。

接收管的接收功率 P_r 为

$$P_r = P_t \frac{A_{et} A_{er}}{(R\lambda)^2} \tag{4.4.1}$$

式中，λ 为红外波长；A_{et} 为发射口径有效面积，发射管的半功率角度越小，聚光能力越强，A_{et} 越大。在发射功率一定的条件下，要保证 2m 的通信距离，需要将接收管对准发射管的最大辐射方向，从而增大发射和接收的有效面积。

3．非均匀量化信噪比

语音信号数字化时，若采用均匀量化方式，则量化信噪比会随信号电平的减小而下降。若采用非均匀量化编码，则对出现频率高的低幅度话音信号运用小量化间隔，对不经常出现的高幅度语音信号运用大量化间隔，可以扩大输入信号的动态范围，提高小信号的量化信噪比，进而改善量化性能。

A 律 13 折线法从非均匀量化的基点出发，将折线段划分成 128 个不均匀的量化级，编码时只需要 7 位，加上 1 位极性码共 8 位，若采用均匀量化则需要 11 位，所以使用 A 律量化编码既能提高量化信噪比，又能减小带宽。

4．脉冲频率和宽度

语音频率范围为 300～3400Hz，根据奈奎斯特定理，$F_s \geqslant 2F_a$ 即约 8kb/s 时可无失真地恢复语音信号。

信道编码采用 1/4 脉宽调制方式，极大地降低了系统的功耗；编码采用脉宽为 1/4 比特的脉冲调制，占空比为 1/4。在整个通信过程中，若"1"和"0"等概率出现，则高电平时间占总时间的 1/8。若使用普通的全占空串行通信方式，则在同等条件下，高电平占用时间为 1/2。在同等通信速率下，前一种信道编码方式的功率消耗为后一种的 1/4。

4.4.4 电路与程序设计

1．硬件电路设计

在如图 4.4.7 所示的红外发射装置中，温度检测电路采用 DHT11 电阻温度传感器，由 MSP430PM64 单片机处理温度信号。

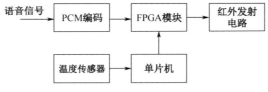

图 4.4.7 红外发射装置

在如图 4.4.8 所示的 PCM 编码电路中，使用 PCM 编/解码器 MC145480 实现语音信息的采样、量化和模数转换，采用 FPGAEP3C10E144C8N 处理语音和温度数据，产生脉冲序列，驱动红外发光二极管，红外发光二极管向外发送特定频率的近红外。

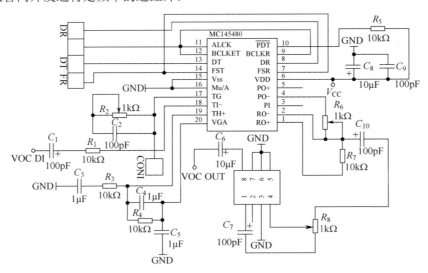

图 4.4.8 PCM 编码电路

在如图 4.4.9 所示的红外转发装置中，红外接收管接收到的信号的波形会有所失真，经非门整形，输出到红外发光二极管，以便在接收端获得较大的信噪比。

图 4.4.9　红外转发装置

在如图 4.4.10 所示的红外接收装置中，TFDU4100 红外接收模块将接收到的信号处理后传输给 FPGA 模块。MC145480 编/解码器解码得到其中的语音信号，同时单片机获得其中的温度数据并显示。

图 4.4.10　红外接收装置

红外发射与接收电路图如图 4.4.11 所示。

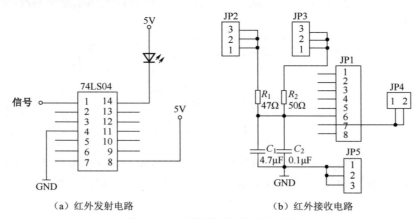

（a）红外发射电路　　　　　　　　（b）红外接收电路

图 4.4.11　红外发射与接收电路图

2．软件编程

1）FPGA 模块

在发射端，FPGA 模块的主要功能是对数字语音信号和温度信号进行处理，并对信道进行编码，实现数据复接和信道复用功能，在数据帧前端增加同步帧头，实现信号的同步传输。发射端 FPGA 模块框图如图 4.4.12 所示。

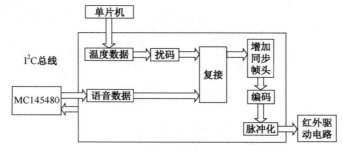

图 4.4.12　发射端 FPGA 模块框图

在接收端，FPGA 模块的主要作用是去除信号毛刺、滤除干扰信号，进行信道译码和解复接，还原出原语音数据和温度数据。接收端 FPGA 模块框图如图 4.4.13 所示。

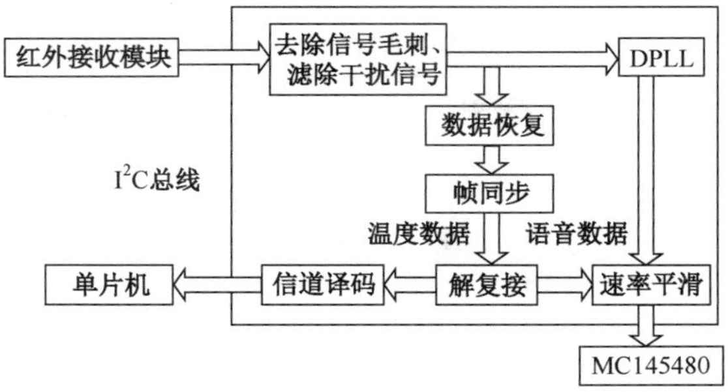

图 4.4.13　接收端 FPGA 模块框图

FPGA 时钟源为 50MHz 的外部晶振，通过锁相环倍/分频后得到 40.96MHz 的系统时钟，进一步通过计数器分频得到 2.048MHz 与 8kHz 的子时钟，2.048MHz 时钟为语音芯片比特同步时钟，8kHz 时钟为帧同步时钟。

信号以 80kb/s 的速率传输，整个信道的时序被固定划分，信道传输信息的时间被划分成若干时间片（简称时隙），并分配给每个信号源使用，每路信号在自己的时隙内独占信道进行数据传输。优点是时隙分配固定，便于调节控制。帧格式如图 4.4.14 所示。

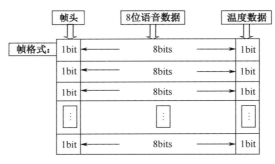

图 4.4.14　帧格式

为提高传输速率，采用数据复用，并行同步传送信息位。帧同步头码为 0x00FF。本设计在 FPGA 中加入 43 阶自同步扰码，增加比特流的随机性，有效提高抗干扰能力。同时，自扰码的加入并未增加比特流，信道利用率高。接收装置处的 FPGA EP2C8Q208C8N 做与发射端相反的工作，采用锁相环锁频获取信号频率，经过解扰码、解复接将温度信息通过 SPI 总线返给单片机，语音数据单线输出给终端语音芯片进行处理。

2）单片机温度显示

在发射装置中，DHT11 数字温/湿度传感器内含有已校准数字信号输出的温/湿度复合传感器。该传感器具有响应快、抗干扰能力强等优点。该传感器与高性能、极低功耗的 MSP430 单片机相连。单片机通过单总线数字信号口将温/湿度数据读入 RAM，再通过自定义的串口将数据传输给 FPGA。

如图 4.4.15 所示，接收端的单片机给 FPGA 输入使能信号，通过 FPGA 的 SPI 总线获取 16 位数据流，高 8 位是温度，低 8 位为湿度。此外，单片机外置光照强度传感器 OPT101 通过单片机模数转换功能，将光照强度引起的传感器两端的电压变化直接转换为数据，通过 SPI 通信方式在 LCD 上显示。

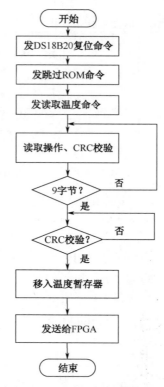

图 4.4.15　单片机读取温度程序流程图

4.4.5　测试方案与测试结果

1. 测试仪器

所需测试仪器见表 4.4.1。

表 4.4.1　所需测试仪器

仪器名称	型号规格	数量
双踪示波器	TEKTRONIX TDS2012B	3 台
函数发生器	F120 型	1 台
数字万用表	GDM-451	1 台
直流稳压电源	YB1731A 3A	1 台
低频毫伏表	2CHACMILLIVOLTMETER	1 台
毫安表	FLLIK117	1 台
音频连接线		2 根
MP3 播放器		1 台
喇叭		1 个
温度计		1 个

2. 作品测试及性能数据

各项性能测试数据见表 4.4.2。

表 4.4.2 各项性能测试数据

	测试项目	指标要求	测试结果	结果分析
基本要求（1）	通过 ϕ 3.5mm 音频插孔线路输入一段 MP3 语音信号，在接收端用耳机收听，测试语音质量	接收端无明显失真	语音良好，接收端无失真	系统稳定
基本要求（2）	发射端输入 800Hz 单音信号时，在 8Ω 负载上用数字万用表测试接收装置的输出电压有效值	接收装置的输出电压不小于 0.4V	当发送端输入有效值为 0.7V 时，接收端毫伏表示数为 0.78V	性能良好
		减小发送端信号至 0V，接收装置的输出噪声不大于 0.1V	输出端噪声电压为 2.5mV	性能良好
基本要求（3）	接收装置不能接收信号时，要用发光管显示	要求同本项目	用纸片遮挡时，接收装置上的发光管即刻由暗变亮，反应迅速，功能正常	FPGA 反应迅速，功能正常
发挥部分（4）	实时传送发送端温度值	时延在 10s 内，温度误差不大于 2℃	温度时间响应小于 1s，温度误差不大于 1℃	DHT11 与 MSP430 单片机工作正常，系统能实时传送多路信号
发挥部分（5）	增加一个中继转发节点，延长通信距离 2m	要求同项目 2	发送端输入有效值为 0.7V 时，接收端毫伏表示数为 0.78V	结果与直接传输效果一致，转发端用串联双非门整形效果良好
			输出端噪声电压为 2.7mV，比直接传输时略有提高	同上
发挥部分（6）	中继转发节点采用 5V 供电，测量电流	在满足 2m 通信距离的前提下，电流尽量小	电流实测值为 6.2mA	在满足性能要求前提下，红外发光二极管串联了两个二极管，有效减小了电流
拓展部分（7）	在项目（5）的前提下延长通信距离	语音无明显失真	实验室最长延长距离为 5.8m	中继转发信息编码可靠稳定
拓展部分（8）	多中继转发	语音无明显失真	实验室采用 2m 距离，两个通信中继站，语音接收正常	中继采用非门串联电路整形，极大地提高了整个系统的抗干扰能力

3．总结

本系统的主控部分采用高性能可编程门阵列，语音终端采用高性能 PCM 编解码器，系统实现了红外语音与数字实时通信，功耗小，噪声低，传输距离远，能达到基本要求和发挥部分的各项指标要求。

中继采用非门串联电路整形，极大提高了整个系统的抗干扰能力。理论上，本系统可以增加多个中继转发节点，高质量地传输语音和数字信号。

此外，驱动电路若采用 COMS 系列 HC04，则比 TTL 系列的功耗更小，转接点处的直流电流可以进一步减小。

4.5　短距视频信号无线通信网络

［2015 年全国大学生电子设计竞赛（G 题）］

1．任务

设计并制作一个短距视频信号无线通信网络，其示意图如图 4.5.1 所示。该网络包括主节点 A、从节点 B 和 C，实现从节点 B 和 C 到主节点 A 的视频信号传输。传输的视频信号为模拟彩色视频信号（彩色制式不限），由具有 AV 输出端子的彩色摄像头提供。每个从节点预留 AV 视频输入（莲花 RCA）插座，通过一根 AV 电缆与摄像头 AV 输出端子连接。节点须使用水平全方向天线，确保节点在水平全方向上都能达到要求的通信距离。

图 4.5.1　短距视频信号无线通信网络示意图

2．要求

1）基本要求

（1）实现由从节点 B 到主节点 A 的单向视频信号传输。主节点 A 预留 AV 视频输出（莲花 RCA）插座，可以输出 AV 模拟彩色视频信号。采用具有 AV 输入端子的电视机显示通信的视频内容，电视机的彩色制式应与彩色视频信号制式一致。要求电视机显示的视频内容清晰、无闪烁、色彩正常，与摄像头直接用 AV 电缆连接到电视机的图像质量无明显差异（可拍摄题目附件的电视测试卡作为图像比较的参照物），最短通信距离不小于 5m。

（2）实现由从节点 C 到主节点 A 的单向视频信号传输，图像质量与通信距离要求同基本要求第（1）项。

（3）同时实现两个从节点 B 和 C 到主节点 A 的单向视频信号传输，图像质量与通信距离要求同基本要求第（1）项。主节点 A 可通过开关选择显示从节点 B 或 C 的视频内容。

（4）通过开关控制，从节点 B 和 C 在其发射的视频信号中，分别叠加对应字符"B"和"C"的图案，在主节点 A 的电视机屏幕上与视频内容叠加显示，字符显示颜色、位置与大小自定。

2）发挥部分

（1）从节点 B 和 C 必须采用两节 1.2～1.5V 电池独立供电。摄像头也要求采用电池独立供电，摄像头的功耗不计入从节点 B 和 C 的功耗。启动产生叠加字符功能，在通信距离为 5m 时，图像质量要求同基本要求的第（1）项。

从节点 B 和 C 的功耗均应小于 150mW。

（2）可以指定从节点 C 为中继转发节点（指定的方式任意），实现由从节点 B 到主节点 A 间的视频信号中继通信。要求从节点 B 到主节点 A 的总通信距离不小于 10m，图像质量要求同基本要求的第（1）项。

（3）从节点 C 在转发从节点 B 的视频信号到主节点 A 的同时，仍能传输自己的视频信号到主节点 A。主节点可通过开关选择显示从节点 B 或 C 的视频内容，图像质量与通信距离要求同基本要求的第（1）项。

（4）其他（如尽可能降低从节点 B 和 C 的功耗等）。

3．说明

（1）网络节点可以使用成品收发模块，但其工作频率和发射功率应符合国家相关规定。

（2）摄像头与从节点间的信号连接仅限一根 AV 视频电缆，传输 AV 模拟彩色视频信号，不得使用其他有线或无线连接方式。

（3）本题所述的通信距离指两个节点设备外边缘间的最小直线距离。

（4）发挥部分必须在完成基本要求第（4）项的功能后进行，否则发挥部分不计入成绩。

（5）发挥部分第（2）项、第（3）项必须在发挥部分第（1）项要求的供电方式下进行。

4．评分标准

类型	项目	主要内容	满分
设计报告	方案论证	比较与选择 方案描述	4
	理论分析与计算	系统相关参数设计	6
	电路与程序设计	系统组成，原理框图与各部分的电路图 系统软件与流程图	4
	测试方案 与测试结果	测试结果完整性 测试结果分析	4
	设计报告结构 及规范性	摘要 正文结构规范 图表的完整性与准确性	2
	小计		20
基本要求	完成第（1）项		16
	完成第（2）项		14
	完成第（3）项		8
	完成第（4）项		12
	小计		50
发挥部分	完成第（1）项		20
	完成第（2）项		10
	完成第（3）项		15
	其他（4）		5
	小计		50
	总分		120

附件：电视测试卡（该卡用 A4 纸彩色打印，不得改变图片大小），如图 4.5.2 所示。

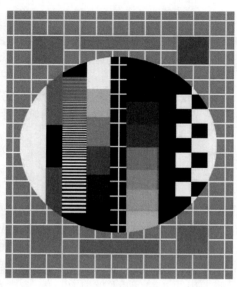

图 4.5.2　电视测试卡

4.5.1　题目分析

分析题中的基本要求和发挥部分要求后，可将系统要完成的功能和技术指标归纳如下。

1．系统功能

（1）实现由从节点 B 或 C 到主节点 A 的单向视频信号传输，并输出 AV 模拟彩色视频信号到电视机上，清晰显示、无闪烁、色彩正常（基本要求）。

（2）同时实现两个从节点 B 和 C 到主节点 A 的单向视频信号传输，主节点 A 可通过开关选择显示从节点 B 或 C 的视频内容（基本要求）。

（3）通过开关控制，从节点 B 和 C 在其发射的视频信号中，分别叠加对应字符"B"和"C"的图案，在主节点 A 的电视机屏幕上与视频内容叠加显示（基本要求）。

（4）指定从节点 C 为中继转发节点（也可指定从节点 B），实现由从节点 B 到主节点 A 间的视频信号中继通信，而从节点 B 仍能传输自己的视频信号到主节点 A，并通过开关选择显示从节点 B 或 C 的视频内容（发挥部分）。

2．系统技术指标

（1）最小通信距离为 5m（基本要求），在指定从节点 C 为中继转发节点时，从节点 B 到主节点 A 的总通信距离为 10m（发挥部分）。

（2）从节点 B 和 C 采用两节 1.2～1.5V 电池供电，功耗均小于 150mW（发挥部分）。

3．系统设计难点

题目中必须达到的基本要求是最短通信距离不小于 5m，还应尽量降低从节点 B 和 C 的功耗，使从节点 B 和 C 的功耗小于 150mW。本题最大的难点是，选择合适的器件以提高短距视频信号的传输距离及降低系统的功耗。

4.5.2 方案论证

1. 发射接收电路的选择与论证

方案一：使用三极管分立元器件搭建。AV 摄像头输出的 PAL 制式信号的带宽为 6MHz，采用 FM 调制使得其有较好的信噪比。信噪比随着调制信号频率的提升而下降，而视频信号色度信息多为高频信息，信噪比较低，为保证接收端接收的视频信号色度正常，常在 PAL 信号后面加一级预加重网络，接收电路应加一级对应的去加重网络。该方案的调制信号带宽较宽，调制信号频率过大，预加重和去加重网络在短时间内设计、制作困难，因此舍弃。

方案二：购买市场上现有的发送模块 TX6729 和接收模块 RX6788，模块使用 FM 调制，载波为 2.4GHz 通用频段，有 8 个频段可选，通过设置不同的频段，控制节点之间的通信。该方案简单，符合题目要求，在短时间内可以搭建，而且稳定度较高，故选该方案。

2. 字符叠加电路的选择与论证

方案一：使用专用 OSD 芯片或模块。对于行、场同步信号的提取，有许多专用的集成电路，如 MB90092、UPD6453、OSD7556 等。目前，可实现行、场同步信号分离的常用芯片是 LM1881。该方案使用方便，编程简单，输出字符叠加视频稳定；最大的缺点是功耗大，如 MB90092 的功耗为 600mW，不符合发挥部分 150mW 的要求。

方案二：使用场、行同步信号分离芯片，将 PAL 制式视频信号的场、行同步分离，用单片机采样，精确延时控制字符叠加的位置。然而，找不到该类低功耗集成芯片。

方案三：设计三极管的导通状态并积分、微分，分离场、行同步信号。该方案使用三极管，对功耗可以控制得很低，且分离的场、行同步信号稳定，容易被单片机识别。

因此，为节省功耗，选择方案三。

3. 控制器的选择与论证

方案一：选用 FPGA 控制。FPGA 内有大量的逻辑门和触发器，其规模大、集成度高、处理速度快、执行效率高，而且时序控制简单，但功耗太大，不符合题目要求。

方案二：选用 STM32 单片机控制整个系统。STM32 拥有高性能、低成本、低功耗的特点，而且操作简单，但浪费资源。

方案三：选用 MSP430G2553 低功耗单片机，利用该单片机的外部中断为字符定位（确定字符在显示器中的位置），满足低功耗的要求。

由于系统多用单片机进行延时和定时，并不需要实现太多的复杂功能，为节省成本及功耗，综合三个方案，选用低功耗的单片机 MSP430G2553。

4. 电源模块的选择与论证

根据题目要求，发挥部分要求在从节点 B 和 C 采用两节 1.2～1.5V 电池独立供电。根据题目，设计了以下两种方案。

方案一：使用 ME6211 芯片搭建升压电路，如图 4.5.3 所示。

图 4.5.3　方案一的升压电路

方案二：直接采用 DC-DC 升压电路给从节点 B 和 C 提供电源，如图 4.5.4 所示。

图 4.5.4　方案二的升压电路

比较以上两种方案，方案一采用了 ME6211 升压电路，功耗较大，输出不稳定；方案二采用 DC-DC 升压电路，电压稳定，消耗较小。因此，采用方案二。

5．系统的总体设计

系统框图如图 4.5.5 所示，其中 f_{bc} 是从节点 B 向从节点 C 发送视频信号的中心频段，从节点 C 作为中继转发站，将收到的从节点 B 信号通过发射模块 1 转发出去，中心频段设为 f_{ca1}，又因为从节点 C 需要同时发送从节点 C 的视频信号，故在从节点 C 加一个发射模块 2，发射中心频段为 f_{ca2}。

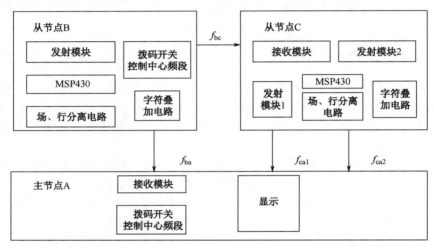

图 4.5.5　系统框图

f_{ba} 是从节点 B 向主节点 A 发送视频信号的中心频段，所以主节点 A 需要一个至少可选 3 个不同频段的接收模块，通过拨码开关控制中心频段（无须消耗额外功率）。单片机供电电压可以通过一个开关控制，无须叠加字符时，断开单片机的电源，既能达到减小功耗的目的，又能实现字符是否叠加。

4.5.3　理论分析与计算

1．视频信号分析

系统发送端采用的摄像头为常见的微型摄像头，其镜头直径为 3.6mm，摄像头输出电压峰峰值为 1.24V，工作电流为 200mA，工作电压为 12V，视频制式为 PAL。成像器件为 COMS1030 芯片，PAL 传输信号的一部分，既有行同步信号，又有场同步信号。其中，视频带宽为 4.3MHz，同时传送音视频信号时的带宽为 6.5MHz。

2．字符叠加技术分析

视频字符叠加属于视频图像叠加的一种，它在视频信号中混入字符信号，从而在屏幕的特定位置上与图像信号同时显示。对字符叠加器的基本要求是，在屏幕上稳定地显示所叠加的信号，必须与图像信号同步。实现这种同步的方式有两种：一是从视频图像信号中分离场、行同步，叠加器内部电路受外来同步信号控制；二是叠加器本身产生场、行同步信号。视频同步分离模块的作用是分离行、场同步信号。对待叠加字符的视频信号先分离行、场同步信号，然后送往单片机，通过单片机控制字符的叠加，以保证显示的字符和视频信号同步。

3．无线收发模块分析

本系统采用无线发送模块 TX6729 和无线接收模块 RX6788，模块使用 FM 调制，载波为 2.4GHz 通用频段，有 8 个频段可选，通过设置不同的频段来控制节点之间的通信，实现三个点的独立收发。

4．功耗计算

对于从节点 B 和从节点 C 的功耗，可通过 $W = VI$ 简单计算获得。由题目要求可得 $V = 2.4 \sim 3V$，通过测试从节点 B 和从节点 C 的总电流可得到最终功耗。

另外，可通过选用低功耗的收发模块来降低从节点 B 和从节点 C 的功耗。

5．数字地与模拟地

同一条导线上不同点的电压可能是不同的，特别是当电流很大时，因为导线存在电阻，电流流过时会产生压降；另外，导线还有分布电阻，在交流信号下，分布电感的影响也会表现出来。因为数字地的高频信号噪声很大，如果数字地和模拟地混合，那么会把噪声传到模拟部分，造成干扰，所以要分开数字地和模拟地。如果分开接地，那么高频噪声可以在电源处通过滤波来隔离。我们可以在模拟地和数字地之间串接零欧姆电阻或几微亨或几十微亨的电感来实施隔离。

6．抗干扰措施

（1）通过隔离数字地和模拟地，高频噪声可在电源处通过滤波来隔离，以防止模拟部分受到干扰。
（2）选用视频信号线连接并传输高频视频信号，增强抗干扰能力。
（3）将前端发射设备与地隔离，在设备前端、终端及传输过程中避免接近大功率电源和有电磁辐射的设备，以防受到电磁干扰，影响信号质量。

4.5.4 电路与程序设计

1．硬件电路设计

1）MSP430 模块设计

MSP430 单片机的外围电路主要由晶振电路和复位电路组成，构成最小系统，其电路图如图 4.5.6 所示。

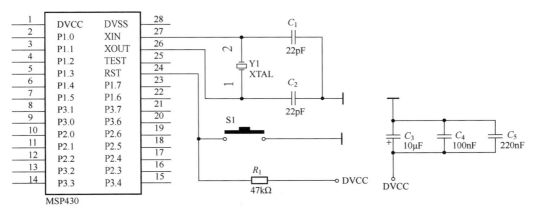

图 4.5.6 MSP430 最小系统电路图

2）发射模块电路设计

TX6729 是工作在 2414～2468MHz 的 ISM 频段内的 FM 视频发射模块。该模块采用单芯片设计，该芯片上集成了 VCO、PLL、宽带 FM 视频解调、FM 伴音解调。该模块具有体积小、功耗低、灵敏度高等特点。发射模块电路图如图 4.5.7 所示。

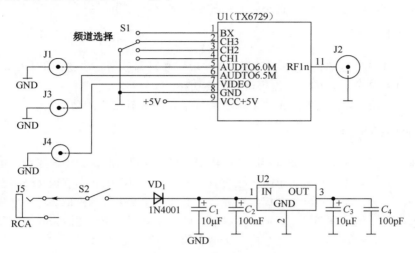

图 4.5.7　发射模块电路图

3）接收模块电路设计

RX6788 是工作在 2414～2468MHz 的 ISM 频段内的 FM 音视频接收解调模块。该模块采用单芯片设计，该芯片上集成了 VCO、PLL、宽带 FM 视频解调、FM 伴音解调，该模块具有体积小、功耗低、灵敏度高等特点。接收模块电路图如图 4.5.8 所示。

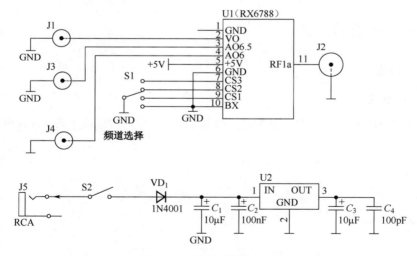

图 4.5.8　接收模块电路图

4）行同步信号的提取电路设计

行同步信号提取电路图如图 4.5.9 所示，摄像头 AV 输入一个幅值为 1V 的信号，同步信号的峰值为 0.3V，设置 R_1 和 R_2，调整基极偏压，然后通过一个 PNP 三极管电路即可分离出同步信号。同步信号提取器输出的信号为场、行混合信号，场同步高电平信号的宽度宽，经过由 R_5 和 C_4 组成的积分电路后能产生对应的场同步脉冲，而行同步高电平信号的宽度窄，经过积分电路后并不能让三极管导通，因而隔离了行同步信号。与此同时，若使场、行混合信号通过微分电路，则会隔离场同步信号，因此该电路能实现场、行同步信号分离。

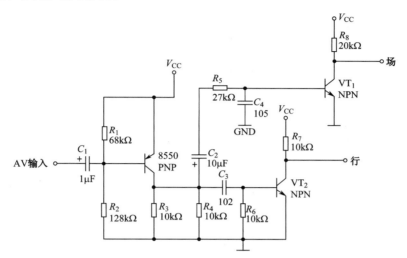

图 4.5.9　行同步信号提取电路图

5）信号叠加电路设计

信号叠加电路图如图 4.5.10 所示。单片机输出高电平时，OUT 输出一个固定的低电平，若该电平在行色度信号中，则表示某种颜色。单片机输出低电平时，三极管处于放大区，将视频电流信号放大。综上所述，该电路既拥有缓冲功能，又能降低功耗，输出信号可以直接加到发射模块上。

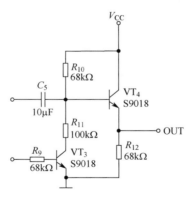

图 4.5.10　信号叠加电路图

2．软件设计

软件设计的难点在于字符"B"和"C"的叠加。通过 P1 口外部中断采集场同步信号，在中断服务程序子函数中开启行同步外部中断，触发计数。因为行同步提取信号中包含部分场同步消隐信号，所以字符行数应从计数不小于该消隐信号的脉冲数开始，控制延时精确地显示字符"B"和"C"。系统软件流程图如图 4.5.11 所示。

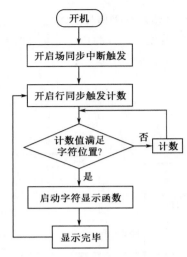

图 4.5.11　系统软件流程图

4.5.5　测试方案与测试结果

1．使用仪器

本题所用测量仪器见表 4.5.1。

表 4.5.1　所用测量仪器

仪器名称	型号	数量
万用表	UT33D	1 台
数字示波器	Tektronix MSO4034B 350MHz	1 台
函数信号发生器	RIGOL DG1022	1 台
电视机	D55A561U	1 台
测试卡		1 张
电池		若干

2．测试方案

将各个模块放在相距 5m 的位置，主节点 A 的接收模块与电视机相连，各节点接通电源，按要求分别测试从节点 B 到主节点 A、从节点 C 到主节点 A、从节点 B 到从节点 C 到主节点 A 能否正常工作，同时测试从节点 B、从节点 C 到主节点 A 的电视显示效果。在信号稳定时，逐渐增大距离，直到信号刚开始不稳定为止，同时用万用表测量从节点 B、C 的工作电流和电压，计算功率。

3．测试方法及测试数据

本题所用测试方法及测试数据见表 4.5.2。

表 4.5.2　测试方法及测试数据

序号	测试方法	测试内容	测试数据
1	将从节点 B 直接接到摄像头的 AV 输出，主节点 A 接到显示屏，测量视频内容清晰、无闪烁、色彩正常时能达到的最小通信距离	色彩正常，视频内容无闪烁时的最小通信距离	大于 5m

续表

序号	测试方法	测试内容	测试数据
2	将从节点 C 直接接到摄像头的 AV 输出，主节点 A 接到显示屏，测量视频内容清晰、无闪烁、色彩正常时能达到的最小通信距离	色彩正常，视频内容无闪烁时的最小通信距离	大于 5m
3	将从节点 B、C 直接接到摄像头的 AV 输出，主节点 A 接到显示屏，拨动拨码开关选择主节点 A 显示从节点 B 或 C 的视频，确定开关是否可以正常切换主节点 A 的输出	开关能否正常切换从节点 B、C 的内容	能
4	按下字符开关，主节点 A 分别显示字符"B"与"C"是否正常	开关能否正常显示字符"B""C"	能
5	从节点采用两节干电池供电，摄像头采用单电池供电，测量内容清晰的通信距离是否大于 5m，功耗是否小于 150mW	清晰通信距离是否大于 5m、功耗是否小于 150mW	通信距离大于 5m，功耗小于 150mW
6	从节点 C 作为中继转发节点，转发从节点 B 的视频内容，测量通信距离是否不小于 10m	从节点 C 作为中继转发节点，通信距离是否不小于 10m	不小于 10m
7	测量从节点 C 转发从节点 B 的内容时是否能传输自己的视频信号	从节点 C 转发内容时能否传输自己的视频信号	能

4.6　可见光室内定位装置

［2017 年全国大学生电子设计竞赛（I 题）］

1．任务

设计并制作可见光室内定位装置，其示意图如图 4.6.1 所示。参赛者自行搭建不小于 80cm×80cm×80cm 的立方空间（包含顶部、底部和三个侧面）。顶部平面放置三个白光 LED，其位置和角度自行设置，由 LED 控制电路进行控制和驱动；底部平面绘制纵横坐标线（间隔为 5cm），并分为 A、B、C、D、E 五个区域，如图 4.6.2 所示。要求在三个 LED 正常照明（无明显闪烁）时，测量电路根据传感器检测的信号判定传感器的位置。

2．要求

1）基本要求

（1）传感器位于 B、D 区域，测量电路能正确区分其位于横坐标轴的上、下区域。

（2）传感器位于 C、E 区域，测量电路能正确区分其位于纵坐标轴的左、右区域。

（3）传感器位于 A 区域，测量显示其位置坐标值，绝对误差不大于 10cm。

（4）传感器位于 B、C、D、E 区域，测量显示其位置坐标值，绝对误差不大于 10cm。

（5）测量电路 LCD 屏幕显示坐标值，显示分辨率为 0.1cm。

2）发挥部分

（1）传感器位于底部平面任意区域，测量显示其位置坐标值，绝对误差不大于 3cm。

（2）LED 控制电路可由键盘输入阿拉伯数字，在正常照明和定位［误差满足基本要求第（3）或第（4）项］时，测量电路能接收并显示三个 LED 发送的数字信息。

（3）LED 控制电路外接三路音频信号源，在正常照明和定位时，测量电路能从三个 LED 发送的语音信号中，选择任意一路进行播放，且接收的语音信号无明显失真。

（4）LED 控制电路采用+12V 单电源供电，供电功率不大于 5W。

（5）其他。

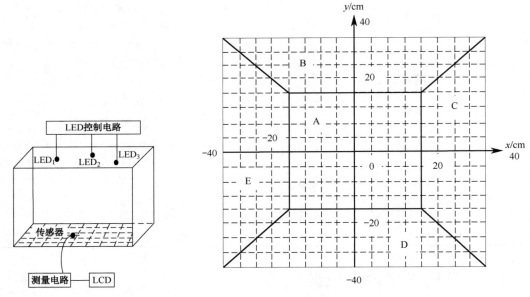

图 4.6.1　可见光室内定位装置示意图　　　　图 4.6.2　底部平面坐标区域图

3. 说明

（1）LED 控制电路和测量电路相互独立。

（2）顶部平面不可放置摄像头等传感器件。

（3）传感器部件的体积不大于 5cm×5cm×3cm，用"+"表示检测中心位置。

（4）信号发生器或 MP3 的信号可作为音频信号源。

（5）在 LED 控制电路的三个音频输入端、测量电路的扬声器输入端和供电电路端预留测试端口。

（6）位置绝对误差 $e = \sqrt{(x-x_0)^2 + (y-y_0)^2}$ ，x_0、y_0 为测得的坐标值。

（7）每次位置测量开始后，要求在 5s 内将测得的坐标值锁定并显示。

（8）测试环境：关闭照明灯，打开窗帘，自然采光，避免阳光直射。

4.6.1　题目分析

1. 可见光室内定位

可见光室内定位技术有如下几种。

（1）指纹分析。

（2）图像处理。

（3）三角定位。

（4）角度。

（5）距离。

① 接收光强。

② 到达时间。

③ 到达时间差。

根据本题的具体要求，结合以前所学的知识，列举几种容易理解且实用的定位方法。

定位方法 1：光强差定位法。

如图 4.6.3 所示，在立方体顶部位置 Ⅰ (−20, −20, 80)，Ⅱ(−20, 20, 80)，Ⅲ(20, 20, 80)分别安放一个发光灯（LED 灯），传感器的位置 P 未知，设 P 的坐标为 $P(x, y, 0)$，并在 P 处安装三个光敏二极管或光敏三极管。利用空间隔离的办法，使一个光电传感器只接收一个光源信号。将光强差转换为电压差，仿照手写绘图板的定位方法进行定位。

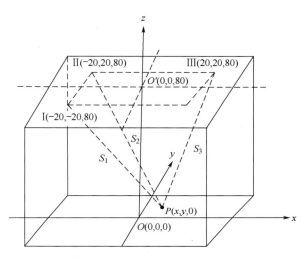

图 4.6.3　光强差定位法示意图

定位方法 2：测角定位法。

只要测出传感器相对于（其中一个）可见光源的方位角和俯仰角，就可测出传感器所在的坐标值。测角定位法示意图如图 4.6.4 所示。先用电子指南针角度传感器测出方位角 φ，然后用角度传感器测出俯仰角 θ，就可求得 P 点的坐标值，即

$$\begin{cases} x = 20 - 80\cot\theta \cdot \cos\varphi \\ y = 20 - 80\cot\theta \cdot \sin\varphi \end{cases} \qquad (4.6.1)$$

注意，如何提高测角精度是测角定位方法的关键。此定位法在 5s 内完成定位有难度。

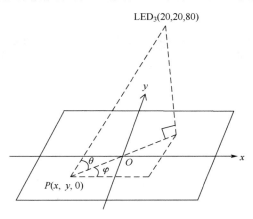

图 4.6.4　测角定位法示意图

定位方法 3：测距定位法。

根据如图 4.6.3 所示的直角坐标系有

$$\begin{cases} S_1^2 = (x+20)^2 + (y+20)^2 + (0-80)^2 \\ S_2^2 = (x+20)^2 + (y-20)^2 + (0-80)^2 \\ S_3^2 = (x-20)^2 + (y-20)^2 + (0-80)^2 \end{cases}$$

即

$$\begin{cases} S_1^2 = (x+20)^2 + (y+20)^2 + 80^2 & (4.6.2) \\ S_2^2 = (x+20)^2 + (y-20)^2 + 80^2 & (4.6.3) \\ S_3^2 = (x-20)^2 + (y-20)^2 + 80^2 & (4.6.4) \end{cases}$$

式（4.6.2）与式（4.6.3）相减得

$$80y = S_1^2 - S_2^2$$

即

$$y = (S_1^2 - S_2^2)/80 \qquad (4.6.5)$$

同理，式（4.6.3）与式（4.6.4）相减得

$$x = (S_2^2 - S_3^2)/80 \qquad (4.6.6)$$

因光波在空中传播，光强与距离 S^2 成反比。在接收端，一般光敏二极管或光敏三极管将光强变成电压。在光发射功率一定时，接收端接收的电压 V 与 S^2 成反比，即 V 与 S 成某种函数关系。可以通过学习模式建立 V 与 S^2 的关系式，或列成一个表格保存这种一一对应的数据，以便于查找。

定位方法4：图像处理定位法。

采用摄像头获取图片，与 O 点的图像比较，确定摄像头的位置，图像处理定位法示意图如图 4.6.5 所示。采用此定位法时，事先要了解摄像机的成像原理，同时要学习图像处理与识别技术。

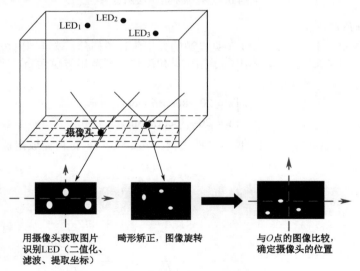

图 4.6.5　图像处理定位法示意图

2. 可见光通信

本题要求测量电路能接收并显示三个 LED 发送的数字信息，并从三个 LED 发送的语音信号中选择任意一路进行播放，即把多个用户接入一个公共传输媒介，实现各用户之间的通信，这需要采用复用技术。从本质上讲，复用技术研究如何将有限的通信资源在多个用户之间进行有效切割与分配，因此在不同的维度进行不同的划分就对应不同的复用技术。常用的复用技术有按时隙划分的时分复用（TDM）、按频段划分的频分复用（FDM）、按波长划分的波分复用（WDM）、按空域划分的空分复用（SDM）技术。可见光通信复用方式示意图如图 4.6.6 所示。

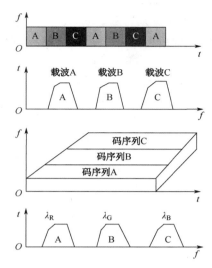

图 4.6.6 可见光通信复用方式示意图

下面只介绍 TDM、FDM 和 SDM 的工作原理。

1）**可见光通信（时分复用）**

可见光通信的时分复用示意图如图 4.6.7 所示。

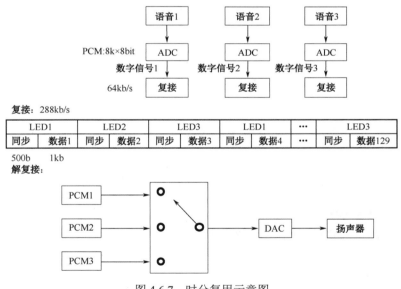

图 4.6.7 时分复用示意图

根据发挥部分第（2）项传送数字信号的要求，可将数字信号通过单片机转换成二进制数值信号，直接加到复接单元，通过 2ASK 调制发送出去，经接收端解调后还原成数字信号，再经单片机处理后恢复为数字信号并显示。

根据发挥部分第（3）项传送语音信号的要求，先将语音信号放大至约 2V，由 ADC 接到复接单元上，通过 2ASK 调制发送出去，经接收端解调后还原成数字信号，经 3 选 1 电路选出其中一路由数模转换器转换成模拟信号，再经低频放大器驱动扬声器发声。

2）**可见光通信（频分复用）**

频分复用原理框图如图 4.6.8 所示。图 4.6.8（a）为发射部分原理框图，语音信号经过低通滤波器

（LPF）进行调频，三路调频的中心角频率分别为 ω_1、ω_2、ω_3，分别通过带通滤波器（Band Pass Filter，BPF），最后由发光管（可见光波）辐射出去。

接收部分原理框图如图4.6.8（b）所示。传感器上装有光敏二极管（或光敏三极管），经光敏二极管接收后输出一个组合信号，经低噪声放大，分别与本振信号 f_1、f_2、f_3 混频，取出一个调频中频信号，设中频信号为 $f_1 = 10.7\text{MHz}$。注意，$\omega_1 = 2\pi f_1'$，$f_1' \neq f_1$，$f_1 - f_1' = f_1 = 10.7\text{MHz}$，再经过鉴频就得到语音信号。

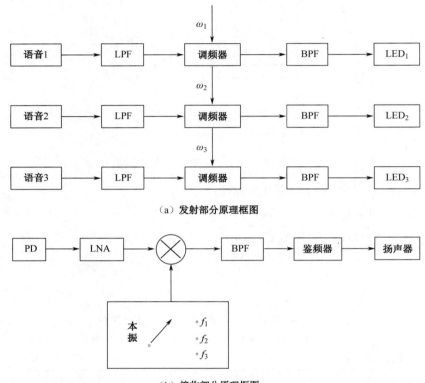

（a）发射部分原理框图

（b）接收部分原理框图

图 4.6.8 频分复用原理框图

数字信号的传送原理与语音信号的传送原理大同小异，这里不再重复。

3）可见光通信（空域隔离）

空域隔离通信原理图如图4.6.9所示。光敏传感器 N（$N = 1, 2, 3$）彼此之间是相互隔离的（用黑色木板或黑色纸板隔离）。注意，隔板的高度应小于或等于 3cm，每个光敏二极管（或光敏三极管）只负责接收一路光信号，对其他两路有屏蔽作用。

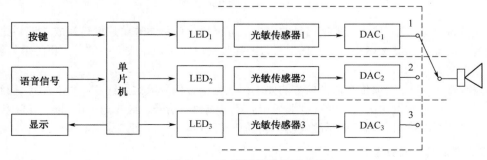

图 4.6.9 空域隔离通信原理图

4.6.2 可见光室内定位装置设计实例

1. 系统方案

来源: 肖亚鹏 福建师范大学协和学院

系统总体框图如图 4.6.10 所示。

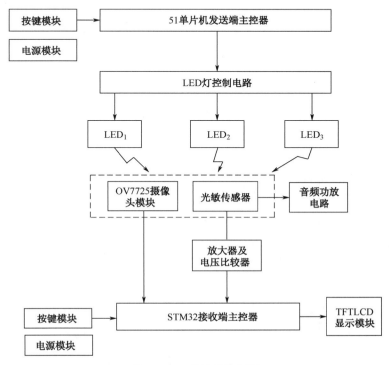

图 4.6.10 系统总体框图

2. 定位原理

该系统通过摄像头对 LED 光源进行成像、检测，并计算出移动物体的坐标。将摄像头固定在移动物体上，由摄像头对光源进行成像，图像定位示意图如图 4.6.11 所示。实物坐标和图像坐标如图 4.6.12 所示。根据成像原理，列出方程组

$$\begin{cases} r^2\left(x_1^2 + y_1^2\right) = x^2 + (y-24)^2 \\ r^2\left(x_2^2 + y_2^2\right) = (x+18)^2 + y^2 \\ r^2\left(x_3^2 + y_3^2\right) = (x-32)^2 + y^2 \end{cases} \tag{4.6.7}$$

$S(x, y, 80)$ 为摄像头的坐标；$S'(x, y, 0)$ 为 S 点在 xy 平面上的投影。测得 x_1、x_2、x_3 与 y_1、y_2、y_3 后，将它们代入式（4.6.7），联立求解方程组，就可以得到 S 点的坐标值。注意，发光二极管 LED$_1$、LED$_2$、LED$_3$ 的坐标选择：一要便于在全区域照相，二要便于式（4.6.7）的求解。

CPU 对所成像进行二值化处理后，将黑白图像显示在 80 像素×60 像素点的液晶屏幕上，扫描图像与黑白斑点，计算出斑点的中心坐标，即 LED 光源在镜头视角中的坐标。由于光源固定不动，因此可以反推出镜头所在移动物体的实时坐标。

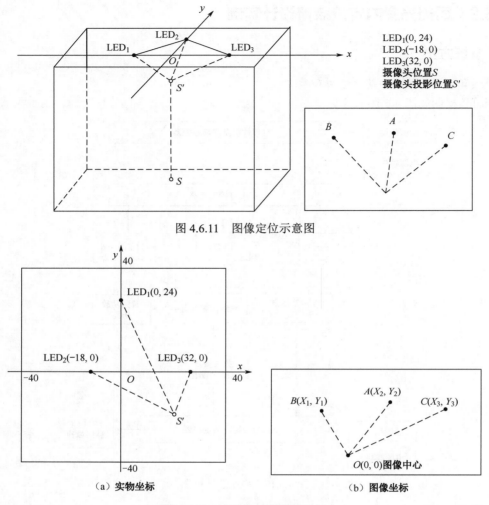

图 4.6.11　图像定位示意图

图 4.6.12　实物坐标和图像坐标

（a）实物坐标

（b）图像坐标

CPU 主要对屏幕上的黑色斑点进行处理与计算（如图 4.6.13 所示），图中的黑色斑点为光源成像。虚线区域内每个像素点的读出数据为"0"，黑色斑点内每个像素点的读出数据为"1"。程序中定义两条扫描线（X 扫描线和 Y 扫描线），X 扫描线从左到右进行列扫描，扫描到第一个数据为"1"的点时，记录其纵坐标为 x_1，以此类推，记录纵坐标 x_2、x_3。然后，Y 扫描线从上到下进行行扫描，得到坐标 y_1、y_2、y_3。(x_1, y_1)、(x_2, y_2)、(x_3, y_3)就是光斑中心点 A、B、C 的坐标。将 x_1、x_2、x_3、y_1、y_2、y_3 的数值代入式（4.6.7）就可求得摄像头投影点 $S'(x, y)$的坐标值。

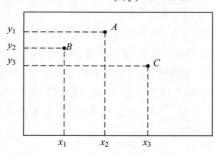

图 4.6.13　光源成像图

3．电路与程序设计

1）硬件设计

光发射与接收原理框图如图 4.6.14 所示。

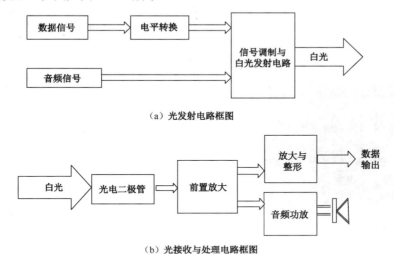

（a）光发射电路框图

（b）光接收与处理电路框图

图 4.6.14 光发射与接收原理框图

光发射电路如图 4.6.15 所示，光接收与前置放大电路如图 4.6.16 所示。

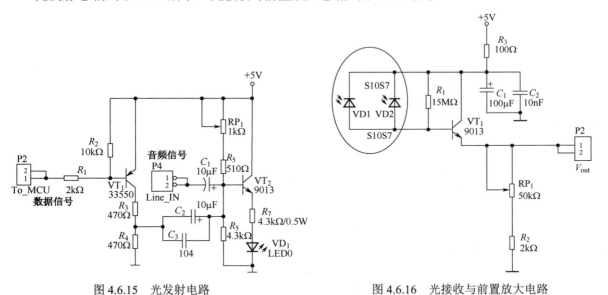

图 4.6.15 光发射电路　　　　　　图 4.6.16 光接收与前置放大电路

2）软件设计

对系统接收部分的 STM32 接收主控模块，需要开发摄像头定位程序，摄像头定位流程图如图 4.6.17 所示。还需要开发数字接收程序，数字接收流程图如图 4.6.18 所示。系统接收部分 51 单片机发送端主控器需要开发数字发送程序，数字发送流程图如图 4.6.19 所示。

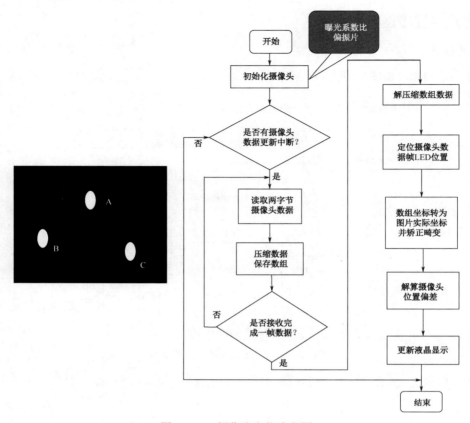

图 4.6.17　摄像头定位流程图

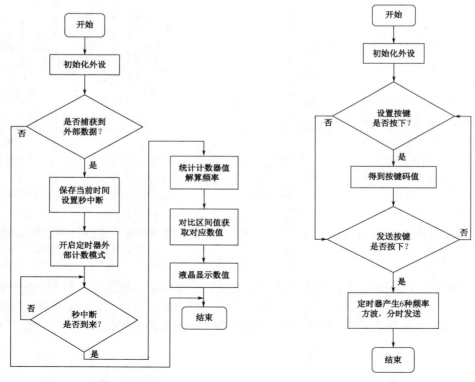

图 4.6.18　数字接收流程图　　　　　图 4.6.19　数字发送流程图

4.7 基于互联网的信号传输系统

[2019 年全国大学生电子设计竞赛（E 题）]

1．任务

设计并制作一个基于互联网的信号传输系统，其示意图如图 4.7.1 所示。

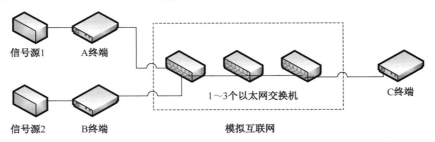

信号源1　A终端　　　　　　　　　　　　　　　　　　　　　　C终端

信号源2　B终端　　　　　1～3个以太网交换机

模拟互联网

图 4.7.1　基于互联网的信号传输系统示意图

2．要求

1）基本要求

（1）配置一个由三个通用百兆/千兆以太网交换机级联的局域网，模拟一个互联网。交换机采用通用成品，端口数为 4～24 个，接口为 RJ-45 标准接口，采用 1m 网线连接，级联个数及端口可任意变换。交换机采用通用默认配置，并可以被测试现场提供的通用交换机替换。

（2）制作三个网络终端：A、B 和 C。A 和 B 两个终端用于信号的采集，C 终端用于信号的再生输出。网络终端 IP 地址自定。A 和 B 两个终端可以独立实时采集两路不相关的周期性任意波信号，其采样率不低于 10Ma/s，采样位数不低于 8 位。被采集信号为交流信号，峰峰值范围为 1～5V。信号源 1 和 2 采用两台成品任意波信号发生器，无须制作。在 C 终端可以通过手动设置选择，再生 A 或 B 终端采集的信号。C 终端信号输出端输出电阻和负载均为 50Ω。负载电阻需裸露以便于观察测量。

（3）C 终端再生信号与采集端被采信号相比，波形无明显失真，其幅度相对误差的绝对值不大于 5%，周期相对误差的绝对值不大于 10%。

2）发挥部分

（1）C 终端再增加一个信号输出端，输出电阻和负载均为 50Ω。可同时再生输出 A 和 B 两个终端采集的信号。

（2）在 C 终端同时再生输出 A 和 B 两个终端采集信号的条件下，通过对传输网络时延的测量及补偿，实现再生信号与原信号相位同步。两信号周期最大同步误差时间（含抖动）不大于 10μs。

（3）通过改变交换机级联个数或网线长度改变网络时延，C 终端能够自动测量及补偿时延，实现再生信号与原信号相位的快速同步。从网线连通开始，到两信号周期最大同步误差时间（含抖动）不大于 10μs 为止，时间不大于 5s。

（4）其他。

3．说明

（1）A、B 和 C 三个终端可以基于任何嵌入式系统制作，但不得采用台式或笔记本电脑。A、B

和 C 需采用独立直流电源供电。

（2）A 和 B 与 C 之间仅通过所搭建的局域网连接，不得使用其他连线及无线通信装置。

（3）测试时，局域网中以太网交换机级联的个数可以在 1～3 个间任意指定，连接网线长度可以在 1～50m 间任意指定。

（4）测试还原信号与被采集信号的波形失真及同步状况，可采用一台双通道示波器，一个通道观察被采集信号，并作为同步触发源，同时用另一个通道观察还原信号。

4．评分标准

类型	项目	主要内容	满分
设计报告	系统方案	总体方案设计	4
	理论分析与计算	互联网传输策略，网络时延测量及补偿	6
	电路与程序设计	总体电路图 程序设计	4
	测试方案与测试结果	测试数据完整性 测试结果分析	4
	设计报告结构及规范性	摘要 设计报告正文的结构 图表的规范性	2
	总分		20
基本要求	完成（1）		5
	完成（2）（3）		45
	总分		50
发挥部分	完成（1）		15
	完成（2）		15
	完成（3）		15
	其他		5
	总分		50

4.7.1 题目分析

根据题目的任务与要求，首先要建立一个互联网传输系统，其原理框图如图 4.7.1 所示。信号源 1、信号源 2，1～3 个以太网交换机均不要设计制作，可以外购。A、B 和 C 三个终端需要设计制作。A、B 终端负责对两路不相关的信号源周期性信号进行实时采集，其采样率不低于 10Ma/s。采样位数不低于 8 位。这样传输一路信号的数字信号流量不低于 80MB，两路不少于 160MB。C 终端负责对 A、B 两个终端采集得到的信号进行再生。同时，C 终端的再生信号与被采集的信号相比，不仅要求波形不失真，而且频率也要一样，相位也要接近。

此题涉及的主要考点如下。

（1）高速数字信号处理技术（≥160MB）。

① 采用网长控制。

② 采用嵌入式系统或 FPGA 器件或者两者的组合。

（2）互联网数据传输策略（协议）。

① TCP/IP 协议。

② TCP、UDP 数据包。

（3）网络测量。

① 网络时延的测量（合作测量）。

② ICMP 协议（ping）。

③ UDP 协议（往返时延/2）。

④ TCP 协议。

（4）数据同步。

① 数据锁相环锁定周期。

② 时延测量补偿相位。

4.7.2　方案论证

本系统采用 FPGA 作为控制核心，采用用户数据报协议技术（UDP），设计并制作一个基于互联网的信号传输系统。使用数模转换芯片将 AC 信号转换成 DC 有效值，进行控制信号采集。然后通过 A 终端和 B 终端将采集的电信号发送给以太网交换机模拟互联网，模拟互联网再将信号发送给 C 终端，C 终端接收信号并通过数模转换芯片还原初始信号 1 或初始信号 2。此外，本系统的整机结构紧凑，硬件搭建较少，能较好地达成各项基本要求。本系统的主要硬件由主控制器件 FPGA、AD/DA 器件、以太网模块构成。下面分别论证主控制器件 FPGA 的选择、AD/DA 器件的选择、数据传输协议的选择与论证。系统设计方案框图如图 4.7.2 所示。

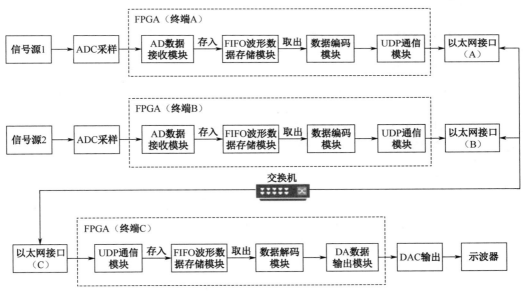

图 4.7.2　系统设计方案框图

1．主控制器件 FPGA 的选择

方案一：采用普通的 ARM 系列开发板。普通的 ARM 开发板的价格较便宜，学习与编程相对简单。但主频一般不是很高、处理速度相对较慢，难以达到本题目所要完成的控制要求。

方案二：采用 FPGA 系列开发板。FPGA 系列开发板具有主频高且可调、信号处理速度快和高度稳定的特点。FPGA 打破了顺序执行的模式，在每个时钟周期内能完成多个处理任务，超越了数字信号处理器（DSP）的运算能力。

因根据题目要求需要进行大数据量的信号处理且要求处理速度快，故选择方案二。

2．AD/DA 器件的选择

方案一：采用 AD9071 模数转换芯片。AD9071 为 10 位、单电源供电的模数转换芯片。该芯片具有片上跟踪与保持电路、TTL/CMOS 数字接口，以及 100Ma/s 的采样率（也称转化率）与突出的动态性能。该芯片的功耗低和稳定性高。

方案二：采用集成 AD/DA 模块，两个输入终端和两个输出终端都使用同样的模块，输入终端只使用集成模块的 AD 部分，以低功耗、8 位、最大采样率为 32Ma/s 的 AD 芯片 AD9820 为核心；输出终端只使用 DA9708 部分，以高性能、8 位、最大采样率为 125Ma/s 的 AD 芯片 AD9708 为核心。

考虑到数据传输中通常选用 8 位或 16 位表示一个数据，且题目所给要求为 AD/DA 位数大于或等于 8 位，由此选择方案二大大降低了硬件调试难度，这样选择既能满足题目要求，又方便编写代码对8 位数据进行处理。

3．数据传输协议的选择与论证

方案一：采用传输控制协议 TCP，TCP 是一种面向连接的、可靠的、基于字节流的传输层通信协议。

方案二：采用无连接的用户数据报协议 UDP，UDP 为应用程序提供了一种无须建立连接就可以发送封装的 IP 数据报的方法，并且 UDP 程序结构较简单、传输响应速度快。

因根据题目要求需要无连接的用户数据报协议 UDP，故选择方案二。

4.7.3 理论分析与计算

1．AD/DA 模块的硬件结构分析

AD/DA 模块的硬件结构如图 4.7.3 所示。AD9708 芯片输出的是一对差分电流信号，为了防止受到噪声干扰，电路中接入了低通滤波器，然后通过高性能和高带宽的运放电路实现差分变单端及幅度调节等功能，使整个电路性能得到了最大程度的提升，最终输出的模拟电压范围是-5V～+5V。

因为 AD9280 芯片的输入模拟电压转换范围是 0～2V，所以电压输入端需要先经过电压衰减电路，使输入的-5V～+5V 的电压衰减到 0～2V，然后经过 AD9280 芯片将模拟电压信号转换成数字信号。

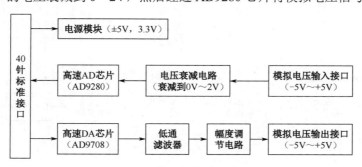

图 4.7.3　AD/DA 模块的硬件结构

2．UDP 传输策略分析

通信协议采用 IEEE802.3 局域网标准，以太网 UDP 传输单包数据格式示意图如图 4.7.4 所示。从图中可以看出，以太网的数据包是通过对各层协议的逐层封装来实现数据的传输。用户数据打包在 UDP 协议中，UDP 协议是基于 IP 协议之上的，IP 协议是通过 MAC 层发送的，即从包含关系来说，MAC 帧中的数据段为 IP 数据报，IP 报文中的数据段为 UDP 报文，UDP 报文中的数据段为用户希望传输的数据内容。

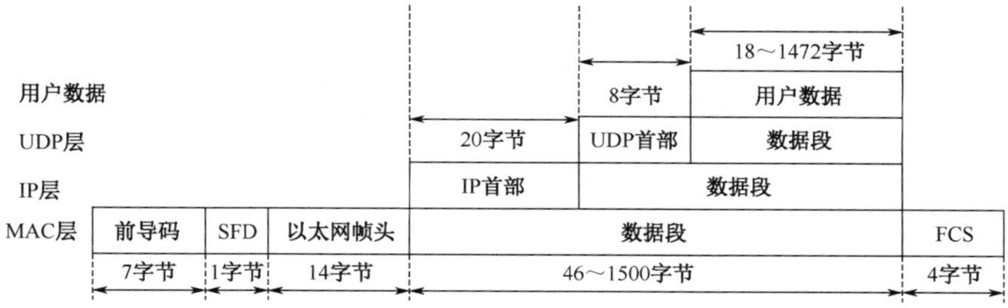

18～1472字节
用户数据
8字节
用户数据
UDP层
20字节
UDP首部
数据段
IP层
IP首部
数据段
MAC层
前导码
SFD
以太网帧头
数据段
FCS
7字节
1字节
14字节
46～1500字节
4字节

图 4.7.4　以太网 UDP 传输单包数据格式示意图

3．输入、输出信号同步与同相分析计算

（1）选用千兆端口以太网交换机，千兆端口可以支持 200 兆及以上的宽带传输且传输速率快，减少数据传输的延时时间。

（2）采用 UDP 无连接的用户数据报协议测量延时时间，再通过一定的方式计算出输出信号的周期，然后通过 C 终端控制部分对输出信号进行延时周期补偿。

（3）周期测量可以通过 C 终端输出信号进行测量，利用方波转换芯片将输出信号转换成方波信号，然后测出方波的周期。

4．延时测量补偿分析与计算

这里分为两个部分：延时测量部分和延时补偿部分。

延时时间测量分析图如图 4.7.5 所示，C 终端将一个 UDP 包发送给 A 终端，A 终端再将 UDP 包发送给 C 终端，得到发送时间 t_1、t_3 和接收时间 t_2、t_4，图中实线表示实际发送与接收时间间隔，虚线表示理论发送与接收时间间隔，因此实际延时时间为

$$\delta_t = \frac{(t_2 - t_1 + \Delta_t) + (t_4 - t_3 + \Delta_t)}{2} \tag{4.7.1}$$

延时补偿原理框图如图 4.7.6 所示，将输出信号测量得到的周期计算结果与延时时间测量结果进行分析和计算，然后通过 C 终端进行延时周期补偿，最终将输出信号与输入信号同步同相。

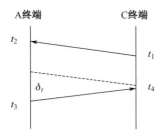

A终端
C终端
t_2
t_1
δ_t
t_4
t_3

图 4.7.5　延时时间测量分析图

周期测量
C终端
D/A
输出信号
延时测量结果

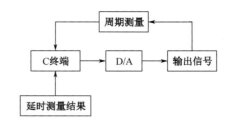

图 4.7.6　延时补偿原理框图

4.7.4　电路与程序设计

1．硬件电路设计

A/D 转换电路图如图 4.7.7 所示。

在图 4.7.7 中输入的模拟信号 SMA_IN（VI）经过衰减电路后得到 AD_IN2（VO）信号，两个模拟电压信号之间的关系是 $V_O=V_I/5+1$，即当 V_I=5V 时，V_O=2V；V_I=−5V 时，V_O=0V。

D/A 转换电路图如图 4.7.8 所示。

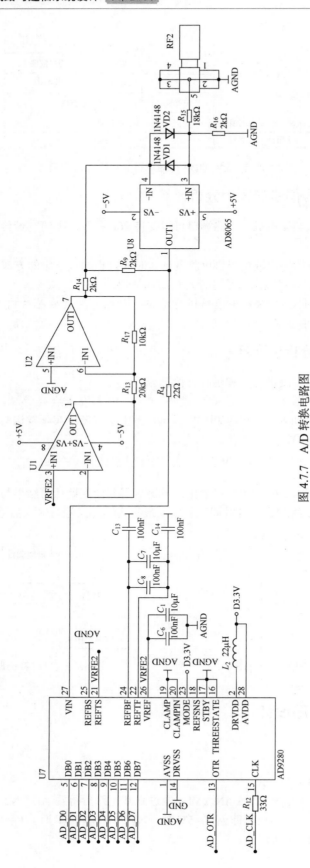

图 4.7.7　A/D 转换电路图

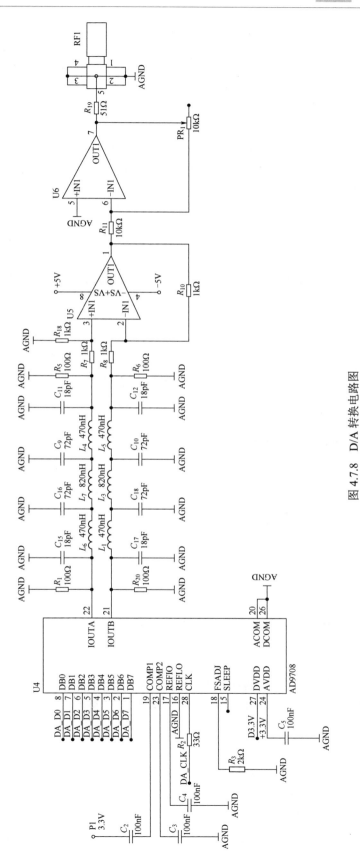

图 4.7.8　D/A 转换电路图

由图 4.7.8 可知，AD9708 输出的一对差分电流信号先经过滤波器，再经过运放电路得到一个单端的模拟电压信号。图中右侧的 PR_1 为滑动变阻器，可以调节输出的电压范围。推荐通过调节滑动变阻器，使输出的电压范围为-5V～+5V，从而达到 A/D 转换芯片的最大转换范围。

2．程序设计

FPGA 程序设计框图如图 4.7.9 所示。首先，因考虑到 ADC、DAC、PYH 模块的时钟域不同，故需要用到异步 FIFO 模块，该模块是由 Vivado 软件自带的 FIFO IP 核生成的，FIFO 的大小为 1024 个 32bit，为了能够满足单包数据量较大的情况（尽管通常情况下，以太网帧有效数据不超过 1500B），所以 FIFO 的深度最好设置大些，这里把深度设置为 1048，宽度为 32bit。其次，以太网的 UDP 顶层模块实现了以太网 UDP 数据包的接收、发送，以及 CRC 校验的功能。系统控制模块负责测量网络延迟，以及 FIFO 的存取控制。

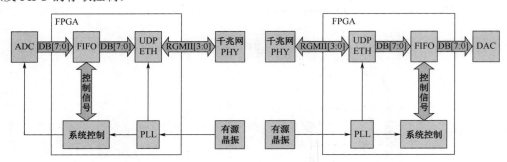

图 4.7.9　FPGA 程序设计框图

4.7.5　测试方案与测试结果

1．测试方案

（1）硬件测试

用数字万用表检查输出电阻大小，并用示波器检查输入信号和输出信号波形。

（2）软件仿真测试

通过 Vivado 软件自带的仿真对程序进行测试，仿真测试对应端口的输出是否达到预期要求。

2．测试仪器

准备函数信号发生器、数字示波器、稳压电源、千兆交换机。

3．测试结果及分析

A 和 B 两个终端用于信号的采集，C 终端用于信号的再生输出。先测试在 C 终端通过手动设置再生任意一个输入终端（A 终端或 B 终端）信号的性能，手动设置 C 终端再生 A 终端信号测试结果，见表 4.7.1，手动设置 C 终端再生 B 终端信号测试结果，见表 4.7.2；再在 C 终端增加一个输出终端（形成 C_1 终端和 C_2 终端的结构），这两个终端分别再生 A 终端信号和 B 终端信号，测试结果见表 4.7.3。

表 4.7.1　手动设置 C 终端再生 A 终端信号测试结果

A 终端信号	C 终端信号	幅度误差	周期误差	有无明显失真
正弦波，1Vpp，200Hz	正弦波，992mVpp，190Hz	0.7%	1.5%	无
正弦波，1.8Vpp，1kHz	正弦波，1.72Vpp，989Hz	4.4%	1.1%	无

续表

A 终端信号	C 终端信号	幅度误差	周期误差	有无明显失真
三角波，2Vpp，3kHz	三角波，2.06Vpp，2.97kHz	3%	1%	无
三角波，3Vpp，10kHz	三角波，2.94Vpp，9.83kHz	2%	1.7%	无
方波，5Vpp，100kHz	方波，4.89Vpp，98.61kHz	2.2%	1.39%	无
方波，5Vpp，500kHz	方波，4.98Vpp，490.50kHz	0.4%	1.9%	无

表 4.7.2 手动设置 C 终端再生 B 终端信号测试结果

B 终端信号	C 终端信号	幅度误差	周期误差	有无明显失真
正弦波，1Vpp，200Hz	正弦波，993mVpp，190Hz	0.7%	5%	无
正弦波，1.8Vpp，1kHz	正弦波，1.82Vpp，989Hz	1.1%	1.1%	无
三角波，2Vpp，3kHz	三角波，1.96Vpp，2.82kHz	2%	6%	无
三角波，3Vpp，10kHz	三角波，2.99Vpp，9.72kHz	0.3%	2.8%	无
方波，5Vpp，100kHz	方波，4.90Vpp，98.91kHz	2%	1.09%	无
方波，5Vpp，500kHz	方波，4.98Vpp，491.50kHz	0.4%	1.7%	无

表 4.7.3 C 终端两个输出终端即 C_1 和 C_2 终端同时显示 A 终端和 B 终端信号

A 终端信号	B 终端信号	C_1 终端信号	C_2 终端信号	补偿后时延	周期最大 同步误差时间
正弦波，1Vpp，200Hz	方波，5Vpp，100kHz	正弦波 1.92Vpp，190Hz	方波，4.89Vpp，98.0kHz	5μs	1.3s
三角波，2Vpp，3kHz	正弦波，1Vpp，200Hz	三角波，2.1Vpp，2.78kHz	正弦波，978mVpp，170Hz	3.3μs	2.7s
方波，5Vpp，100kHz	三角波，2Vpp，3kHz	方波，4.88Vpp，97.9kHz	三角波，1.92Vpp，2.93kHz	3.4μs	1.9s

4．测试分析与结论

A 和 B 两个终端可以独立实时采集两路不想管的周期性任意波形，在 C 终端可以通过手动设置选择，再生 A 或 B 终端采集的信号。C 终端再生信号与采集端被采信号相比，波形无明显失真，其幅度相对误差的绝对值不大于 5%，周期相对误差的绝对值不大于 10%。C 终端再增加一个信号输出端时，可同时再生输出 A 和 B 两个终端采集的信号，此时可以通过对传输网络时延的测量及补偿，实现再生信号与原信号相位同步。两信号周期最大同步误差时间（含抖动）不大于 10μs。从网线接通开始到两个信号周期最大同步误差时间（含抖动）不大于 10μs 为止，从网线接通开始到两个信号实现稳定同步的时间不大于 5s，满足了题目要求。

4.8 双路语音同传的无线收发系统

［2019 年全国大学生电子设计竞赛（G 题）］

1．任务

设计制作一个双路语音同传的无线收发系统，实现在一个信道上同时传输双路（也称两路）语音信号。双路语音同传无线收发系统示意图如图 4.8.1 所示。

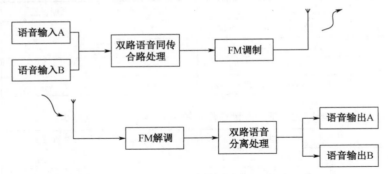

图 4.8.1　双路语音同传无线收发系统示意图

2．要求

1）基本要求

（1）制作一套 FM 无线收发系统。其中，FM 信号的载波频率设定为 48.5MHz，相对误差绝对值不大于 1‰；峰值频偏不大于 25kHz；天线长度不大于 0.5m。

（2）通过 FM 无线收发系统任意传输一路语音 A 或者 B，语音信号的带宽不大于 3400Hz。要求无线通信距离不小于 2m，解调输出的语音信号波形无明显失真。

（3）通过 FM 无线收发系统同时传输信号 A 和 B。要求无线通信距离不小于 2m，解调输出的双路语音信号波形无明显失真。

2）发挥部分

（1）要求设计制作的发射电路中 FM 信号的载波频率能通过一个电压信号 $v_c(t)$ 进行调节，用来模拟无线通信中载波频率漂移的情况。电压信号 $v_c(t)$ 单位电压调节载波频率漂移量由参赛者自行设计。

（2）在保证系统能正确进行双路语音无线传输的前提下，通过 $v_c(t)$ 信号调节 FM 信号的载波频率产生不小于 300kHz 的漂移，要求调节时间 τ 不超过 5s。

（3）在保证系统能正确进行双路语音无线传输的前提下，通过 $v_c(t)$ 信号调节 FM 信号的载波频率，按照图 4.8.2 所示进行漂移，要求 FM 信号的载波频率漂移范围 Δf_0 越大越好。

（4）其他。

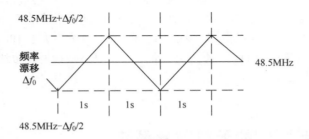

图 4.8.2　载波频率漂移的图示

3．说明

（1）系统输入的语音信号可以由标准信号源产生；解调的语音信号输出应留有测试接口，以便示波器观测。

（2）制作的 FM 发射电路应在发射天线端引出测试端口，以便测试。

（3）控制 FM 信号的载波频率漂移的外加电压信号 $v_c(t)$ 通过标准信号源外部输入。外加的 $v_c(t)$ 信号为零时，FM 信号的载波频率漂移对应为零。

4．评分标准

类型	项目	主要内容	满分
设计报告	系统方案	总体设计方案	3
	理论分析与计算	发射的双路语音合路处理分析与计算 接收的双路语音信号分离处理分析与计算 无线收发系统频漂处理分析与计算	7
	电路与程序设计	电路图和流程图	5
	测试方案与测试结果	测试方法与仪器 测试数据完成性 测试结果分析	3
	设计报告结构及规范性	摘要 设计报告正文的结构 图表的规范性	2
	小计		20
基本要求	完成（1）		6
	完成（2）		20
	完成（3）		24
	小计		50
发挥部分	完成（1）		10
	完成（2）		20
	完成（3）		15
	完成（4）		5
	小计		50
总分			120

4.8.1　题目分析

根据题目的任务，双路语音同传无线收发系统示意图如图 4.8.1 所示。此题的重点是双路语音同传合路处理与分离处理、FM 调制与解调、自动频率控制（Automatic Frequency Control，AFC）；难点是双路语音同传合路和分离处理模块的设计。下面分析本题的重点和难点。

1．尽量减小系统输出信号失真度的分析

根据题目要求，无论是单传或双传，其最后输出信号应该是无明显失真。根据调频波的瞬时频率与输入信号（调制信号）$v_\Omega(t)$ 呈线性关系，即

$$\omega(t) = \omega_c + kv_\Omega(t) \tag{4.8.1}$$

而调制器一般采用 VCO 电路，以变容二极管作为调谐元件，变容二极管的结电容为

$$C_j = C_{j0}/(1 + v/v_D)^\gamma \tag{4.8.2}$$

式中，γ 为电容变化指数，v 为加在变容二极管上的反向电压，v_D 为 BN 结的势垒电位差。

若采用变容二极管作为振荡电路的总电容，则瞬时角频率 $\omega(x)$ 为

$$\omega(x) = 1/\sqrt{LC_j} = \omega_c \left[1 + \frac{v_\Omega(t)}{v_D + v_\Omega} \right]^{\frac{\gamma}{2}} = \omega_c (1+x)^{\frac{\gamma}{2}} \qquad (4.8.3)$$

为使角频率 $\omega(x)$ 与调制信号呈线性关系，必须选取 $\gamma=2$ 的变容二极管。若采用变容二极管作为部分接入振荡器，则应取 $\gamma=1$。根据单元电路设计，因采用 C_j 是部分接入振荡回路，故取 $\gamma=1$。

注意：市面上出售的变容二极管的 γ 值有多种，缓变结 $\gamma = \frac{1}{3}$，突变结 $\gamma = \frac{1}{2}$，超突变结 $\gamma = 1 \sim 4$，最大 γ 值为 7。在电路设计过程中，电路结构不一样，应选取不同的 γ 值，否则调制后不满足式（4.8.1）。

接收机鉴频/鉴相器的鉴频特性如图 4.8.3 所示。

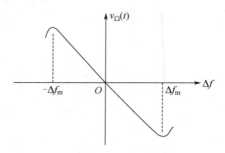

图 4.8.3　接收机鉴频/鉴相器的鉴频特性

鉴频/鉴相器的鉴频特性应取其线性部分，线性度应好，且静态工作点应选在图形的中心，最大频偏 $\Delta f_{max} < \Delta f_m$，国家标准是 $\Delta f_{max} = \pm 75kHz$。实际工作时应使 $\Delta f_{max} \leqslant 75kHz$。

2．双路语音同传合路处理与分离处理的分析

语音的频率范围是 300Hz～3400Hz。双路语音信号的频谱是重叠的，而对于立体声广播信号，一路设为左路即 L 路（例如打鼓），另一路设为右路即 R 路（例如西洋乐器）。它们的频谱范围为 20Hz～20kHz，比语音信号的频谱宽得多。对立体声广播信号进行传输，应在发生端采用合路处理，在接收端采用分离处理，这样听起来就会有立体感。

立体声广播技术非常成熟，可供的技术资料丰富，对于立体声广播信号发射和接收电路，有许多集成芯片可供选用。下面介绍对立体声广播左路（L 路）和右路（R 路）如何进行合路处理和分离处理。

3．双路语音信号合路原理

设有双路语音信号：一路是左路语音信号，用 L 表示；另一路是右路语音信号，用 R 表示。根据立体声广播原理，其立体声合路结构如图 4.8.4 所示。立体声广播信号的频谱如图 4.8.5 所示。

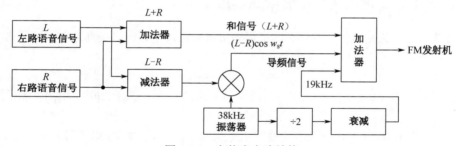

图 4.8.4　立体声合路结构

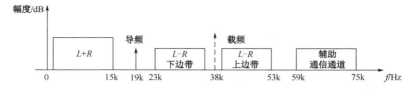

图 4.8.5　立体声广播信号的频谱

4．双路语音信号分离处理原理

对频分复用信号进行分离，以便恢复左路语音信号（也称左声道信号）L 和右路语音信号（也称右声道信号）R，立体声解调原理框图如图 4.8.6 所示。

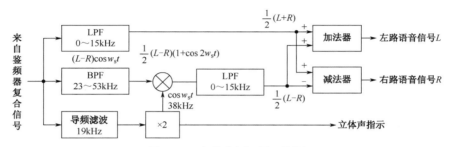

图 4.8.6　立体声解调原理框图

20 世纪，对于立体声编码器和解码器在市面上可买到现成的集成芯片。随着电子技术的高速发展，立体声编码电路和解码电路都集成到收发芯片中了，例如国产的 HS6760 立体声 FM（Frequency Modulation，调频）发射芯片、RDA5820 立体声 FM 收发芯片、CXA1238 立体声 FM/AM 接收芯片等。下面介绍 HS6760 和 RDA5820 等。

5．RDA5820

RDA5820 是一款集成度非常高的立体声 FM 收发芯片。RDA5820 的原理图如图 4.8.7 所示。这里只介绍它的立体声 FM 功能。RDA5820 支持 65～115MHz 范围内的 FM 立体声调制。它带有自动 AGC 控制，具有集成度高、功耗低、尺寸小、应用简单等优点。通过单片机修改 RDA5820 寄存器的值，可修改音量、输出功率等参数。当输入语音信号幅度小于 $2V$pp 时，调频信号的峰值频偏小于 25kHz，满足题目要求。

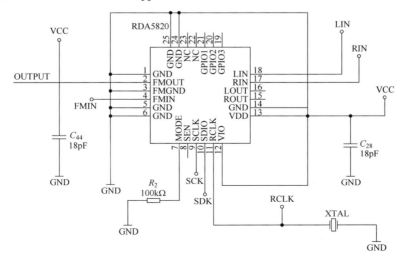

图 4.8.7　RDA5820 的原理图

RDA5820 还可以作为立体声 FM 接收机使用。接收立体声信号从引脚 4（FMIN）输入，解码信号从引脚 16（LOUT）和引脚 15（ROUT）输出。

但是，RDA5820 既无编码信号输出接口，也无法改变载波频率。若要改变载波频率，则必须通过单片机利用软件编程产生。这样，VC 信号无法直接改变发射机的频率漂移。

6. HS6760

HS6760 是一款立体声 FM 发射芯片，其电路图如图 4.8.8 所示。左右两路信号从 HS6760 的引脚 4、5 输入，外接单片机，通过软件实现各种功能，立体声 FM 信号从引脚 6 输出。

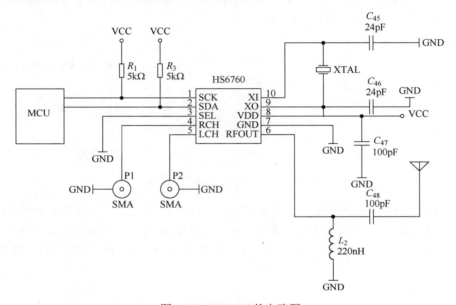

图 4.8.8 HS6760 的电路图

7. 立体声 FM 解调电路

立体声 FM 解调电路可以由 RDA5807 构成，其电路图如图 4.8.9 所示。FM 信号由 FMIN 输入，解调后，双路语音信号由 LOUT、ROUT 两端输出。

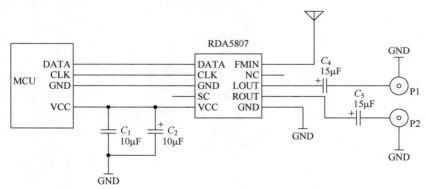

图 4.8.9 RDA5807 的电路图

8. CXA1238

CXA1238 是一款由日本索尼公司研制的立体声 FM/AM 接收芯片。它的功能强大，内有高频、本振、混频、中放、鉴频、AFC 电路、低放、立体声解码电路等，更重要的是有 AFC 功能，当发射机产生频率漂移时，能自动进行频率跟踪。CXA1238 的内部原理框图如图 4.8.10 所示。

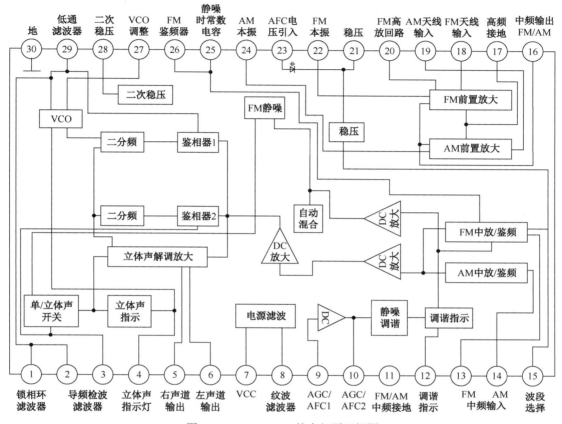

图 4.8.10　CXA1238 的内部原理框图

9．发射机频率漂移产生电路

根据题目要求，发射机的载波频率为 48.5kHz，相对误差不大于 1‰，说明发射机的载波频率稳定度和准确度均不高，一般的振荡器都能满足这个要求。若外界温度、湿度、供电直流电压发生变化，可能会引起发射载波产生漂移。这种漂移是随机、慢变化的，不便于对这种漂移情况进行研究。人为给压控振荡器加了一个控制信号 V_c，V_c 是由标准信源提供的，V_c 可以是低频方波，观察单位电压（自定义）引起的频率漂移，满足发挥部分（1）的要求，若 V_c 是阶梯波，观察发射机频率的漂移范围（$\Delta f \geqslant 300$kHz），满足发挥部分（2）的要求；若 V_c 是三角波，观察频率漂移也是一个三角波，满足发挥部分（3）的要求。在发射机的载波频率发生漂移的情况下，若接收机能跟踪，则接收机能正常收听。这种技术叫自动频率控制（AFC），这是研究的重点内容之一。

10．自动频率跟踪技术

AFC 电路也是一种反馈电路。AFC 电路方框图如图 4.8.11 所示。它与 AGC 电路的区别在于控制对象不同，AGC 电路控制对象是电平信号；而 AFC 电路的控制对象是信号的频率，其主要作用是自动控制振荡器的振荡频率。例如，在超外差接收机中利用 AFC 电路的调节作用可自动控制本振频率，使其与外来信号频率之差保持在近于中频（10.7MHz）的数值。其超外差接收机的自动频率微调电路如图 4.8.12 所示。

图 4.8.11　AFC 电路方框图

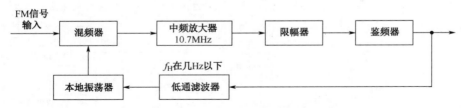

图 4.8.12　FM 接收机自动频率微调系统

AFC 的原理：正常接收时，FM 信号与接收机的本地振荡器振荡信号经过混频器产生一个和信号（ $f_L + f_r$ ）、一个差信号（ $f_L - f_r$ ），经过中频带通滤波器，保留差信号、滤除了和信号，差信号（中频信号）经过限幅器加在鉴频器输入端，鉴频器只输出 FM 波的语音信号，见鉴频特性曲线，如图 4.8.13 所示。因语音信号的频率范围为 300Hz～3400Hz，而低通滤波器的截止频率 f_H 在 Hz 级，低通滤波器不让语音信号通过，对本地振荡器不起控制作用。当发射机的中心频率发生漂移时，混频器产生中频信号就会产生一个偏移量（ $f_I = 10.7\text{MHz} \pm \Delta f$ ），鉴频器输出除了有语音信号，还有一个附加控制量，此控制量频率极低，能通过低通滤波器，去控制本地振荡器，使本地振荡器的频率朝着发射机频率漂移的方向变化，使混频后的中频基本不变，或者变化极小，到达 AFC 的控制作用。

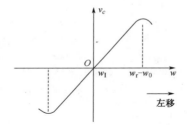

图 4.8.13　鉴频特性曲线

低通滤波器一般是由 RC 组成的低通滤波器，其 f_H 在 Hz 量级。

4.8.2　系统框图

方案一：采用立体声 FM 芯片构成系统原理框图，方案一的系统原理框图如图 4.8.14 所示。

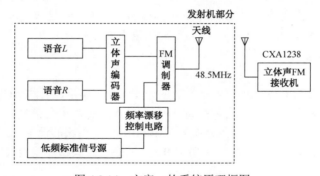

图 4.8.14　方案一的系统原理框图

在图 4.8.14 中，立体声编码器采用如图 4.8.4 所示的电路制作，FM 调制器、CXA1238 构成立体声接收机见高吉祥主编的《高频电子线路》。

方案二：方案二的系统原理框图如图 4.8.15 所示。

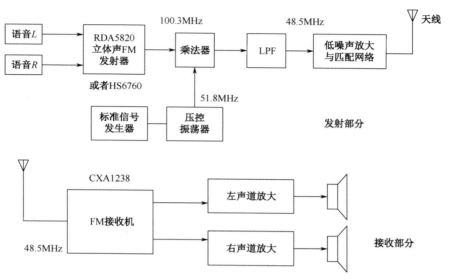

图 4.8.15　方案二的系统原理框图

方案三：基于嵌入式 FPGA 构建本系统。

基于嵌入式 FPGA 构成双路语音同传无线收发系统原本是出题专家的想法，也有部分双一流学院队选择这种方法。这种方法是将双路语音信号经 A/D 转换变成数字信号，然后通过编程，实现双路语音同传合路处理，经 FM 处理后变成 FM 信号通过天线辐射出去。接收机接收 FM 信号经过嵌入式 FPGA 解调，双路语音分离处理再经过 D/A 转换还原成双路模拟音频信号。

采用此种方法的队均是双一流学院学生，也有获得全国一等奖的。

4.8.3　硬件设计

整个系统采用方案一，其系统原理框图如图 4.8.14 所示。

1. 发射机设计

根据如图 4.8.14 所示的系统原理框图发射机部分，它由立体声编码器、发射机频率漂移控制电路、FM 调制器三部分组成。

FM 调制器原理图如图 4.8.16 所示。MC1648 及外围电路构成压控振荡器，三极管 VT_1（2S3355）及外围元件构成放大电路。振荡频率由 L_1、VD_1、C_3、C_4、C_5 决定。VD_1 是变容二极管，改变 VD_1 的反偏电压就可以改变它的频率。12V 电源通过 R_4、R_5 和 R_6 给 VD_1 提供直流偏置，使压控振荡器有一个静态工作点，调节外围元件，使 VCO 工作在中心频率 f_0=48.5MHz。

发射机频率漂移控制电路提供一个方波、梯形波和三角波，使 VCO 产生一个慢变化的频率漂移，使频率的漂移量 $\Delta f \geqslant 300\text{kHz}$。

双路语音合路电路提供一对语音合路信号，实现调频信号。

双路语音合路电路与频偏控制电路原理图如图 4.8.17 所示。

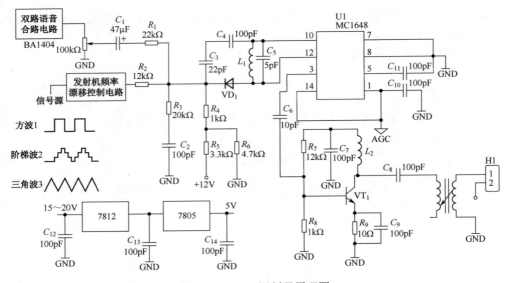

图 4.8.16　FM 调制器原理图

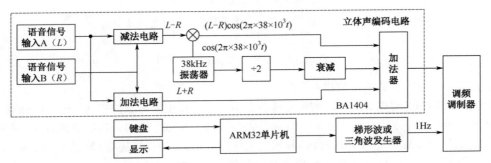

图 4.8.17　双路语音合路电路与发射机频率偏移控制电路

虚线框内的立体声编码电路可采用立体声编码芯片 BA1404 来实现，立体声编码电路如图 4.8.18 所示。

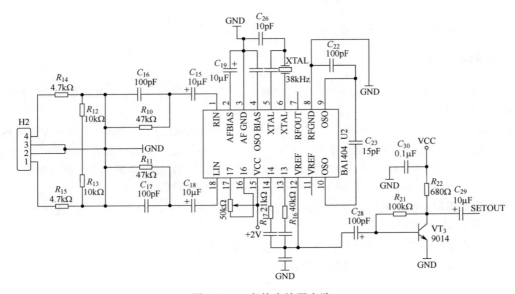

图 4.8.18　立体声编码电路

若采用如图 4.8.18 所示的立体声编码电路，接收机必须采用立体声解码芯片。例如，CXA1238 就是与发射机配套的接收机的立体声解码芯片。

2．接收机设计

接收机采用立体声解码芯片 CXA1238，接收机电路图如图 4.8.19 所示。引脚 10 接一个电容 C_{37}，再在引脚 10 与引脚 23 之间接一个 100kΩ 电阻，就实现自动频率微调（AFC）功能（ $f_L = \dfrac{1}{2\pi RC} = 0.3$Hz ）。

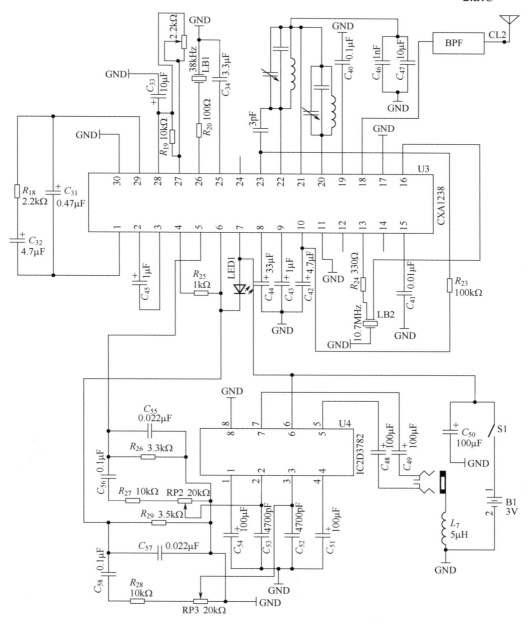

图 4.8.19　接收机电路

4.9 数字-模拟信号混合传输收发机

［2021 年全国大学生电子设计竞赛（E 题）］

1. 任务

设计并制作在同一信道进行数字-模拟信号混合传输收发机，如图 4.9.1 所示。其中，数字信号由 4 个 0～9 的一组数字构成；模拟信号为语音信号，频率范围为 100Hz～5kHz。采用无线传输，载波频率范围为 20～30MHz，信道带宽不大于 25kHz，收发设备间最短的传输距离不小于 100cm。收发机的发送端完成数字信号和模拟信号的合路处理，在同一信道调制发送。收发机的接收端完成接收解调，分离出数字信号和模拟信号，数字信号用数码管显示，模拟信号用示波器观测。

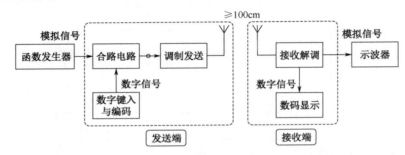

图 4.9.1 数字-模拟信号混合传输收发机示意图

2. 要求

1）基本要求

（1）实现模拟信号传输。模拟信号为 100Hz～5kHz 的语音信号，要求接收端解调后的模拟信号波形无明显失真。在只有模拟信号传输时，接收端的数码显示处于熄灭状态。

（2）实现数字信号传输。首先输入 4 个 0～9 的一组数字，在发送端进行存储并显示，然后按下发送键对数字信号连续循环传输。在接收端解调出数字信号，并通过 4 个数码管显示。要求开始发送到数码管显示的响应时间不大于 2s。当发送端按下停止键时，结束数字信号传输，同时在发送端清除已传数字的显示，等待输入新的数字。

（3）实现数字-模拟信号的混合传输。任意输入一组数字，与模拟信号混合调制后进行传输。要求接收端能正确解调数字信号和模拟信号，数字显示正确，模拟信号波形无明显失真。

（4）收发机的信道带宽不大于 25kHz，载波频率范围为 20～30MHz。要求收发机可在不少于 3 个载波频率中选择设置，具体的载波频率自行确定。

2）发挥部分

（1）在发送端停止发送数字信号后，接收端数码显示延迟 5s 后自动熄灭。

（2）在满足基本要求的前提下，收发机发送端的功耗越低越好。

（3）在满足基本要求的前提下，收发机传输的模拟信号的频率范围扩展到 50Hz～10kHz。

（4）其他。

3．说明

（1）数字信号和模拟信号必须先经过合路电路处理，然后在同一信道上调制传输，其调制方式和调制度自行确定。在合路电路的输出端应留有观测端口，用于示波器观测合路信号的波形变化。

（2）收发机的发送端和接收端之间不得有任何连线。

（3）收发机的发送端与天线的连接采用 SMA 接插头，发送端为 F（母）头，天线端为 M（公）头。天线的长度不超过 1m。

（4）收发机的发送端和接收端均采用电池单电源供电，发送端的供电电路应留有供电电压和电流的测试端口。

（5）收发机的载波频率选取应尽量避开环境电波干扰。

（6）本题目中信道带宽约定为已调信号的-40dB 带宽（BW），通过频谱仪进行测量。信道-40dB 带宽定义如图 4.9.2 所示。

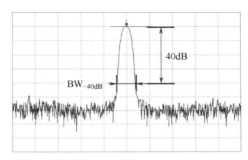

图 4.9.2　信道-40dB 带宽定义

4．评分标准

类型	项目	主要内容	满分
设计报告	方案论证	比较与选择，方案描述	2
	理论分析与计算	数字-模拟信号合路、调制方式、信道带宽的设计策略	6
	电路与程序设计	数字-模拟信号合路、调制发送、接收解调，以及分离电路的设计，控制程序流程	6
	测试方案与测试结果	测试方案及测试条件，测试结果及其完整性，测试结果分析	4
	设计报告结构及规范性	摘要，设计报告正文的结构，图表的规范性	2
	小计		20
基础要求	完成第（1）项		12
	完成第（2）项		10
	完成第（3）项		12
	完成第（4）项		16
	小计		50
发挥部分	完成第（1）项		5
	完成第（2）项		20
	完成第（3）项		20
	其他		5
	小计		50
总分			120

4.9.1　题目分析

当今世界已经进入信息时代，现代战争打的是信息战、电子战。

本题属于通信电子对抗题，既可以作为民用，而也可以作为军用。当通信系统受到干扰时，立即进入战备状态（由民用改为军用），收发系统的频段产生跳变（用于电子对抗）。深入解析本题，有如下 4 个问题。

（1）收发机的信道带宽为什么严格限制在≤25kHz？

（2）数字信号为什么由 4 个 0～9 的一组数字组成？

（3）在发送端停止发送数字信号后，为什么接收端数码显示延迟 5s 后自动熄灭？

（4）实现数字信号传输时，如何保证从开始发送到数码管显示的响应时间不大于 2s，且收发机的信道带宽≤25kHz？

下面回答这四个问题。

在载波频率范围为 20～30MHz、信道带宽不大于 25kHz 的情况下，可以设置 401 个频道，频道数多，有利于提高抗干扰性能。若信道带宽增宽，则会产生邻近频道的干扰，这与电视频道带宽严格限制在 8MHz 之内是一样的道理。

401 个信道用 3 位十进制数码足以表示，数字代码号（后 3 位数码）与发射机载波频率对照表如表 4.9.1 所示；还有 1 位十进制数码可作为功能密码，见表 4.9.2。

表 4.9.1　数字代码号（后 3 位数码）与发射机载波频率对照表

数字密码号	001	002	003	004	005	006	…	400	401
载波频率（MHz）	20.000	20.025	20.050	20.075	20.100	20.125	…	29.975	30.000

表 4.9.2　功能代码对照表

功能密码号	0	1	2	3	4	5	6	7	8	9
功能	新闻	相声	音乐	…	…	秘密	机密	绝密	电子对抗	备用

在通信正常的情况下，连续发送 4 位十进制数码信息，是告诉用户现在播放所使用频道的代码。当敌方施放干扰时，必定会影响用户的收听效果，此时必须采用跳频（改变频道）。取一次发送要更新的频道代码，并在 5s 内更改。例如，0001 码（民用新闻播放，频道载波频率为 20.000MHz）更改后为 8401（军用电子对抗模式，载波频率为 30.000MHz），使通信又恢复正常。建议发射机载波信号采用 DDS 生成，由单片机控制自动改变频道既快又准，接收机（高放采用低噪声宽带放大器，本振信号也采用由单片机控制 DDS 生成的正弦波），这样接收机可实现自动跟踪。

如何满足基本要求中的信道带宽不大于 25kHz？如何保证实现数字信号传输时，从开始发送数字信号到数码管显示的响应时间不大于 2s？

本题收发系统的调制方式均可采用 AM 或者 FM 方式，大多数队一般选择 FM 方式，因为 FM 比 AM 的抗干扰性强。根据 FM 方式的信道带宽公式 $Bw = 2$（调制频率＋最大调制频偏）≤25kHz，其最大调制频偏 $\Delta f_{max} \leq 2.5kHz$。

数字信号的频率选择至关重要，因模拟信号的频率范围为 100Hz～5kHz（基本要求），50Hz～10kHz（发挥部分）。数字信号的频率必须压缩低频段。例如，选 10Hz～30Hz 为宜。若选数字信号的频率 $f_D = 20Hz$，其周期为 $T_D = 0.05s$。发送一帧数字信号的时间 $T = (4 \times 4) \times T_D = 16 \times 0.05 = 0.8s$，这还未包括接收机的群延迟时间，满足题目收发不大于 2s 的时间要求。

4.9.2 实例

本实例参考桂林电子科技大学赵中华教授的竞赛分析讲解。

1. 方案论证

1) 发射端方案选择

方案一：采用 RDA5820 模块发送，MC13135 集成电路接收，RDA5820 可以发送 65～115MHz 的信号，容易达到题目至少三个以上载波频率选择的要求，MC13135 集成电路具有鉴频器灵敏度高，宽的输入频带和高信噪比的特点，且改变 MC13135 第一级混频的本振信号频率就可接收相应频率的信号，即能满足信道载波频率可调的要求。

方案二：采用无线调频通信 MC 系列集成电路芯片 MC2833 和 MC13135 进行无线收发，MC2833 外围电路简单，传输距离较远，且电路稳定性高，MC13135 能成功解调 50Hz～10kHz 信号，满足题目模拟信号频率范围要求。

方案三：采用 ADE-1 混频器将基带信号和 20～30MHz 本振信号进行 AM 调制，产生的已调信号通过射频放大器放大后发射。

经过实际方案验证，为了最大限度地达到系统要求，本设计采用方案三。

2) 接收端方案

方案一：由于发射端采用 AM 调制发射，所以接收端采用 AD831 混频器将本振信号和天线接收信号混频到 10.7MHz，经过 10.7MHz 带通滤波器、中频放大器、中频 AGC 后传入二极管包络检波器，检波输出信号由 FPGA 中的 ADC 进行处理，使用高阶 FIR 滤波器实现模拟信号和数字信号的分离。

方案二：接收端采用全模拟接收，使用运算放大器搭建高阶滤波器和陷波器，分离数字信号和模拟语音信号，优点是功耗更低，缺点是滤波电路会非常难以调试。

综合考虑选择方案一。

3) 数字基带编号编码方式的选择

方案一：单极性不归零码（NRZ 码），"0" 码与 0 电平对应，"1" 码与正脉冲对应。NRZ 码不能提取同步信息，且存在连 "0" 码和连 "1" 码。

方案二：采用 PWM 脉宽调制，使用周期 10ms 的 PWM 波，"1" 和 "0" 信号分别采用 70% 和 30% 占空比的脉冲调制信号表示。

为了确保实现设计要求，本设计采用方案二。

4) 系统总体方案

发射端采用 STM32 进行 PWM 码元编码并进行带载波 ASK 调制，把码元调制 11.5kHz 处与基带模拟信号相加。由 ADE-1 无源混频器把合成信号与本振信号进行混频处理，生成频段在 20～30MHz 的 AM 信号。控制 Si5351A 输出信号的频率，可以精准地控制 AM 信号载波频率。接收到的信号先混频到 10.7MHz，经过 10.7MHz 带通滤波、中频放大器、中频 AGC 后传入二极管包络检波器单元，检波输出信号由 FPGA 中的 ADC 采集单元进行处理，得到 50Hz～10kHz 的模拟信号和 11.5kHz 的 ASK 信号。最后通过低通滤波器和门限判决电路后传入 STM32 单片机进行解码处理，得到码元信息，总体系统框图如图 4.9.3 所示。

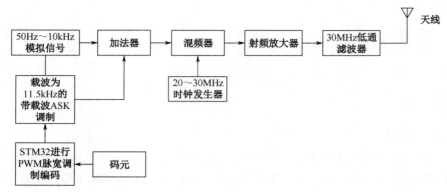

（a）发射端框图

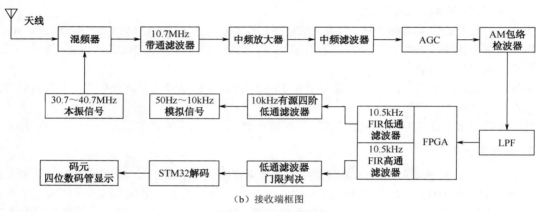

（b）接收端框图

图 4.9.3　系统框图

2．理论分析与计算

1）双路信号合路

语音信号以正弦信号为例进行分析，记信号发生器产生的语音信号 $m_1(t)$

$$m_1(t) = A_x \cos(2\pi f_1 t) \tag{4.9.1}$$

其中，A_x 为语音信号幅度，f_1 为信号的频率，频率范围为 50Hz～10kHz。数字信号编码后转换为 2ASK 信号，为了和语音信号的频段分开，2ASK 的载波频率选取 11.5kHz，2ASK 信号为 $m_2(t)$。

$$m_2(t) = \sum_{n=-\infty}^{\infty} a_n g_n(t - nT_b) \times A_C \cos 2\pi f_c t \tag{4.9.2}$$

其中，a_n 为输入码元，取值为 0 或 1；T_b 为二进制码元周期；A_C 为载波信号幅度，f_c 为载波频率。

$$m(t) = m_1(t) + m_2(t) = \begin{cases} A_x \cos(2\pi f_1 t) + A_C \cos(2\pi f_c t) & a_n = 1 \\ A_x \cos(2\pi f_1 t) & a_n = 0 \end{cases} \tag{4.9.3}$$

2）AM 调制分析

合成信号为式（4.9.3）中的 $m(t)$ 用 20～30MHz 作为载波对信号进行 AM 调制，调制后信号如式（4.9.4）所示：

$$S_{AM} = [A + m(t)] \cos(2\pi f_d t) \tag{4.9.4}$$

其中，f_d 为 AM 载波频率，A 为加在信号 $m(t)$ 上的直流偏置。

3．电路设计

1）数字-模拟信号合路电路

采用加法器对模拟信号和数字信号合成，混合信号调制后发送。利用理想运放的虚短、虚断特性和叠加原理有：

$$v_0 = v_{i1} + v_{i2} \tag{4.9.5}$$

数字-模拟信号合路电路如图 4.9.4 所示。

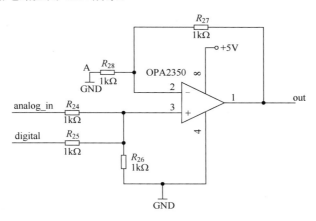

图 4.9.4　数字-模拟信号合路电路

2）AM 调制器电路

如图 4.9.5 所示，AM 调制器电路是一个三端电路网络，其中两个输入分别为调制信号即基带信号输入和本振信号输入，一个输出即混频信号输出，其中为了实现 AM 信号调制，需要 R_1、R_2、R_4、R_3、RP_1 等电阻网络为调制信号添加直流分量，以实现 AM 调制而非 DSB 调制。

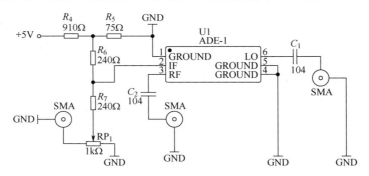

图 4.9.5　AM 调制器电路

3）发射接收本振单元

发射端使用该芯片把 AM 信号混频至 20～30MHz，接收端把射频信号混频到 10.7MHz，方便接收机解调信号，且理论上该系统能实现 20～200MHz 的 AM 信号传输，如图 4.9.6 所示。

4）射频放大器

发射功放和接收的中频放大器均采用此低功耗宽带射频放大器，对已调信号进行功率放大，输送到天线端发射出去，如图 4.9.7 所示。

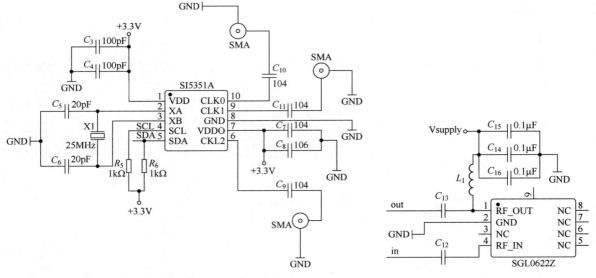

图 4.9.6　发射接收本振单元电路　　　　　　　图 4.9.7　射频放大器电路

5）接收混频器电路

有源混频器将 20～30MHz 频率的 AM 调制信号线性搬移到 10.7MHz 中频，以便进行下一步的 AM 解调处理，其同样也是三端网络，即本振输入、射频信号输入、混频输出。AD831 是低失真、宽动态范围的单片有源混频器，各端口自带放大器。低噪声放大器使混频输出有较大的中频信号输出，有利于后续对中频输出信号进行滤波、中频放大、检波等各项处理，如图 4.9.8 所示。

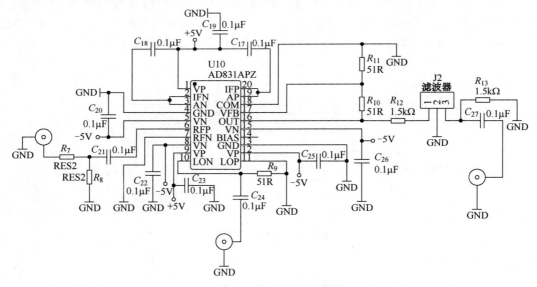

图 4.9.8　AD831 单片混频器电路

6）中频自动 AGC 增益电路

中频采用 AD8367 实现高动态范围的 10.7MHz 自动 AGC 控制，最终实现 60dB 的高动态范围 AGC 控制，为后面解调的稳定性提供好的支撑。AGC 的环路跟踪速度（小于 20Hz）决定传输的 AM 调制信号的最低频率。自动 AGC 增益电路如图 4.9.9 所示。

图 4.9.9　自动 AGC 增益电路

4．程序设计

1）调制码元软件实现

采用 STM32 作为 MCU，对数字码元采用 PWM 脉宽调制，如图 4.9.10 所示，使用不同的占空比表示不同的码元，设置载波频率为 11.5kHz。为保证数字通信的完整性，同时符合题目所设置要求 4 位十进制数。有效数据共有 16 位二进制数，每 4 位表示一个有效十进制数。因为题目对数字的要求为 0～9，故数据帧尾可以设置为"14"用二进制数"1110"。帧头为了避免接收端误判，采用不会在码元出现的数据即 8 个"11111111"作为数据帧头。在帧尾之前加入一个 4 位的校验帧数据。校验数据的具体意义代表的是有效数据中"1"的数量，在接收端收到数据后可以作为校验依据。综上所述，数字帧由 32 位二进制数构成，分别是"帧头+有效数据+校验帧+帧尾"，见表 4.9.3。为满足系统带宽要求，采用 10ms 作为码元宽度，传输 1 帧所需时间为 320ms，调制合路后的时域和频域波形如图 4.9.11 所示。

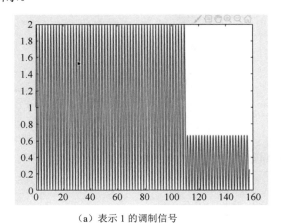

（a）表示 1 的调制信号

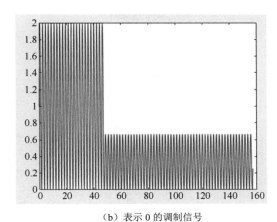

（b）表示 0 的调制信号

图 4.9.10　带 11.5kHz 载波的 ASK 调制

表 4.9.3　32 位数据帧格式

数据帧头 11111111	有效数据 1	有效数据 2	有效数据 3	有效数据 4	校验帧	数据帧尾 1110

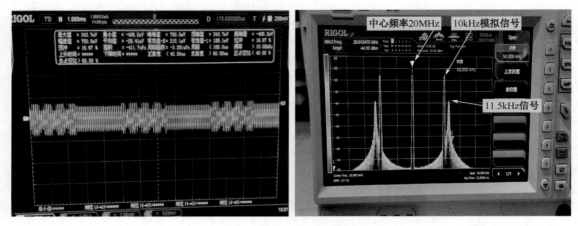

图 4.9.11　调制合路后的时域和频域波形

发射端 ASK 调制流程图如图 4.9.12 所示。

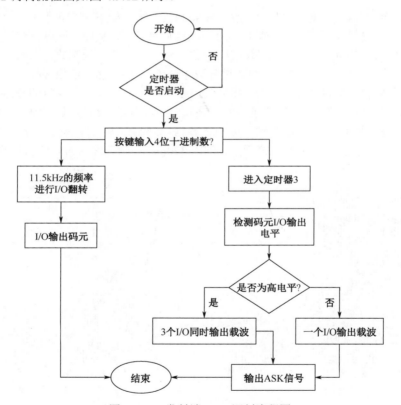

图 4.9.12　发射端 ASK 调制流程图

2）接收端分离模拟信号解码数字信号

由于模拟信号频率为 50Hz～10kHz，数字信号频率为 11.5kHz，两个信号频率相近，所以需要使用 FPGA 搭建 300 阶 FIR 滤波器做信号处理，采用 Xilinx ZYNQ 7020 核心板搭配外部的并口 AD/DA 实现数字信号处理单元。其中，10.5kHz 的 FIR 低通滤波器用于过滤数字信号，输出模拟信号，10.5kHz 的 FIR 高通滤波器则用于输出 ASK 数字信号，通过外部门限判决电路重新生成码元，如图 4.9.13 所示。使用单片机采集恢复的码元实现数字信号的解码，数字信号解码流程图如图 4.9.14 所示。

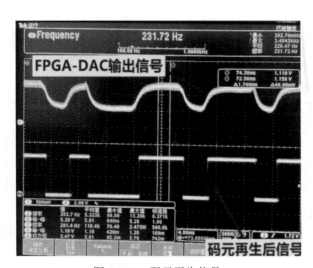

图 4.9.13　码元再生信号

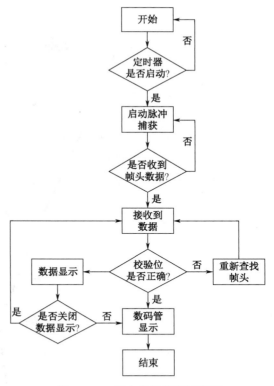

图 4.9.14　数字信号解码流程图

5. 测试结果分析与总结

1）模拟信号传输测试

函数发生器设置模拟信号（例如，发送正弦信号的频率和幅度分别为100Hz/300mV、1kHz/100mV、5kHz/50mV），示波器观察并记录接收信号的频率，模拟信号传输的测试结果见表 4.9.4。

表 4.9.4　模拟信号传输的测试结果

指标名称	指标要求	测试结果	结果分析
模拟信号传输	100Hz～5kHz 模拟信号波形无明显失真的传输	50Hz～10kHz 模拟信号波形无明显失真的传输	符合指标要求
接收端的数码显示	熄灭	熄灭	符合指标要求
载波频率	20～30MHz，不少于 3 个可选	20MHz、22MHz、24MHz，可选	符合指标要求
收发设备传输距离	不小于 100cm	大于 120cm	符合指标要求

2）数字信号传输测试

输入 4 个 0～9 的一组数字，在发送端存储显示，在 2s 内正确传输，停止发送则结束数字信号传输并在发送端清除已传数字的显示，数字信号传输的测试结果见表 4.9.5。

表 4.9.5　数字信号传输的测试结果

指标名称	指标要求	测试结果	结果分析
发送信号存储显示	发送端存储显示发送数字	能正确显示	符合指标要求
数字信号传输	输入 3 组数字：0120、0808、9999	接收端的数码显示：0120、0808、9999	符合指标要求
载波频率	20～30MHz，不少于 3 个可选	20MHz、22MHz、24MHz，可选	符合指标要求

续表

指标名称	指标要求	测试结果	结果分析
发送到数码管显示时间	不大于 2s	约 1.4s	符合指标要求
发送端按下停止键	结束数字传输并在发送端清除已传数字的显示	能正确结束数字传输并在发送端清除已传数字的显示	符合指标要求
收发设备传输距离	不小于 100cm	大于 120cm	符合指标要求

3）数字-模拟信号混合传输测试

任意输入一组数字（例如 0808），与模拟信号（例如 1kHz/40mV 正弦信号）混合调制后传输，数字-模拟信号混合传输的测试结果见表 4.9.6。

表 4.9.6　数字-模拟信号混合传输的测试结果

指标名称	指标要求	测试结果	结果分析
数字-模拟信号的混合传输	数字显示正确，模拟信号波形无明显失真	数字显示正确，模拟信号波形无明显失真	符合指标要求
收发机的信道带宽	不大于 25kHz，大于 37kHz 不测发挥部分	信道带宽：23kHz	符合指标要求
载波频率	20～30MHz，不少于 3 个可选	20MHz、22MHz、24MHz，可选	符合指标要求
收发设备传输距离	不小于 100cm	大于 120cm	符合指标要求

4）发送设备功耗测试

发送设备功耗的测试结果见表 4.9.7。

表 4.9.7　发送设备功耗的测试结果

输入电压/V	输入电流/mA	发送设备功耗/mW
2.91	69	200.79

5）总结

该系统设计完成了在特定带宽下的模拟信号和数字信号混合传输指标，模拟信号的接收与解调实现了较低的失真度，并具备了频率范围较宽的特点；采用了高性能 DSP 数字滤波器设计的极窄过渡带滤波器和 60dB 高动态范围 AGC 电路，从而保持了信号传输幅度的稳定性及较低的数字信号误码率，同时还能以较快的速率传输至接收端。

参 考 文 献

[1] 高吉祥. 全国大学生电子设计竞赛培训系列教程：高频电子线路设计[M]. 北京：电子工业出版社，2007.

[2] 全国大学生电子设计竞赛组委会. 第一届至第六届全国大学生电子设计竞赛获奖作品选编[M]. 北京：北京理工大学出版社，2005.

[3] 高吉祥. 高频电子线路[M]. 4 版. 北京：电子工业出版社，2016.

[4] 高吉祥. 高频电子线路学习辅导及习题详解[M]. 北京：电子工业出版社，2005.

[5] 高吉祥. 电子技术基础实验与课程设计[M]. 3 版. 北京：电子工业出版社，2011.

[6] 高吉祥. 全国大学生电子设计竞赛培训系列教程：基本技能训练与单元电路设计[M]. 北京：电子工业出版社，2007.

[7] 高吉祥. 全国大学生电子设计竞赛培训系列教程：2007 年全国大学生电子设计竞赛试题剖析[M]. 北京：电子工业出版社，2009.

[8] 高吉祥. 全国大学生电子设计竞赛培训系列教程：2009 年全国大学生电子设计竞赛试题剖析[M]. 北京：电子工业出版社，2011.

[9] 高吉祥. 模拟电子技术[M]. 4 版. 北京：电子工业出版社，2016.

[10] 高吉祥. 数字电子技术[M]. 4 版. 北京：电子工业出版社，2016.

[11] 全国大学生电子设计竞赛湖北赛区组委会. 电子系统设计实践[M]. 武汉：华中科技大学出版社，2005.

[12] 李朝青. 单片机原理及接口技术[M]. 简明修订版. 北京：北京航空航天大学出版社，1999.

[13] 黄智伟. FPGA 系统设计与实践[M]. 北京：电子工业出版社，2004.

[14] 李玉山，来新泉. 电子系统集成设计技术[M]. 北京：电子工业出版社，2002.

[15] 高畅生，张耀进，宣宗强，等. 新型集成电路简明手册及典型应用（上册）[M]. 西安：西安电子科技大学出版社，2004.

[16] 吴定昌. 模拟集成电路原理与应用[M]. 广州：华南理工大学出版社，2001.

[17] 高吉祥. 全国大学生电子设计竞赛系列教材　第 4 分册：高频电子线路设计[M]. 北京：高等教育出版社，2013.

[18] 赵中华. 2021 年全国大学生电子设计竞赛（E 题）竞赛分析，2021.

反侵权盗版声明

电子工业出版社依法对本作品享有专有出版权。任何未经权利人书面许可，复制、销售或通过信息网络传播本作品的行为；歪曲、篡改、剽窃本作品的行为，均违反《中华人民共和国著作权法》，其行为人应承担相应的民事责任和行政责任，构成犯罪的，将被依法追究刑事责任。

为了维护市场秩序，保护权利人的合法权益，我社将依法查处和打击侵权盗版的单位和个人。欢迎社会各界人士积极举报侵权盗版行为，本社将奖励举报有功人员，并保证举报人的信息不被泄露。

举报电话：（010）88254396；（010）88258888

传　　真：（010）88254397

E-mail：　dbqq@phei.com.cn

通信地址：北京市万寿路 173 信箱

　　　　　电子工业出版社总编办公室

邮　　编：100036